特　集

Siの限界を打破するSiC/GaN半導体パワー・デバイスの普及が目前に！
ワイドギャップ半導体の研究

　現在使用されている最先端のパワー・デバイスはSi（シリコン）という半導体材料がもつ性能を，ほぼ限界まで引き出しており，Siの物性の限界から大幅な発展は困難な状況です．そんななかで，近年，大きな注目を集めているのが，ワイド・バンド・ギャップ半導体デバイス（ワイドギャップ半導体）です．ワイドギャップ半導体は，Siに比べてパワー・エレクトロニクス応用の観点で素晴らしい物性を有しており，大きなポテンシャルを秘めています．ワイドギャップ半導体を使えば，Siでは到底実現不可能な，低損失，高速スイッチング，高温動作が可能になります．
　特集では，半導体デバイスの動作原理について説明し，なぜワイドギャップ半導体によって優れたパワー・デバイスが実現できるかを説明します．なかでも研究が進んでおり，非常に有望な材料である，炭化硅素（SiC）と窒化ガリウム（GaN）について，それぞれの材料の特徴，基礎研究の進展具合，具体的なデバイスの開発状況について紹介します．

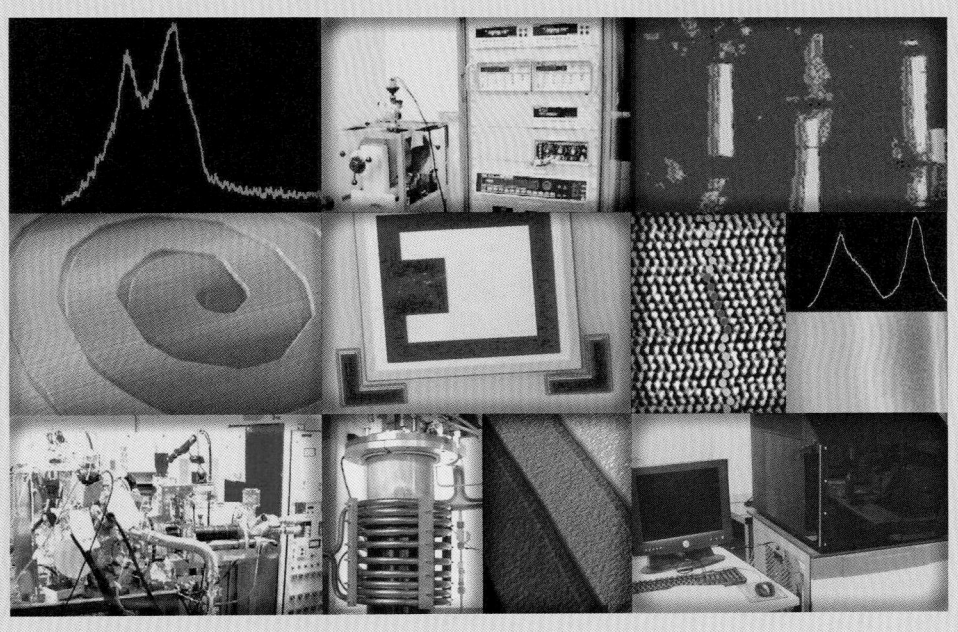

第1章	パワー・エレクトロニクス用半導体の性能指標
第2章	半導体デバイスの基礎知識
第3章	耐圧とオン抵抗のトレードオフ
第4章	動作可能温度を決める要因
第5章	SiCパワー・デバイスの開発状況
第6章	GaNパワー・デバイスの開発状況
Appendix	SiC MOSFETのスイッチング動作

グリーン・エレクトロニクス No.9

Si の限界を打破する SiC/GaN 半導体パワー・デバイスの普及が目前に！

特集 ワイドギャップ半導体の研究

プロローグ 新しいワイドギャップ半導体が世界を変える
パワー・エレクトロニクス用半導体デバイスの重要性 須田 淳 ……… 4
- ■ コラム 次世代 DVD 実現のキー・デバイス…GaN 紫色半導体レーザ・ダイオード ── 7

第1章 スイッチング素子としての応用面から見た
パワー・エレクトロニクス用半導体の性能指標 須田 淳 ……… 8
- ■ パワー・デバイスの性能指標 ── 8　■ スイッチング・デバイスの性能指標 ── 9
- ■ 簡単なパワー回路での性能指標の重要性の確認 ── 10
- ■ スイッチング損失が重要なパワー回路の例 ── 11
- ■ コラム スイッチングと増幅の違い ── 13

第2章 パワー・デバイスの動作原理を理解するために
半導体デバイスの基礎知識 須田 淳 ……… 14
- ■ エネルギー・バンド理論による金属/半導体/絶縁体の区別 ── 14
- ■ 真性半導体と外因性半導体 ── 15　■ 半導体内での電気伝導 ── 16
- ■ キャリアの生成・再結合 ── 17　■ 金属－半導体接合 ── 17　pn 接合 ── 19
- ■ JFET 構造 ── 20　■ MOS 構造 ── 21　■ HEMT 構造 ── 23
- ■ パワー MOSFET の断面図の読み解きと動作特性 ── 24
- ■ パワー IGBT の断面図の読み解きと動作特性 ── 25

第3章 パワー・デバイスで最も重要な性能指標
耐圧とオン抵抗のトレードオフ 須田 淳 ……… 27
- ■ 半導体の絶縁破壊の基礎～なだれ破壊とツェナー破壊 ── 27
- ■ 単純な pn 接合ダイオードの解析 ── 28　■ Si ユニポーラ・リミット ── 30
- ■ ワイドギャップ半導体 ── 31
- ■ コラム 別の方法で Si ユニポーラ・リミットを越える～超接合のコンセプト ── 32

第4章 温度が高くなるとどのようなことが起こるのか
動作可能温度を決める要因 須田 淳 ……… 33
- ■ 温度が高くなると起こること ── 33　■ 半導体のキャリア密度の温度変化の解析 ── 33

第5章 材料開発の歴史から今後の展望まで
SiC パワー・デバイスの開発状況 須田 淳 ……… 36
- ■ SiC 材料開発の歴史と現状 ── 36　■ いろいろな結晶構造の SiC ── 37
- ■ SiC SBD はすでに商品化，いよいよ普及段階 ── 38
- ■ SiC MOSFET…次世代パワー・デバイスの最本命 ── 41
- ■ SiC JFET…ノーマリ・オンだが実力は素晴らしい ── 42
- ■ SiC BJT…BJT のリベンジなるか!? ── 45

CONTENTS

- SiC PiN ダイオード，SiC IGBT…過去に類を見ない究極の超高耐圧パワー・デバイス ── 45
- 今後の SiC ── 46
- コラム　宝石としての SiC ── 37　　コラム　MOSFET に関しては 3C-SiC にチャンス ── 43
- コラム　ワイドギャップ半導体は日本発！ ── 46

次世代パワー・デバイスの本命となるか

第6章 GaN パワー・デバイスの開発状況　須田 淳 …… 47
- GaN 材料開発の歴史 ── 47　　GaN パワー・デバイス ── 49
- HEMT のノーマリ・オフ化 ── 50　　GaN/Si パワー・デバイス…Si に迫る低コスト ── 50
- 今後の GaN ── 51

Appendix SiC MOSFET のスイッチング動作　舟木 剛 …… 52
- SiC MOSFET の素子の電圧-電流特性 ── 52　　ゲート駆動回路 ── 52
- スイッチング動作 ── 53

GE Articles

シリコン・カーバイド半導体によるアプリケーション

[特設記事] SiC JFET で作るオーディオ・アンプ　中野 正次 …… 57
- 使用する FET の特徴 ── 57　　ノーマリ・オン型 FET の応用 ── 58
- 実用アンプを構成する ── 62　　SiC JFET ステレオ・アンプの特性 ── 67
- コラム　理論効率 ── 62

高効率で低ノイズな電源回路を実現できる

[デバイス] PFC 機能を備えた LLC コントローラ IC PLC810PG　森田 浩一 …… 69
- LLC 制御 IC PLC810PG ── 69　　PLC810PG の LCD テレビへの応用例 ── 77
- Appendix-A　オン・セミコンダクターの LLC 電源 …… 88
- Appendix-B　フェアチャイルドの LLC 電源 …… 90
- Appendix-C　NXP セミコンダクターズの LLC 電源 …… 92
- Appendix-D　ST マイクロエレクトロニクスの LLC 電源 …… 93
- Appendix-E　テキサス・インスツルメンツの LLC 電源 …… 95

切り忘れ防止，タコ足による過電流検出，待機電力チェック

[製作事例] 無駄減らし効果が目に見える三つの消費電力メータ　渡辺 明禎 …… 96
- テーブル・タップ用電力メータ A の製作 ── 102
- 0.1W 精度で測れる液晶ディスプレイ付き電力メータ ── 107
- 無線で飛ばしてロギングする大電力測定型 ── 117
- Supplement　電力メータ A の MSP430 のソフトウェア ── 114
- コラム 1　警告！電力測定は危険がいっぱい ── 100
- コラム 2　市販の消費電力メータ ── 104
- コラム 3　電力を高精度に測定できる A-D コンバータとは ── 110

プロローグ

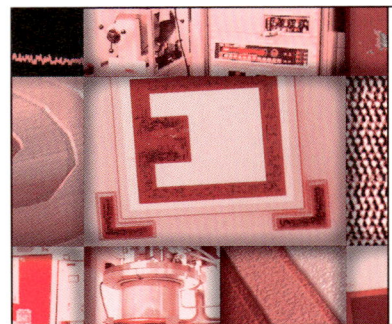

新しいワイドギャップ半導体が世界を変える

パワー・エレクトロニクス用半導体デバイスの重要性

須田 淳
Jun Suda

「半導体デバイスなしには現代社会は成り立たない」ということに異を唱える人はいないと思います.その例を一つ挙げてみてくださいと頼めば,多くの人が,「半導体集積回路(LSI)がなければ,コンピュータもインターネットも携帯電話も存在しえないから」と答えるのではないでしょうか.確かにそのとおりです.

しかし,半導体は情報/通信分野に留まらず,エネルギーの分野でも大きな役割を果たしています.電力変換を担う半導体である「パワー半導体デバイス」です(半導体のエネルギー分野での貢献については,もちろん太陽電池と発光ダイオードにおいても非常に大きな役割を果たしていますが,ここでは割愛します.過去の『グリーン・エレクトロニクス』を参照).

したがって,「パワー・デバイスなしには現代社会は成り立たない」と言っても過言ではありません.パワー・デバイスの進歩により,機器の高性能化や小型化,大幅な省エネルギー化が実現されているのです.

■ 新幹線

一番身近な例として,新幹線をあげたいと思います.ここに初代新幹線である0系新幹線と,最新式のN700系新幹線の比較があります.

図1に示すように東京-新大阪間の運転では,0系新幹線と同じ最高速度220 km/hで比較すると,N700系新幹線はなんと半分(51 %)の電力で運転することが

できるのです.実際にはN700系は,最高速度270 km/hで運転していますが,それにもかかわらず0系よりも32 %少ない電力で済んでいるのは驚異的と言えます.

車体の軽量化や空気抵抗の低減も省エネルギー化に一役買っていますが,大きな役割を果たしているのがパワー・エレクトロニクスです.

新幹線の架線には25 kVの交流(60 Hz)が供給されています.図2に0系新幹線の主回路の模式図を示します.当時は,半導体は整流器にのみ使われていました.AC 25 kVを変圧器で降圧し,ダイオード・ブリッジで整流して直流電動機を駆動していました.

速度の調整は,変圧器のタップの切り換えにより整流後の直流電圧を変化させることで行っていました.ブレーキには,電動機を発電機として運転する,発電ブレーキが使われていましたが,ブレーキ時に生じた電力は抵抗器で熱として放散していました.

一方,最新式のN700系の主回路を図3に示します.こちらには最先端のパワー・エレクトロニクス技術が投入されています.変圧器で1220 Vに降圧したあと,Si絶縁ゲート・バイポーラ・トランジスタ(IGBT)を用いた3レベル・コンバータで2400 Vの直流に変換し,Si IGBT電圧可変/周波数可変(VVVF)インバータで交流にして誘導電動機を駆動しています.

減速時には電動機を発電機として動かし,インバータ,コンバータの働きを逆にして,発電した電力を架線に返す回生ブレーキが行われています.インバータによる無駄のないモータの運転と,回生ブレーキの導入によるエネルギーの回収によって,トータルとして格段の省エネルギーが実現されたわけです.

このようなパワー・エレクトロニクスが実現できたのは,高耐圧/大電流の高性能Si IGBTのお陰と言えます.

■ ワイドギャップ半導体デバイスの登場

このような素晴らしい半導体パワー・デバイスですが,現代社会が抱える深刻なエネルギー問題や,電気というエネルギーの利用形態が今後も伸び続けることなどから,より一層の進歩が期待されています.

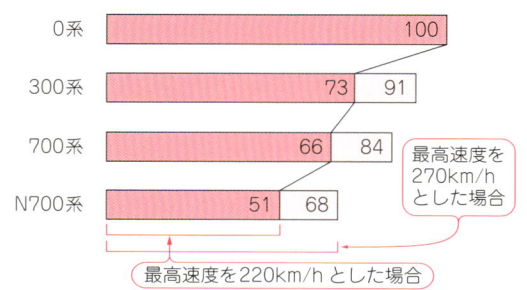

図1[(8)] 新幹線の電力消費量の車種別の比較
数値は0系車両の220 km/h時の消費電力を100とした相対値

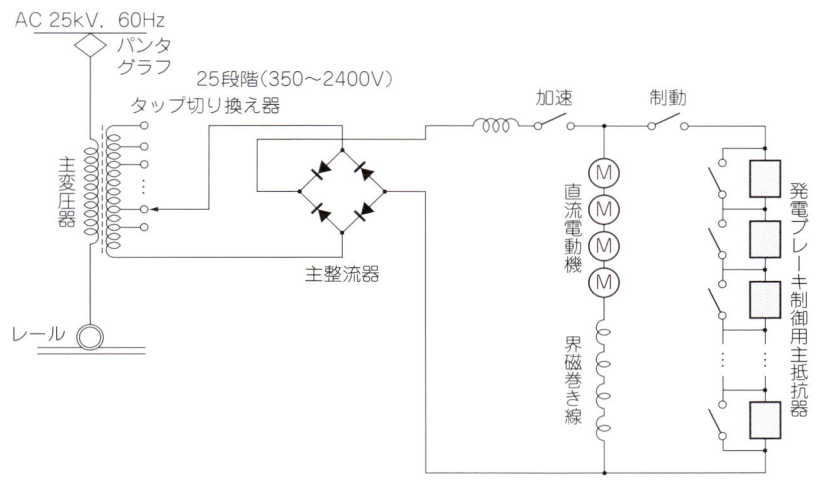

図2　0系新幹線の主回路の模式図

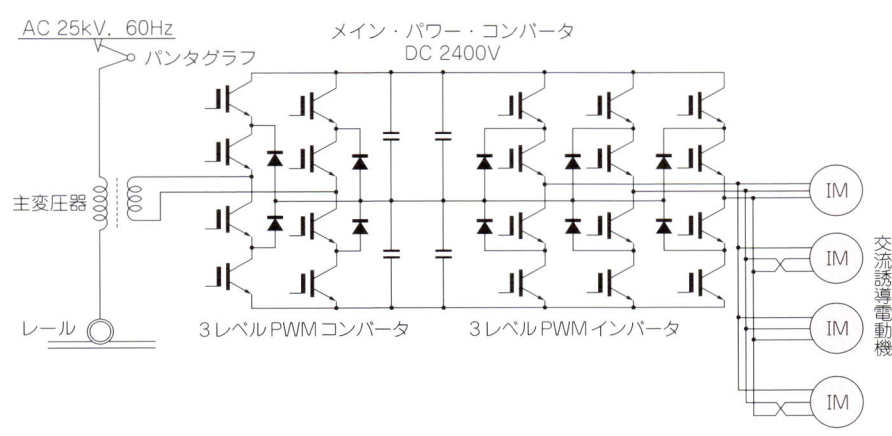

図3[9]　**N700系新幹線の主回路の模式図**

　しかし，現在使用されている最先端のパワー・デバイスはケイ素（シリコン；Si）という半導体材料がもつ性能を，ほぼ限界まで引き出しており，Siの物性（物理的性質）の限界から大幅な発展は困難な状況です．

　そんななかで，近年，大きな注目を集めているのが，Siに比べて禁制帯幅（バンド・ギャップ）の大きなワイド・バンド・ギャップ半導体デバイスです（略して「ワイドギャップ」と呼ぶ）．ワイドギャップ半導体はSiに比べてパワー・デバイス応用の観点で素晴らしい物性を有しており，大きなポテンシャルを秘めています．ワイドギャップ半導体を使えば，Siでは到底実現不可能な，低損失，高速スイッチング，高温動作が可能になります．長年の基礎研究により，ワイドギャップ半導体の基礎技術が徐々に確立されており，今後10年間に大きく花開くことが予測されます．

　本特集では，パワー・デバイスの基本的な事項について説明したあと，パワー・デバイスの動作原理について説明し，その原理に基づき，なぜワイドギャップ半導体によって優れたパワー・デバイスが実現できるかを説明します．

　最後に，ワイドギャップ半導体のなかで研究が進んでおり，非常に有望な材料である，炭化硅素（シリコン・カーバイド；SiC）と窒化ガリウム（ガリウム・ナイトライド；GaN）について，それぞれの材料の特徴，基礎研究の進展具合，具体的なデバイスの開発状況について紹介します．

■ 新しいデバイスが変える世界

　ワイドギャップ半導体によってパワー・デバイスが大きな進化を遂げると，どのような世界が期待できるか予測してみましょう．

　電力変換というと，エアコンや鉄道のインバータなど大きなものを考えてしまいますが，身近なところにも電力変換はあります．パソコンなどの電子機器の電

源部，ACアダプタです（図4）．

30年前は，電源と言えばトランスによる降圧，ダイオード・ブリッジによる整流，そしてシリーズ・レギュレータによる電圧調整の安定化電源が一般的でした．シリーズ・レギュレータは，目的の電圧よりも高い電圧の直流をトランジスタの電圧降下，つまりトランジスタでの電力消費で調整する仕組みですから，当然効率は低くなります．トランスは大きくて重いですし，レギュレータの放熱も考慮しなければなりませんでした．

その後，パワー・デバイスの進歩により，スイッチング電源が登場しました．大きなトランスが不要となり，効率も大幅に向上しています．これが現在です．

しかし，スイッチング電源の効率も今ひとつです．携帯電話やパソコンのACアダプタが非常に熱くなっている，つまり大きな損失を出していることにお気づきだと思います．もちろん，効率を最優先に作れば良いものができますが，部品点数が多くなり，スイッチング損失低減のため動作周波数も下げなければならず，大きなコイルやコンデンサが必要になってしまいます．

ワイドギャップ半導体パワー・デバイスができれば，スイッチング電源を小型化しながら損失も低減できるようになります．ノート・パソコン程度の電源容量であれば，コンセント・プラグもしくはノート・パソコン本体にACアダプタが内蔵できてしまうのではないかと言われています．

パワー・デバイスの存在感があるのは，大きなモータを回すインバータです．モータ駆動の進歩は先ほど新幹線の例で述べたとおりです．新幹線の電力消費量が半分になっても，それでもなお，かなりの電力損失がパワー・デバイス内で発生しています．新幹線の開発でも，パワー・デバイスの冷却方式が大きな課題になっていたそうです．

ワイドギャップ半導体のパワー・デバイスが実現できれば，損失をさらに低減することが可能になり，省エネに貢献します．それだけではなく，損失（発熱）が小さいことと，高温でも動作するということから，冷却システムを大幅に簡素化することができます．

冷却システムはシステム全体で大きな体積，重量を占めており，また，冷却水ポンプやブロアなどは故障の原因となります．冷却システムの簡素化はトータル・コスト，サイズ，重量低減，保守費用低減に有効です．

特にハイブリッド自動車や電気自動車などの場合は，冷却システムの簡素化が，コスト低減や車重低減による燃費向上など，大きなメリットとなるので，ワイドギャップ半導体に対する期待は極めて高くなっています（図5）．

モータ駆動の究極の形として，モータ自体にインバータを内蔵し，モータには電源と制御信号のみを供給

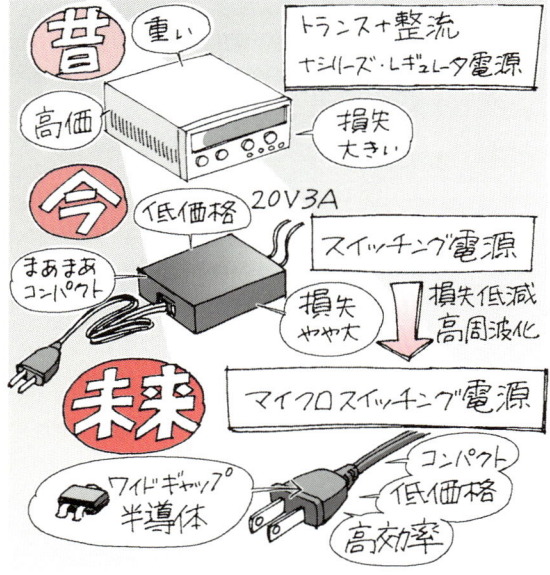

図4　電源の昔，今，未来

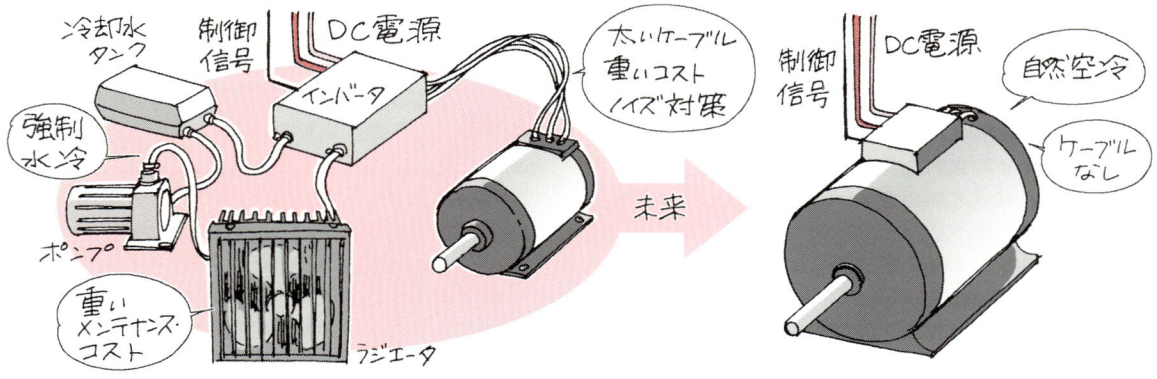

図5　インバータ・モータの現在と未来

写真1[10] SiCインバータ内蔵モータ・システムの外観（三菱電機）

するということが考えられています（**写真1**）．インバータとモータの間には大電流を流すために太いケーブルが必要ですが，そのケーブルが不要になるわけです．モータ周辺は高温になっていますので，今のSiデバイスでは厳しいですが，高温動作が可能なワイドギャップ半導体なら十分に動作可能です．

このようにワイドギャップ半導体によりパワー・エレクトロニクスの夢は大きく広がります．ただ，これらを実現するためには，ワイドギャップ半導体パワー・デバイスだけではなく，新しいシステムの設計や回路方式，高温に耐えられる受動部品やパッケージなどの開発など，さまざまな技術開発が必要です．新しいビジネスの大きなチャンスでもあります．

本特集では，ワイドギャップ半導体パワー・デバイスの基本的な事項を丁寧に説明していきます．本特集が，技術者のみなさまのワイドギャップ半導体への理解についての一助になれば幸いです．各章は基本原理の理解を重視していますので，実際の回路設計上のポイントなどについては述べられていません．これらについては良書が多数出ていますので，そちらを参考にしていただければ幸いです［文献(1)～(4)］．ワイドギャップ半導体に関する技術書として，文献(5)～(7)を挙げておきます．

◆参考・引用＊文献◆

(1) 稲葉 保；パワーMOSFET活用の基礎と実際，2004年11月，CQ出版社．
(2) パワー・エレクトロニクス回路の設計，トランジスタ技術スペシャル No.98，2007年4月，CQ出版社．
(3) 大野 榮一；パワーエレクトロニクス入門，改訂4版，2006年9月，オーム社．
(4) 児玉 浩憲 著，関 康和 編纂；世界を動かすパワー半導体，2008年12月，電気学会IGBT図書企画編集委員会．
(5) 松波 弘之，大谷 昇，木本 恒暢，中村 孝 編著；半導体SiC技術と応用（第2版），2003年3月，日刊工業新聞社．
(6) 荒井 和雄，吉田 貞史 共編；SiC素子の基礎と応用 2003年3月，オーム社．
(7) 高橋 清 監修，長谷川 文夫，吉川 明彦 編著；ワイドギャップ半導体・光デバイス，2006年4月，森北出版．
(8) ＊ JR東海ホームページ (http://n700.jp/know/06.html)
(9) ＊ 井上 亮二，坂本 守，神田 淳；N700系新幹線車両用主回路システム，富士時報，Vol.79，No.2，2006，pp.110～117．
(10) ＊「SiCインバーター内蔵モーターシステム」を開発，報道資料，2012年3月8日，三菱電機㈱．

コラム　次世代DVD実現のキー・デバイス…GaN紫色半導体レーザ・ダイオード

使用するレーザ光線の波長を780 nmの赤外線から650 nmの赤色に短波長化することにより，コンパクトディスク（CD）からDVDへと光記録メディアの大容量化が進みました．DVDの後継となる次世代DVDでは，さらなる短波長化が求められていました．

レーザ光線の集光スポット径は波長程度が限界となります．波長を半分にすれば，スポット面積は1/4，つまり記憶密度を4倍に向上させることができます．大容量化のネックは，短波長の半導体レーザが存在しないということでした．世界中で青色レーザを実現すべく研究が行われていました．

最初に現れたのが，波長変換素子によるレーザでした．赤外線レーザを非線形光学結晶に通して高調波を発生させる（波長を半分にする）というものです．ただし，この場合は赤外線レーザのパワーをかなり強くしないといけないことや，部品が半導体レーザと光学結晶の組み合わせとなりコストやサイズの問題がありました．1990年台には，ワイドギャップ半導体のZnSeが青緑色レーザの最有力候補で，ソニーや3Mなど多くの企業でレーザが試作され，あと一歩で実用化という状態になっていましたが，素子寿命の問題で足踏みしていました．

そこに登場したのが青色LEDで成功を収めたGaNです．GaNは結晶が強く，長寿命のレーザが過去の半導体レーザ開発の歴史と比較すると，あっという間にできてしまいました．しかも波長が青緑色ではなく，さらに短波長な（大容量化に適した）青紫色です．GaN青紫色半導体レーザの実現で，Blu-ray Disc（BD）が誕生しました（名前はブルーですが実際に使われているのは青紫色 405 nmです）．GaNは照明だけでなく，光記録でも大きな役割を果たしたのです．

第1章

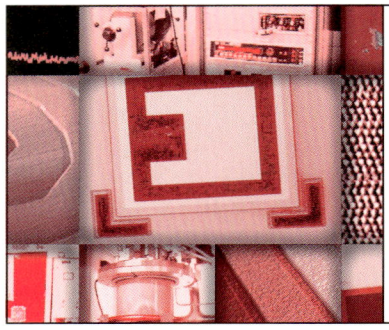

スイッチング素子としての応用面から見た
パワー・エレクトロニクス用半導体の性能指標

須田 淳
Jun Suda

この章では，パワー・エレクトロニクス用半導体（パワー・デバイス）のさまざまな性能指標と，実際のパワー・エレクトロニクスにおけるその意味（価値）について具体的に説明します．

パワー・デバイスの性能指標

パワー・デバイスのデータシートを見ると，さまざまな数値（性能指標）が書かれています．最も簡単なパワー・デバイスとしてダイオードを例に挙げて，その性能指標について考えてみます．

● ダイオードの性能指標
▶電気的特性

理想的なダイオードの電流-電圧特性を図示すると図1のようになります．つまり，順方向では無損失で電流を流し（0Ω），逆方向ではいかなる電圧に対してもまったく電流を流さない（∞Ω）というものです．

一方，現実のダイオードの特性は図2のようになります．順方向では，電圧降下が生じます．多くの製品では，順方向電圧降下ということで，定格電流I_{max}における電圧降下V_Fの最大値が保証されています．

当然ですが，電圧降下が大きいほど，損失が大きくなります．デバイスがON状態のときの損失をオン損失や通電損失と呼びます．電圧降下をそのときの電流値で割った値をオン抵抗（R_{ON}）と呼ぶこともあります．

図2に示すように，ダイオードの電流-電圧特性は，ある電圧（立ち上がり電圧と呼ぶこともある．Siの場合は0.6～0.8 V程度）まで電流はほとんど流れませんので，大電流ではオン抵抗の小さなデバイスでも，電流が小さいところではオン抵抗が大幅に増大するので注意が必要です．

▶耐圧特性

逆方向では，ある電圧で絶縁破壊が起こり，電流が流れてしまいます．この電圧のことを絶縁破壊電圧，降伏電圧，もしくは単に耐圧と呼びます．多くの製品では，絶縁破壊が起こる電圧より小さい電圧を耐圧と称しています．ダイオードでは耐圧400 Vという製品でも，実際に測定すると1000 Vくらいまで絶縁破壊しない製品もあります．どの程度余裕を見ているかは素子やメーカにより大きく異なります．

ここでは，絶縁破壊が起こる電圧を耐圧と呼ぶことにします．

現実のダイオードでは，逆方向印加電圧が耐圧に満

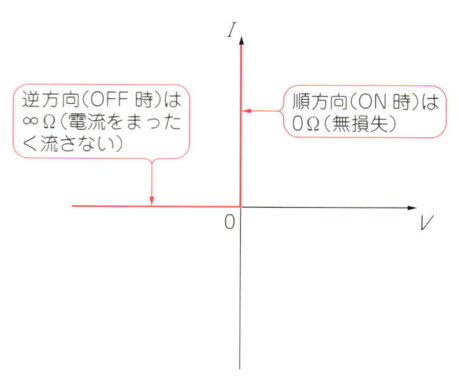

図1 理想ダイオードの電流-電圧特性

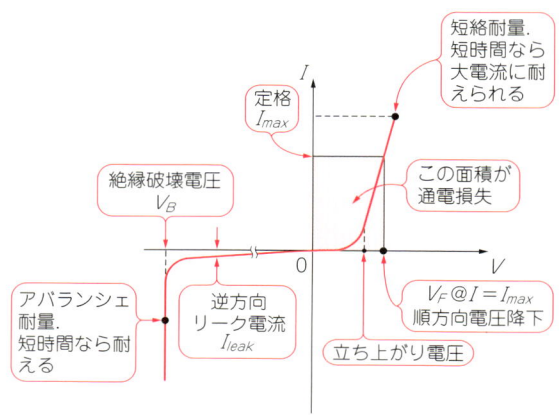

図2 現実のダイオードの電流-電圧特性（シリコンpn接合ダイオード）

たない領域でも理想的ではありません．わずかですがリーク電流が流れます．逆方向リークがあると，OFFの状態でも印加電圧×リーク電流ぶんの損失がデバイスで発生してしまいます．これをオフ損失と呼びます．

一般に，データシートではある逆方向電圧に対して，逆方向リーク電流の最大値が保証されています．

▶温度特性

パワー・デバイスの特性は温度に大きく依存します．一般に，温度上昇とともに逆方向リーク電流は増大します．動作可能温度は，素子の長期的寿命（一般に温度が高くなると劣化速度が急速に増大する），パッケージの耐熱性など，さまざまな要因により決まります．多くの場合は，逆方向リーク電流が大きくなりすぎて，もはやOFF状態のデバイスをOFFと見なせないということが大きな要因となっています．

オン抵抗の温度依存性に関しては，デバイスの種類により大きく異なります．MOSFETやショットキー・バリア・ダイオードでは，半導体の直列抵抗が支配的であり，半導体のキャリア移動度は温度上昇とともに低下することから，オン抵抗は温度上昇とともに増大します．

オン抵抗の増大はデメリットですが，複数素子を並列にして大電流を流す場合は，オン抵抗の温度依存性による負帰還作用で，それぞれの素子に流れる電流が平均化されるのでメリットとなります．

▶過渡特性

過渡的な特性としては，スイッチング損失を決めるスイッチング特性が最も重要ですが，これは後ほど述べたいと思います．

素子を壊さないという意味で重要なのは，アバランシェ耐性と短絡耐性です．

アバランシェ耐性は，絶縁破壊が生じるような電圧が加わったとしても，あるエネルギーの範囲なら素子の劣化や破壊を起こさずに使えるという耐性です．一般には，パルス・エネルギー（電圧×電流×時間，単位はジュール [J]）で示されます．

パワー・デバイスでは耐圧を上げるとオン抵抗が大きくなってしまうので，オン抵抗を低減するために，耐圧を下げて，スイッチング時に瞬間的にかかる高電圧は，図2の絶縁破壊の部分で吸収させるような回路設計をする場合に重要な指標です．また，装置のトラブルにより瞬間的に高電圧が生じてもデバイスが破壊しないという安全マージンとも位置づけられます．

短絡耐性は，ケーブルの短絡などでON状態で定格電流を越える大電流が瞬間的に流れた場合，何Aで何μs耐えられるかというものです．安全回路は短絡を検知して，この時間以内に作動して電流を遮断する必要があります．

スイッチング・デバイスの性能指標

スイッチング・デバイスであるMOSFET（Metal Oxide Semiconductor Field Effect Transistor）やIGBT（Insulated Gate Bipolar Transistor）の場合も，ダイオードと基本的な考えかたは同じです．

● MOSFET

MOSFETの場合のI_D-V_{DS}特性を図3に示します．

オン抵抗はON時の傾きですが，これはゲート電圧により変化します．ゲート電圧が大きいほど，MOS界面に誘起されるキャリアが増えるので抵抗は小さくなります．しかし，ゲート電圧を大きくしすぎるとMOS酸化膜の劣化につながるので，印加可能なゲート電圧の最大値が指定されています．

MOSFETの場合の耐圧は，ゲートがOFFのときにどのくらいの電圧を遮断できるかということになります．

● IGBT

IGBTのI_C-V_{CE}特性を図4に示します．

IGBTの場合はダイオードと同じように立ち上がり電圧がありますので，オン抵抗というよりは，電流を指定してそのときの電圧降下でオン損失を議論することになります．

IGBTは高耐圧と低オン抵抗を両立させた大変優れた素子ですが，スイッチング速度がMOSFETに比べると遅いという欠点と，電流が小さい領域では見かけのオン抵抗が大きくなりオン損失の割合が増大してしまうという弱点があります．

200〜300 V以下ではMOSFETのオン抵抗は良好な

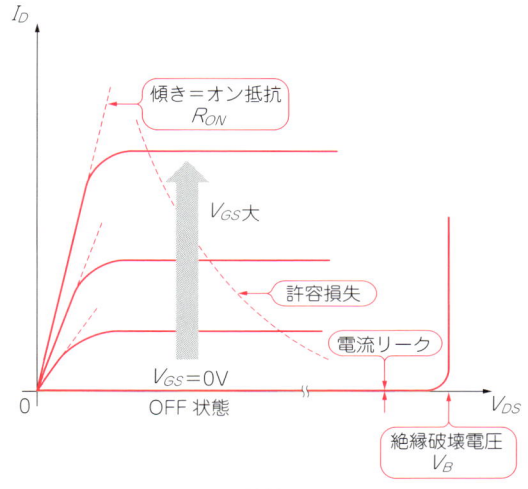

図3　MOSFETのI_D-V_{DS}特性

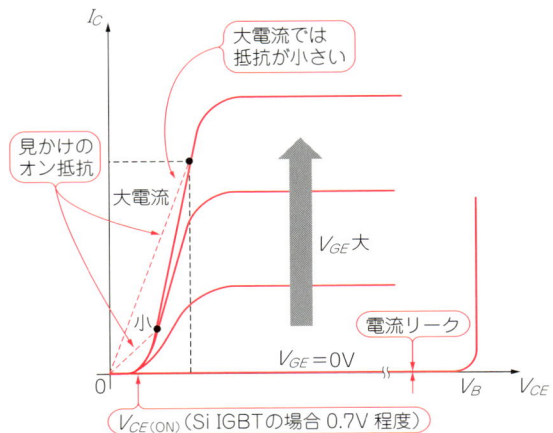

図4 IGBTのI_C-V_{CE}特性

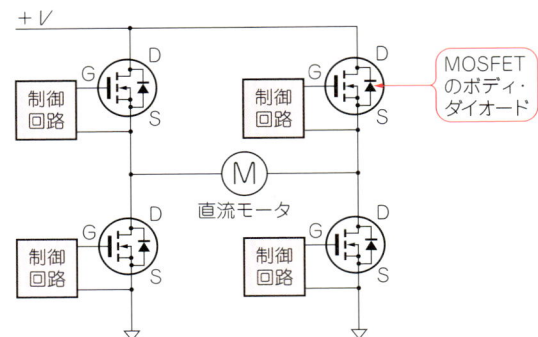

図5 DCモータの駆動を行うHブリッジ回路

のでMOSFETが主に使われますが，それ以上の電圧では，スイッチング周波数や使用する電流値などを勘案してIGBTかMOSFETかを選択することになります．

簡単なパワー回路での性能指標の重要性の確認

図5にDCモータの駆動を行う基本回路を示します．これは，4個のトランジスタ（図ではMOSFET）のON/OFFの組み合わせで，図6に示すようにモータの停止，順回転，逆回転，制動を行うものです．回路の形状からHブリッジ回路と呼ばれます．

この回路を例にして，具体的にパワー・デバイスの性能指標の意味について考えてみましょう．

● 損失

MOSFETのON/OFFの組み合わせにもよりますが，MOSFETには電源電圧が定常的に加わります．例えば，図6(b)では，左下のMOSFETは電源電圧に対して確実にOFFにならなければなりません．MOSFETの耐圧は，電源電圧より十分に大きい必要があります．

モータ停止の状態では，すべてのMOSFETはOFFです．このときの電力消費は理想的にはゼロですが，前述のようにOFF状態のMOSFETにはわずかなリーク電流が流れます．電源電圧×漏れ電流の損失が，定常オフ損失として発生します．使用する温度範囲で，MOSFETのOFF時の漏れ電流が十分に小さいことが重要となってきます（通常の場合，定常オフ損失は十分に小さいはずです）．

モータを動かす場合，二つのMOSFETがON状態となり，モータに大きな電流が流れます．MOSFETのオン抵抗$R_{DS(ON)}$に応じて，$2 \times R_{DS(ON)} \times I^2$の定常オン損失が発生します．大電流であればあるほど，オン抵抗の低減は重要になってきます．

● 発熱

MOSFETにおける損失は熱となり，MOSFETの温度を上昇させます．MOSFETの動作最高温度内に収まるように，放熱の設計が必要となります．

動作可能温度が高ければ，放熱設計が容易になり，放熱フィンの小型化，場合によっては省略や，回路を密集してコンパクトに設計できるなどのメリットが生じます．

一般的なMOSFETでは150℃程度が動作可能最高温度となっています．この温度はパッケージの温度ではなく，パッケージ内部の半導体チップ（pn接合）の温度ですので注意が必要です．

● ノーマリONとノーマリOFF

MOSFETにはノーマリONとノーマリOFFの種別があります．$V_{GS} = 0$ VのときにON状態になっているものをノーマリON（ディプリーション型），V_{GS}に閾値電圧以上を印加したときにはじめてONになるものをノーマリOFF（エンハンスメント型）と呼びます．

制御回路のマイコンの停止や，制御回路電源のトラブルで制御回路が停止してすべてのMOSFETのV_{GS}が0 Vになった場合，図5の回路でノーマリONのデバイスを使用していると電源が短絡されてしまい大問題です．したがって，パワー・デバイスではノーマリOFFのデバイスが主流となっています．

● スイッチングと逆起電力

これまでは，定常状態を考えましたが，モータを止めるときにはONからOFFのスイッチング動作が生じます．モータやソレノイドなどの誘導性負荷の場合，スイッチOFF時にインダクタには逆起電力が発生します．逆起電力は電流を切る速度dI/dtに比例しますので，ゲート電圧を急峻に変化させるほど大きな起電力が発生します［図7(a)，(b)］．

MOSFETに電源電圧＋逆起電力の耐圧をもたせることは大変ですので，電流をダイオードにより逃がし

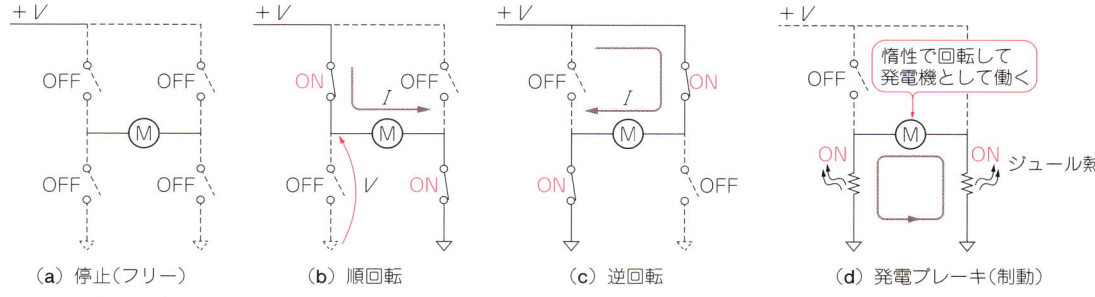

図6 Hブリッジ回路の四つの動作状態

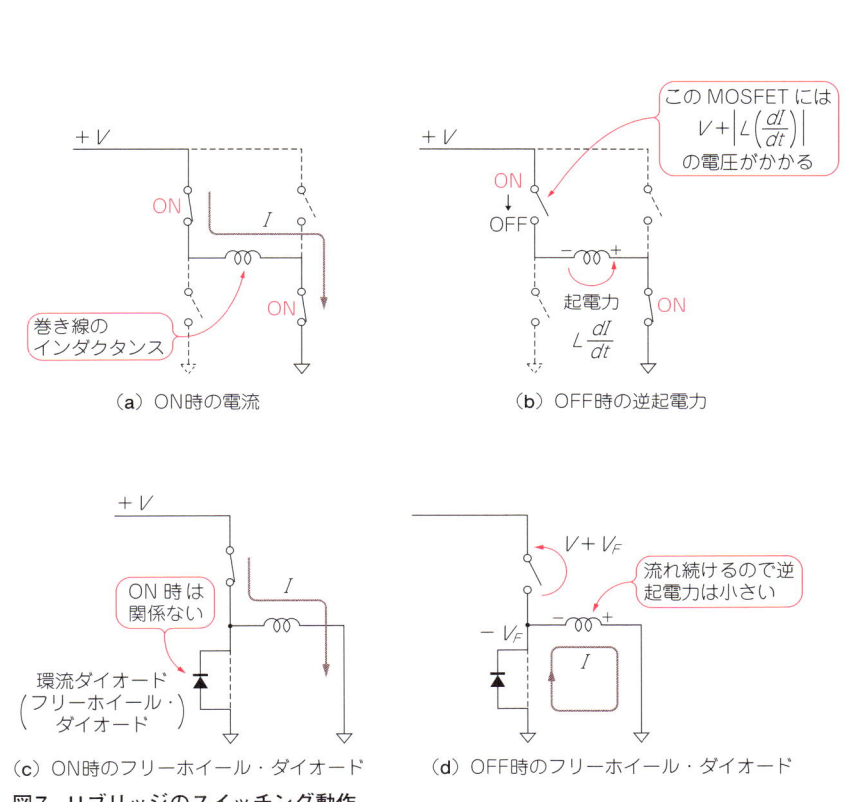

図7 Hブリッジのスイッチング動作

てやる必要があります．MOSFETの場合には，デバイスの構造上，ボディ・ダイオード(body diode)というpn接合ダイオードが付随します．このダイオードが電流を逃がす還流ダイオードの役割を果たしてくれます［**図7(c)**，**(d)**］．

MOSFETのデータシートにはボディ・ダイオードの特性が併記されています．ただし，ボディ・ダイオードの性能が十分でない場合には，別途ダイオードを付加する必要があります．

一方，IGBTの場合にはボディ・ダイオードはありませんので，外部にダイオードを別途付加する必要があります．

スイッチング損失が重要なパワー回路の例

先ほどはスッチングを無視できるような例を挙げましたが，スイッチング電源やインバータなど，スイッチングを頻繁(数kHz～数百kHz)に行うパワー・エレクトロニクス回路では，定常損失に加えてスイッチング損失が重要となります．

スイッチングの波形を元にして，スイッチング損失について考えてみましょう．

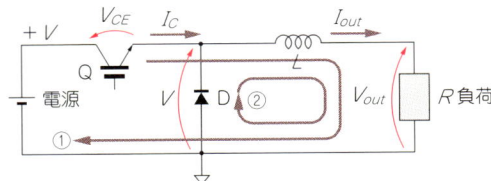

図8 降圧チョッパ回路

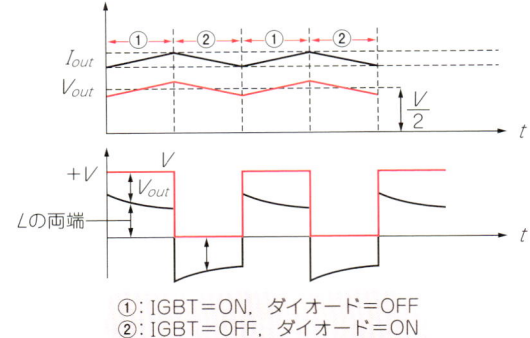

①：IGBT＝ON，ダイオード＝OFF
②：IGBT＝OFF，ダイオード＝ON

図9 降圧チョッパのトランジスタの電流/電圧波形

● 降圧チョッパの例

図8に降圧チョッパの回路図を示します．降圧チョッパはDC-DCコンバータの基本回路の一つです．トランジスタをONにし続けると，負荷には電源電圧がそのまま供給されます．トランジスタをON/OFFさせ，電源からの電流を断続させると，ONの時間の割合に応じて任意の中間的な電圧を供給することができます．

降圧チョッパの動作を図8の回路図と図9の電流/電圧波形を用いて説明します．

トランジスタがONの状態では，図8の①で示す経路で電流が流れます．インダクタがありますので，電流は急には増えず，時間とともに増加することになります．電源から負荷に電力が供給されますが，同時にインダクタに磁気エネルギーが蓄えられます．トランジスタがOFFになると，インダクタに蓄えられたエネルギーにより電流が流れ続けることになります．トランジスタがOFFなので，ダイオードを通して図8の②の経路で電流が流れます．インダクタの磁気エネルギーが消費されるとともに電流が低下します．

トランジスタのON/OFFの割合（デューティ比）で，負荷に流れる電流値（結果として電圧）が制御されます．図8のトランジスタとダイオードで矩形波を発生させ，それをインダクタと負荷で形成されるLRフィルタで平滑化していると言うこともできます．ON/OFFの周波数をLRのカットオフ周波数より十分に高くすることで，ほぼ直流とみなせる出力波形が得られます．

トランジスタに注目すると，スイッチングが頻繁に行われますので，トランジスタについては，定常損失に加えて，スイッチング損失についての検討が必要になってきます．

トランジスタ，ダイオードの特性が理想的な場合の回路の動作を図10に示します．ONからOFF，OFFからONに遷移するときに，素子での損失が発生しますがわずかです．

しかし，実際にはpn接合ダイオードであれば，ONからOFFになるときには少数キャリアの蓄積のために逆回復特性で一時的に電流が流れます．トランジスタがIGBTであれば，キャリア蓄積時間のためOFFからONになるときに，V_{CE}がすぐに$V_{CE(ON)}$になりません．また，ONからOFFになるときに，蓄積した少数キャリアのためにすぐにはゼロにならず，テイル電流がしばらく流れます．

すると電流電圧波形は図11のようになります．OFFからON，ONからOFFになるときに大きなスイッチング損失が生じます．場合によっては通電損失よりもスイッチング損失のほうが大きなこともあります．

● スイッチング損失を低減する方法

スイッチング損失低減のためには，いくつか方法があります．

一つは，高速なデバイスを使用することです．IGBTをMOSFET，pn接合ダイオードをショットキー・バリア・ダイオード（Schottky barrier diode；SBD）にすればスイッチング速度は大幅に向上します．しかし，MOSFETやSBDの場合には少数キャリアによる伝導度変調によるオン抵抗の低減がないので，オン抵抗が増大して，今度は通電損失が増大してしまいます．

別の方法としては，スイッチング周波数を下げることが考えられます．スイッチング損失は，スイッチングの回数，すなわち周波数に比例するからです．ただし，その場合は，平滑化のためのインダクタやキャパシタを大きなものにしなければなりません．コイルやコンデンサはパワー・エレクトロニクスで装置の中で大きな体積，価格を占めており，システム全体のサイズや価格がアップしてしまいます．

このトレードオフの関係は，パワー・エレクトロニクス技術者を悩ませてきたのですが，これはデバイスとしてSiパワー・デバイスのみを考えた場合のことです．

ワイドギャップ半導体を利用すれば，SiのIGBT並みか，それ以上の低オン抵抗をMOSFETで実現でき，SiのPINダイオード並みのことをショットキー・バリア・ダイオードで実現することができます．導通損失とスイッチング損失の両方を大きく低減することができるのです．

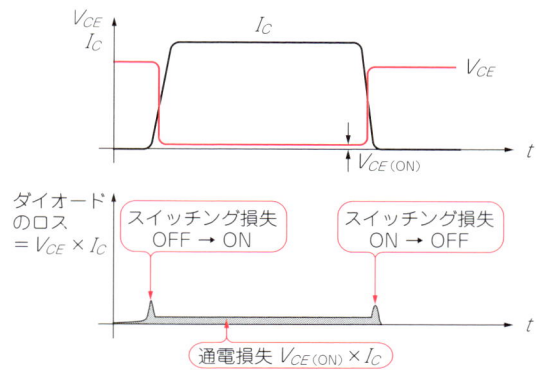

図10 理想的な場合の電流／電圧波形とスイッチング損失

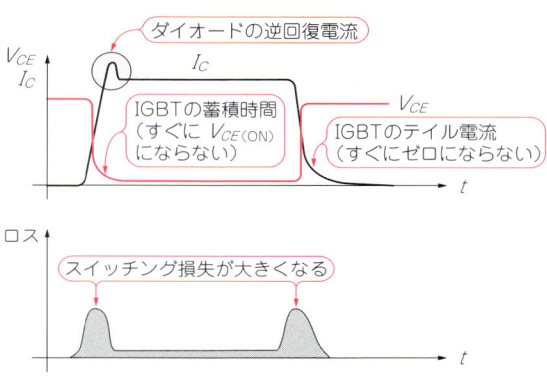

図11 現実の場合の電流／電圧波形とスイッチング損失

コラム　スイッチングと増幅の違い

　同じMOSFETでも，スイッチングで使うか増幅で使うかでは，使うところが大きく異なります．

　トランジスタのI_D-V_D特性を**図A**に示します．スイッチング・デバイスでは，ONかOFFかで使いますので，動作点は**ア**と**オ**となります．原点と**ア**，原点と**オ**で形成される長方形がデバイスにおける電力損失です．当然ながら，ほとんど損失が生じないところで使用しています．

　この損失を最小にすべく，オン抵抗の低減，逆方向リーク電流の低減を目指したデバイスの研究開発が行われています．

　一方，増幅で使う場合には，最も信号を忠実に増幅するA級増幅であれば，**ウ**を中心に**イ**～**エ**の範囲を使用することになります．原点と動作点が作る長方形の面積は大きく，常にデバイスで大きな電力損失が発生する使いかたとなります．損失という犠牲によって，忠実な信号増幅を実現しているわけです．

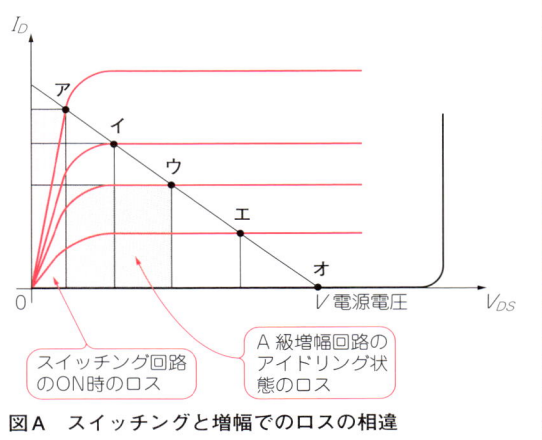

図A　スイッチングと増幅でのロスの相違

第2章

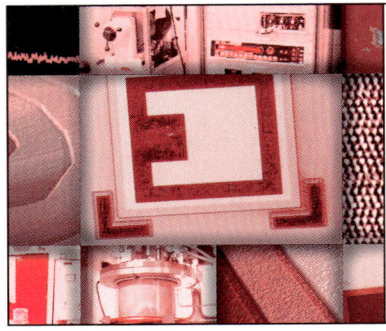

パワー・デバイスの動作原理を
理解するために

半導体デバイスの基礎知識

須田 淳
Jun Suda

　この章では，パワー・デバイスの動作原理を理解するために必要な半導体の基礎を説明します．技術資料などでパワー・デバイスの断面構造図などが示されていますが，それを読み解くために必要な基本事項，また，ワイドギャップ半導体パワー・デバイスの原理を理解するために必要な事項の説明も行います．

エネルギー・バンド理論による金属/半導体/絶縁体の区別

　量子力学によると，固体(結晶)中で電子が取り得るエネルギーは図1に示すような帯状になることが示されます．これをエネルギー・バンド構造と呼びます．

　パウリの排他原理により，それぞれの状態はスピンの異なる合計で二つの電子しか占有することはできません．結晶がN個の原子からできているとすると，それぞれの原子が原子番号Zと同じ数の電子をもっています．つまり，全電子数は$N \times Z$個となります．電子をエネルギーの低い順からエネルギー・バンド内の一つ一つの状態に割り当ててゆくと，最終的に図2(a)，(b)のどちらかになります．

　図2(a)はあるバンドの途中までを電子が占有しています．図2(b)では，ちょうどあるバンドを完全に占有したところ終わっています．完全に占有されたバンドの電子は身動きがとれず，電流を運ぶことができません．もちろん，完全に空のバンドにはそもそも電子がいませんから電流を運ぶことはできません．

　したがって，図2(b)は，まったく電気を流さない物質，すなわち，絶縁体(insulator)となります．一方，図2(a)の場合は途中まで占有されたバンドが非常に良く電気を流します．これは良導体(金属；metal)となります．

　半導体はどうなっているのでしょうか？ 半導体の様子を図2(c)に示します．バンドの占有の仕方は絶縁体の図2(b)と同じですが，完全に埋まったバンドと完全に空のバンドのエネルギー差が絶縁体と比べて小さくなっています．このエネルギー差をエネルギー・バンド・ギャップ(energy band gap)，もしくは単にバンド・ギャップ(禁制帯幅)と呼びます．

　バンド・ギャップが小さいと，図3のように，熱エネルギーによって下のバンドの電子が上のバンドに励起されることが起こります．すると，下のバンドで電

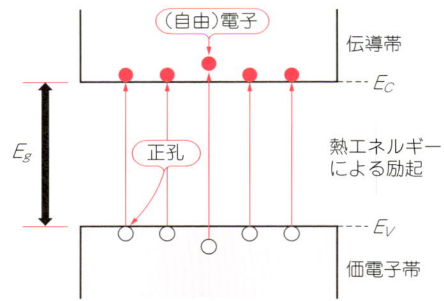

図3　室温での半導体のバンドの様子

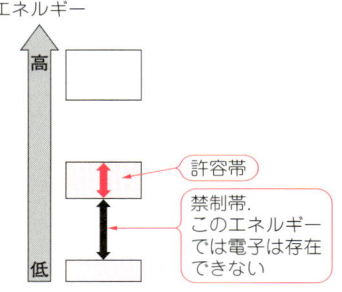

図1　結晶中の電子のエネルギー・バンド構造

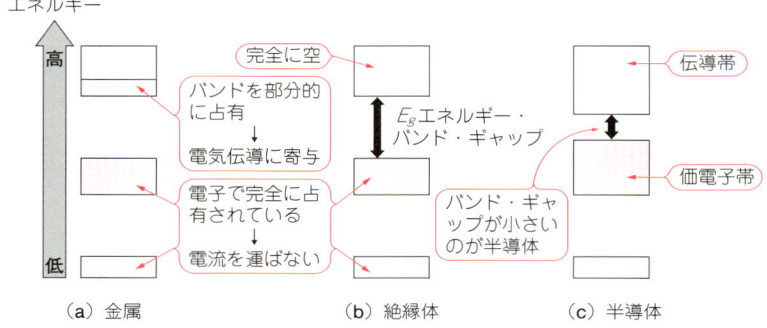

(a) 金属　　　　(b) 絶縁体　　　　(c) 半導体

図2　エネルギー・バンド構造による金属/絶縁体/半導体の分類

子の抜けた穴はあたかもプラスの粒子(正孔)として電気伝導に寄与しますし,空のバンドに励起された電子も自由に動けるので電気伝導に寄与します.このように電気を運ぶ粒子をキャリア(carrier)と呼びます.

金属と比べるとキャリアの数は圧倒的に少なく,抵抗は高いものの,絶縁体のようにまったく電流を流さないわけではないので半導体(semiconductor)と呼ばれます.

図3で電子が動きまわるバンドを伝導帯,正孔が動きまわるバンドを価電子帯と呼びます.半導体デバイスの動作に重要なのはバンド・ギャップの近辺なので,今後はその部分だけを図示します.この図はバンド図と呼ばれており,半導体の動作原理の説明,理解に欠かすことができない重要な図です.

ところで,半導体物理の分野ではエネルギーの単位にジュール〔J〕ではなく,エレクトロン(電子)ボルト〔eV〕という単位を使います.1eVは,1個の電子を1Vの電位差で加速したときに与えられるエネルギーです.半導体の電気的な特性を測定したときに得られる電圧と直接に対応して便利なので使われています.

バンド図における注意点がもう一つあります.それは,電子をエネルギーの基準に取っていることです.つまり,図で下のほうが電子にとってエネルギー的に安定ということになります.電位で考えると下方向が正に対応しており,上下が逆になりますので注意して下さい.

真性半導体と外因性半導体

不純物を含まない半導体を真性(intrinsic)半導体と呼びます.真性半導体中には,熱によって生成されたわずかな電子/正孔しかありませんので,高い抵抗を示します.

一方,不純物を添加(ドーピング;doping)した半導体を,外因性半導体と呼びます.ドーピングにより,電子や正孔の数を自由に制御できることが半導体の最大の魅力であり,それをうまく利用したのが半導体デバイスです.具体的にSi(シリコン)の場合を例に挙げてドーピングについて説明します.

● n型半導体とp型半導体

IV族元素半導体であるSiに,P(リン)やAs(ヒ素)などのV族元素を添加すると,このV族元素は伝導帯に電子を提供するドナー(donor)として働きます.最外殻電子に着目すると,Siに比べてPやAsは電子が一つ余計にあるので,この電子が熱エネルギーによって解き放たれて,結晶中を自由に動き回るのです.電子を放出したドナー不純物は正の電荷となりますが,ドナー不純物は半導体の結晶に組み込まれているので動けません.

これを結晶の模式図(実空間),バンド図(エネルギー空間)で書くと図4のようになります.純粋な(真性半導体の)Siには電子は$10^{10}\,cm^{-3}$しかありませんが,ドナーを添加することで,$10^{13} \sim 10^{21}\,cm^{-3}$の範囲で電子密度を変えることができます.ドーピングにより電子の数を増やした半導体をn型半導体と呼びます.

実際の半導体デバイスでは,一つのデバイスにドーピング濃度の異なる複数のn型領域が含まれることがあります.ドーピングの濃度の大小をn^{-}型(ドーピング濃度が低い,lightly-dope)とかn^{+}型(ドーピング濃度が高い,heavily-doped)などの記号で表現することがあります.まったくドーピングをしていない領域は真性半導体の頭文字を取ってi型と書きます.

SiにB(ホウ素)やGa(ガリウム)などのIII族元素を添加すると,どうなるでしょうか.これらの原子は最外殻電子が一つ不足しています.価電子帯の電子が熱的に励起されて,この電子の不足を埋めることが起こります.すると,価電子帯に電子の抜けた穴,正孔が生成されます.図5にその様子を示します.

この不純物原子は電子を余分に受け取っているので,結晶中を動くことのできない負の電荷となります.このような不純物は電子を受け取るのでアクセプタ(acceptor)と呼ばれています.

● フェルミ準位

図4,図5のバンド図にはE_Fと書かれた点線が書か

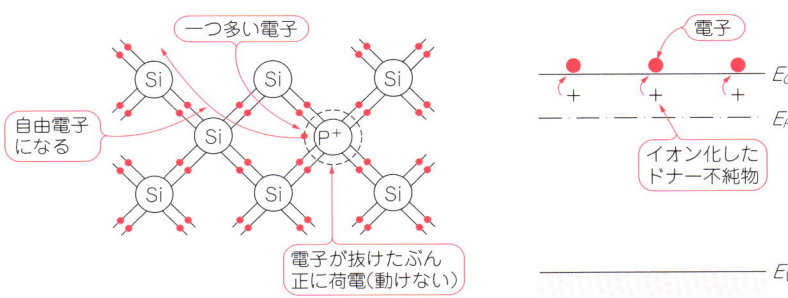

図4
n型半導体の結晶の模式図とバンド図　　　　(a) 結晶のイメージ　　　　(b) バンド図のイメージ

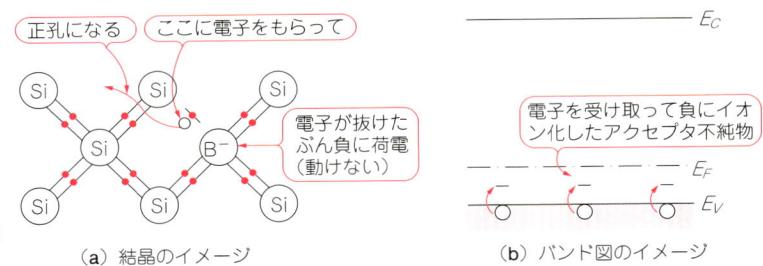

図5 p型半導体の結晶の模式図とバンド図
(a) 結晶のイメージ　　(b) バンド図のイメージ

れています．これはフェルミ準位(Fermi level)と呼ばれるエネルギーで，この物質に電子を追加するときに必要な熱力学的(エントロピーを考慮した)エネルギーという意味があります．電子がたくさんあるほど追加しにくくなるので，フェルミ準位は上に移動します．

つまり，ドナー不純物のドーピングが濃いほどフェルミ準位は伝導帯に近づきます．真性半導体ではE_Fはバンド・ギャップのほぼ中央にあり，逆にp型半導体では価電子帯側に近づきます．電子を追加するのが大変な半導体は逆に正孔は追加しやすいということで，エネルギーの上下を読み替えると正孔についてのエネルギーとも捉えることができます．

半導体や金属，ドーピングが異なる半導体同士を接触させると，このフェルミ準位の大小に応じてキャリアの移動が起こり，最終的にはフェルミ準位が一致する状態で熱平衡に達するという重要な法則があります．この法則を使うと，半導体デバイスに電圧を印加しない状態でのバンド図を描くことができます．金属の場合は，電子が埋まっている頂上の部分がフェルミ準位となります．

半導体内での電気伝導

半導体内での電流の流れかたには2通りあります．ドリフト電流と拡散電流です．

● ドリフト電流

ドリフト電流は直感的にわかりやすい電流の流れかたです．**図6**に，n型半導体に外部から電圧を印加したときのバンド図を示します．これまではバンド図の横軸に特に意味はありませんでしたが，ここでは横軸は位置を示します．電位差によりバンドが傾きます．すると電子は坂道を転がるようにエネルギーの低いほう(正電圧側)へと流れていきます．

電子は電界によって加速されますが，結晶格子に衝突して(散乱されて)減速されるので，平均として見ると電界Eに比例したドリフト速度$v_d = \mu_n E$で移動しているように見えます．ここでμ_nは，電子の動きやすさを示す移動度と呼ばれる係数で，単位はcm^2/Vsです．電子密度nと素電荷eから，電流密度Jは，

$$J = en\mu_n E$$

と求められます．

電子の数が多いほど，また，移動度が大きいほど電気をよく流します．また，電圧(電界)と電流(電流密度)の間に比例関係があることがわかります．つまり，このドリフト電流は，オームの法則そのものです．抵抗率ρは，

$$\rho = \frac{1}{en\mu_n}$$

となります．この式は，半導体デバイスにおける直列抵抗成分を求めるときに使います．

● 拡散電流

何らかの理由で半導体の内部にキャリア密度の分布が生じると，その分布を均一にしようとする拡散現象が起こります．拡散現象は，キャリアが熱運動でランダムに動いていることに由来します．pn接合ダイオードやバイポーラ・トランジスタは，接合付近では，この拡散過程による電流が支配的です．

拡散電流は，キャリアの密度の分布を$n(x)$とすると，

$$J = eD_n \frac{dn(x)}{dx}$$

と表されます．

濃度勾配が急なほど，大きな電流が流れます．D_nは拡散定数と呼ばれる比例定数です．温度が高いほど熱運動が活発になり，また移動度が高いほどキャリア

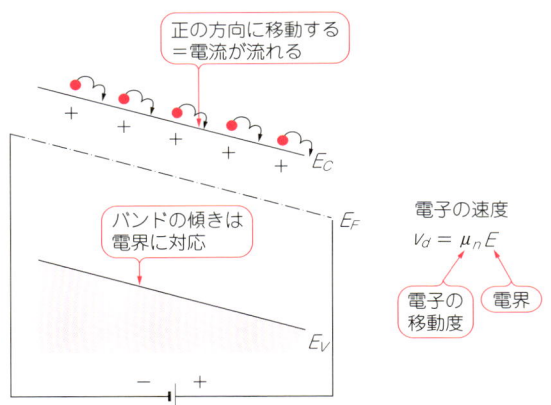

図6 ドリフト電流を説明するバンド図

は動きやすいので，拡散定数と温度，移動度の間には，

$$D_n = \frac{\mu_n k T}{e}$$

という関係があります．

電界とキャリアの濃度勾配の両方がある場合には，ドリフト電流と拡散電流が混在して流れることになります．

キャリアの生成・再結合

半導体に外部から何も刺激を与えていない状態を熱平衡状態と呼びます．平衡という名前から何も起こっていないように聞こえますが，半導体の内部では，熱による電子-正孔対の生成と，電子-正孔対の再結合が頻繁に起こっています．ただし，平衡状態では，生成する数と再結合する数が釣り合っているので，全体としては何も変化していないように見えるのです．

電圧印加や光照射などを行うと，このバランスが崩れます．例えば，バンド・ギャップ・エネルギーよりも大きなエネルギーの光を照射すると，光によって価電子帯の電子が伝導帯に励起されます．光による電子-正孔対の生成を利用したのが，光導電セルです．

光を当てるとキャリアが増え，光導電セルの抵抗が低下します．光照射をやめると，この過剰にできた電子-正孔対は再結合して消滅し，最終的には熱平衡状態に戻ります．一方，なんらかの方法で電子と正孔を半導体から取り除くと，熱による生成が生じて元に戻そうとする働きが生じます．

半導体デバイスの内部では，電圧を印加すると，それぞれの場所の状況に応じて，生成や再結合が優位となります．例えば，pn接合を順バイアスするとpn接合付近で電子-正孔が過剰に存在する領域が生じ，そこで再結合が起こります．再結合するときに光を出す半導体がありますが，それを利用したのが発光ダイオードです．

金属-半導体接合

半導体と金属を接触させると，その材料の組み合わせや界面の状態により整流性を示さない抵抗性接触（オーミック接触）となったり，整流性を示す整流性接触（ショットキー接触）となったりします．

● オーミック接触

半導体デバイスを回路に組み込むためには，配線のための金属電極が必要となります．

電極の形成においては，金属と半導体がオーム性接触となるようにして，さらに，大電流が流れる電極についてはその抵抗（接触抵抗）を可能な限り低減させるようにします．電極材料を適切に選び，電極と半導体の界面の状態を，適切なクリーニングや熱処理で最適な状態にする工夫が行われます．

理論的には，半導体のフェルミ準位と同じフェルミ準位の金属を接触させれば，理想的なオーミック接触となります．図6の左右の電極がまさにオーミック接触となっています．金属と半導体の間で電子や正孔をやりとりしたときにエネルギーの差が生じない，つまりスムーズにキャリアのやりとりができるということになります．

n型の場合には，金属のフェルミ準位がn型半導体よりも上にあれば，電子のやりとりに支障はなく，オーミックと見なせます（p型の場合は下にあればよい）．

● ショットキー接触

半導体と金属の組み合わせを適切に選ぶと，金属-半導体接合はショットキー接触となり，整流性を示すようになります．鉱石ラジオはこのショットキー接触を利用したものです．半導体としての性質をもった鉱石に金属針を当てて，そこで形成されるショットキー接触の整流性を利用してAM放送の検波を行いました．

現在では鉱石検波は行われていませんが，ショットキー接触は現在でもダイオードとして大活躍しています．ショットキー・バリア・ダイオード（Schottky barrier diode；SBD）という名称で呼ばれています．

それではショットキー接合の整流性の原理を，金属とn型半導体の場合を例に挙げて説明します．図7(a)に示すように，n型半導体のフェルミ準位に対してフェルミ準位が下にある金属を準備して，両者を接触さ

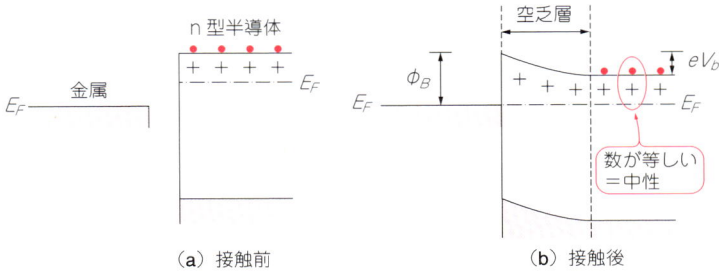

図7
金属-n型半導体のショットキー接触　　　　（a）接触前　　　　　　　　　　　　　（b）接触後

せます．n型半導体の電子は，フェルミ準位の位置関係から金属側に移ったほうがエネルギー的に得ですから，半導体の表面付近の電子が金属側に移動しはじめます．すると，金属が負に，半導体側が正に帯電することになります．

静電的には，正電位にいるほうが電子はエネルギー的に得になりますので，両者がバランスしたところ，つまり図7(b)のように，帯電により両者のフェルミ準位が一致したところで熱平衡状態となります．このとき，n型半導体の表面付近は電子がいなくなってイオン化ドナーだけが取り残された領域が形成されます．この部分をキャリアがいなくなってしまった層ということで空乏層と呼びます．

空乏層の右側の領域では，電子の数とイオン化ドナーの数が一致していますので，電気的には中性となっています．電位分布(バンドの曲がりかた)については次章で詳しく説明しますが，図7(b)のような放物線の左半分の形状となります．

この平衡状態では，金属側から見ると，ϕ_Bのエネルギーの壁を乗り越えないと電子が半導体側に入って行けません．逆に，半導体側の電子から見ると内蔵電位V_{bi}の壁を乗り越えないと金属側に入って行けません．ごくわずかな電子が，熱エネルギーによってそれぞれの壁を乗り越えて相手側に入りますが，熱平衡状態では互いに同じぶんだけ入りますので，正味の電流はゼロとなります．

● 順バイアス

金属側に正の電圧を印加すると，図8(a)のように半導体側から見た山が低くなります(フェルミ準位の関係からも電子にとって金属側に行くほうがエネルギー的に得になる)．山が低くなることで，熱エネルギーにより障壁を乗り越えられる電子が電圧印加とともに指数関数的に増大して，半導体側から金属側に多量の電子が流れ込みます．

これがショットキー接合の順バイアス状態です．金属から逆流してくる電子もありますが，その数は熱平衡状態のときと変わらず，ごくわずかです．

順バイアスでは，電位差が小さくなりますので，その電位差を形成するのに必要な空乏層幅は小さくてすみます．したがって，順バイアスの増加とともに空乏層幅は狭まります．

順バイアスが大きくなり，電流が増えると，金属半導体のショットキー接合自体は非常に良く電気を流し，その抵抗成分が無視できますので，右側のn型半導体部分のドリフト抵抗による直列抵抗が支配的になってきます．図9のようにショットキー接合のON状態の順バイアス時の電圧降下は，ショットキー接合にかかる内蔵電位とn型半導体の直列抵抗による電圧降下と考えることができます．

● 逆バイアス

逆に，金属側に負の電圧を印加すると，図8(b)のようにn型半導体の電子はより遠くへと追いやられますので電流は流れません．金属からϕ_Bの障壁を越えたごくわずかな電流I_0のみが流れます．

逆バイアスでは電位差が大きくなりますので，その大きな電位差を形成すべく空乏層は広がります．

以上を総合すると，ショットキー・バリア・ダイオードの電流-電圧特性は(n型半導体の直列抵抗を除いて考えると)，

$$I = I_0 \left\{ \exp\left(\frac{eV}{kT}\right) - 1 \right\}$$

と表すことができます．

ショットキー・バリア・ダイオードでは，電流に寄与するのは多数キャリア(n型の場合は電子)のみです．ショットキー・バリア・ダイオードのON/OFFは極めて高速です．ON/OFFに必要な時間は，空乏層の

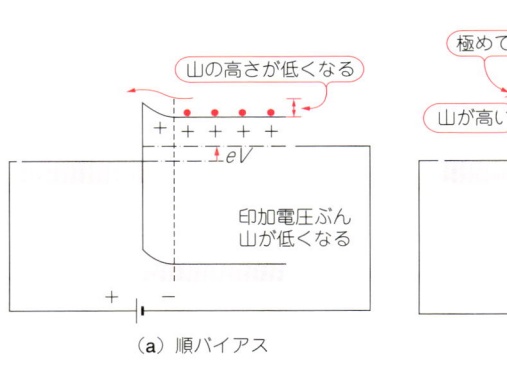

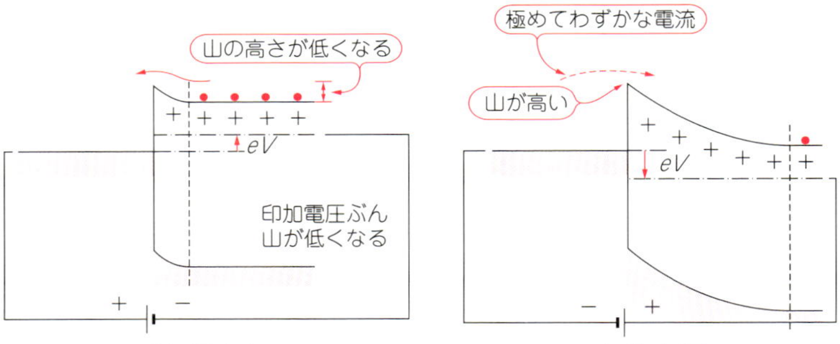

(a) 順バイアス　　(b) 逆バイアス

図8　ショットキー接合の順バイアス/逆バイアス状態のバンド図

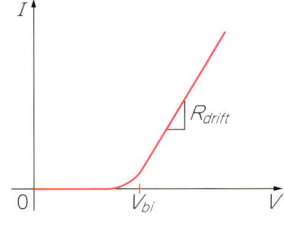

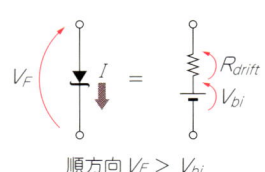

図9　ショットキー接合の順方向等価回路

厚みを変化させるぶんのキャリアが出入りする時間で，これは空乏層容量を半導体の直列抵抗で充放電するCR時定数に相当し，ナノ秒オーダの時間です．

後述するpn接合の場合は，注入した少数キャリアが再結合により消失するまでの時間，場合によっては数十マイクロ秒が必要なことと比べると対照的です．

pn接合

p型半導体とn型半導体を接合させたものをpn接合と呼びます．pn接合もショットキー接合と同様に整流性を示します．pn接合は，それ自体でpn接合ダイオードとして使用されますが，MOSFETやIGBTなど，ほぼすべての半導体デバイスには複数のpn接合が含まれており，極めて重要な役割を果たしています．

図10にp型，n型半導体の接触前と接触後のバンド図を示しました．接触前のフェルミ準位の差に相当する内蔵電位が形成されたところが平衡状態となります．pn接合の境界（界面）から，p型，n型それぞれの領域に空乏層が形成されます．

● pn接合の整流性

pn接合は整流性を示します．p型に正，n型に負の電圧を印加したときが順バイアスとなります．n型半導体の電子から見ると，順バイアスにより障壁が低くなりますので，p型半導体に入って行くようになります．p型半導体の多数キャリアは正孔ですが，ここに少数キャリアである電子が注入されることになります．これをキャリア注入と呼びます．

注入されたキャリアはp型半導体の奥のほうに拡散しながら，p型半導体中の正孔と再結合して消滅していきます．直接遷移型半導体と呼ばれる発光効率の高い半導体では，この再結合においてバンド・ギャップに相当するエネルギーが光として放出されます．Siは間接遷移型半導体なので，ほとんどが熱として放出されます．

同様に，p型半導体から正孔がn型半導体に注入されます．流れる電流は注入されたキャリア数に比例します．障壁を越えて注入されるキャリアは電圧に対して指数関数的に増えます．

一方，逆方向バイアスでは，空乏層が広がります．このとき，電流がまったく流れないかと言うと，そうでもありません．図11(b)に示すように，p型半導体中にはごくわずかですが電子が存在します．その電子が，空乏層から転がり落ちるようにn型領域に戻りますので，ごくわずかな電流が流れます．

順バイアスと逆バイアスを総合すると，pn接合を流れる電流は，逆方向のときの電流（逆方向飽和電流）

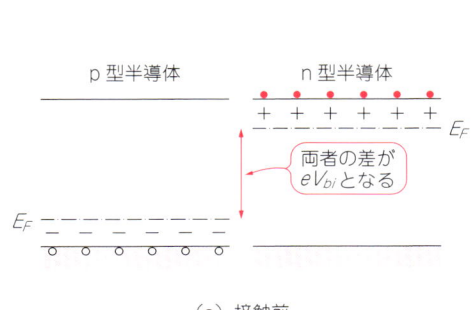
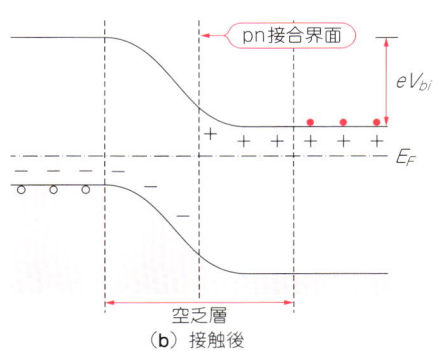

図10 pn接合の接触前／接触後のバンド図

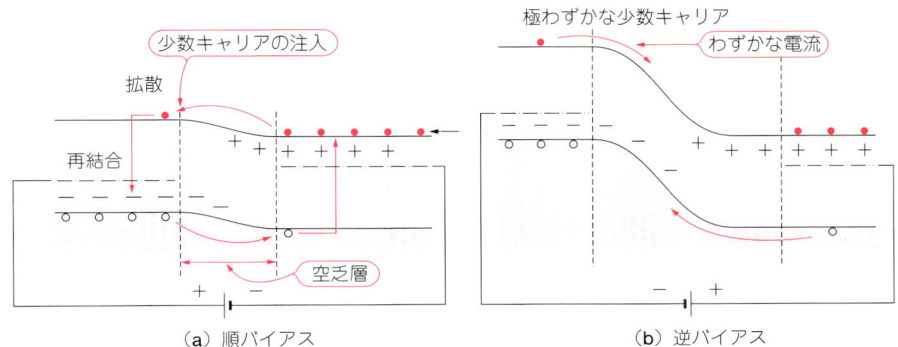

図11 pn接合の順バイアス／逆バイアスのバンド図

を I_0 とすると，

$$I = I_0 \left\{ \exp\left(\frac{eV}{kT}\right) - 1 \right\}$$

と表されます．SBD と見かけ上は同じ式ですが，SBD では多数キャリアのみで流れているのに対して，pn 接合では少数キャリアの注入で流れる電流が決まるという大きな違いがあります．

● 伝導度変調

　pn 接合ダイオードで順方向電圧を大きくしていくと，高注入という現象が起こります．例えば，**図12** に示すような n^+ ウェハ（基板）上に作られた p^+n^- ダイオードで考えます．

　p^+ から正孔が注入されますが，順方向電圧が 0.5 V 程度を越えてくると，注入される正孔が n^- 層の電子の数を上回るようになってきます．注入した少数キャリアが，多数キャリアを上回ってしまう状況です．すると，n^+ 基板から正孔の正電荷を中和するように電子が流れ込みます．

　ショットキー・バリア・ダイオードの場合は，半導体層がそのまま直列抵抗になりましたが，このダイオードの場合は，高注入状態ではキャリア密度が元の半導体より何倍も多くなっていますので，抵抗率が下がります．この現象を伝導度変調と呼びます．

　パワー・デバイスでは抵抗を下げることが極めて重要ですから，この伝導度変調現象は抵抗低減に極めて効果的です．高耐圧の PIN ダイオードや IGBT，サイリスタなどはこの伝導度変調を利用してオン抵抗を大幅に低減しています．

● 逆回復特性

　伝導度変調は良いことばかりではありません．低いオン抵抗と引き換えに欠点があります．それはスイッチング特性です．ダイオードが ON から OFF になるときを考えてみましょう．

　図13(a) のような回路を考えます．

　ショットキー・バリア・ダイオードの場合，多数キャリアのみですので，ON から OFF に切り替わるときは，**図13(b)** のように空乏層幅を変化させるのに必要な電荷が一瞬流れるだけです．

　一方，pn 接合ダイオードの場合，ON 状態では n^- 層に多数の正孔，電子が存在し，抵抗率を下げています．ここで逆電圧をかけてダイオードを OFF させます．n^- 層には多数のキャリアが存在していますので，このキャリアが電流を運び，逆電圧をかけてもしばらくの間は電流が流れ続けてしまいます．スイッチング波形は **図13(c)** のようになります．しばらくの期間は，逆バイアスにもかかわらずほぼ完全に導通状態となります．ある意味，非常に大容量のコンデンサがあるとも言えるかもしれません．

　この OFF になる過程を逆回復過程と呼びます．第1章で説明したように，逆回復特性はスイッチング損失となります．伝導度変調でオン抵抗を低減するのと引き換えに，逆回復でスイッチング損失を増やすということになります．

JFET 構造

　pn 接合の空乏層幅を電圧によって制御することを利用すると，トランジスタを作製することができます．接合型電界効果トランジスタ（Junction Field Effect Transistor：JFET）です．

● JFET の構造

　JFET の模式図を **図14(a)** に，I_D-V_{DS} 特性を **図15**

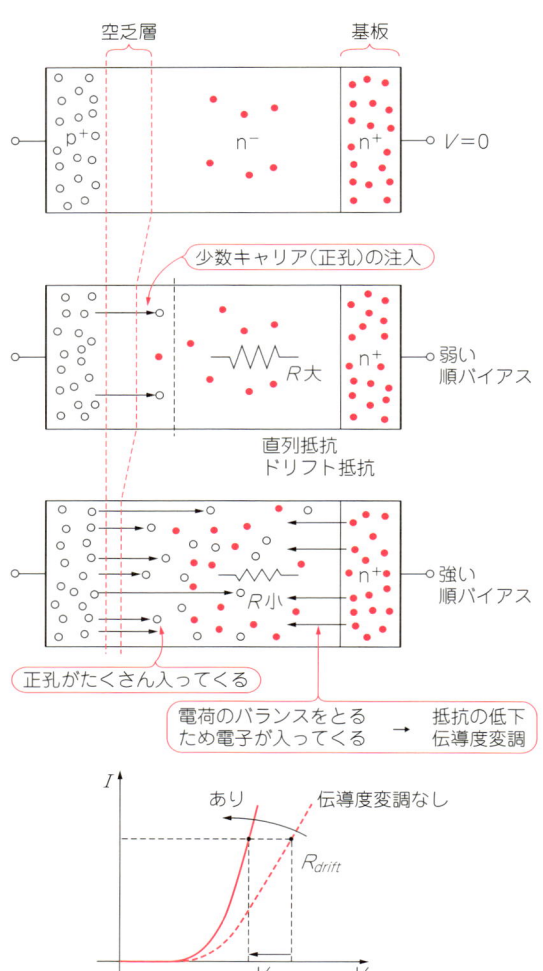

図12　pn 接合ダイオードの高注入状態

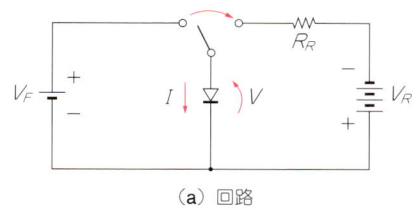

(a) 回路

図13 ダイオードのスイッチング特性

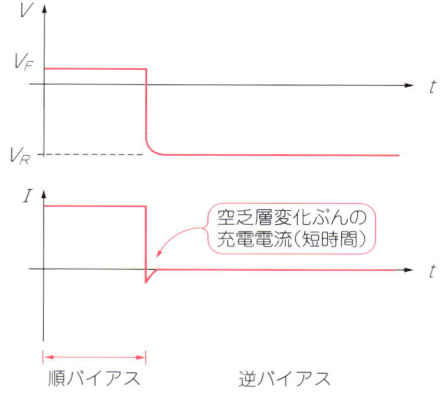

(b) SBDの場合

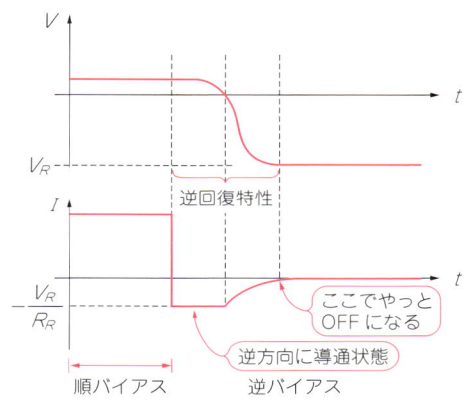

(c) pn接合の場合

に示します．薄いn型半導体層の両側にp型半導体を形成した構造となっています．pn接合の空乏層の広がりで狭くなっていますが，ソース-ドレイン間に電流の経路（チャネルと呼ぶ）があるので，ソース-ドレイン間はオーム性を示します．

図14(b)のように，ゲートに逆バイアスを印加すると，空乏層が広がって経路が狭くなるので抵抗が増大し，ついには空乏層どうしが接して電流経路がなくなりOFFになります．電圧によって制御可能な可変抵抗器，もしくはスイッチとして利用することができます（**図15**の原点付近の領域）．

ソース-ドレイン間電圧が小さいところでは特性は線形と見なせますが，ソース-ドレイン間に大きな電流が流れるようになると，ソース-ドレイン間の電位分布の効果が現れてきます．ドレイン側に行くほどp型領域に対する実質的な逆バイアスが増加します．

したがって，ある電流以上では，ゲートのドレイン側で空乏層どうしが接するほどになります．これをピンチオフ（pinch-off）と呼びます［**図14(c)**］．ピンチオフ以降では，電圧を増やしても，増やした電圧はピンチオフされた部分に掛かり，電流は増えません（**図15**でV_{DS}の大きな領域）．

JFETはpn接合に逆バイアスを加えることでOFFになるデバイスなので，ノーマリONデバイスです．そのため，Siの分野では増幅用トランジスタとしてしか使われず，パワー・スイッチング・デバイスとしてはほとんど使われていません．ただ，SiCなどではJFETによるパワー・デバイスも研究開発が進められています．

MOS構造

金属（metal）と絶縁体である酸化膜（oxide），そして半導体（semiconductor）を積層した構造をMOS構造と呼びます．Siの場合，酸素ガス中で1000 ℃付近の温度で熱処理をすると，表面からSiが酸化されてSiO_2に変化します．このSiO_2は極めて優れた品質の酸化膜で，さらにSiO_2とSiの界面も非常に優れた特

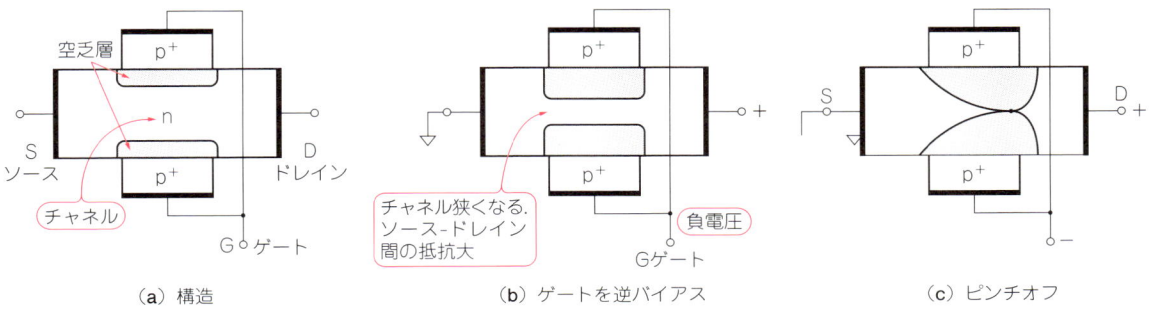

(a) 構造　　　　　　　(b) ゲートを逆バイアス　　　　　　(c) ピンチオフ

図14 JFETの構造図

性となります．この熱酸化によるSiO₂/Si界面形成が，今日のSi半導体の隆盛（CMOS技術）を支えたと言っても過言ではありません．

熱酸化により形成したSiO₂/Si構造の表面に電極を形成すると，金属-酸化膜-半導体のMOS構造になります．金属電極に印加する電圧で，空乏，反転，蓄積などの現象を起こし，SiO₂/Si界面のキャリアを制御することができます．

● MOSの構造

p型Si MOS構造のバンド図を**図16(a)**に示します．ここでは，金属のフェルミ準位が，たまたま半導体のフェルミ準位と一致した場合を考えましょう（一致していない場合は，一致するようにバイアス電圧を印加した状態を基準に考えればよい）．

電極に負電圧を印加すると，p型Si中の正孔がMOS界面に引き寄せられます．すると，SiO₂/Si界面においてもともとのp型半導体の正孔濃度よりも高濃度になります．これを蓄積状態と呼びます［**図16(b)**］．

逆に正の電圧を印加すると，正孔は正電荷をもっているのでMOS界面から遠ざけられます．結果として，MOS界面にはp型半導体のイオン化アクセプタのみが存在する空乏層が形成されます．これを空乏状態と呼びます［**図16(c)**］．

さらに大きな電圧をかけると，p型半導体にある（または空乏層内で熱的に生成されている）ごくわずかな少数キャリアの電子が界面に集まってきて，MOS界面に電子の層が形成されます．これを反転状態と呼びます［**図16(d)**］．

このように，MOS界面付近の状態を電圧によって制御できるので，これを用いた半導体デバイスを作製することができます．

● MOSFET

図17(a)にnチャネルMOSFETの構造を示します．先ほどのp型Si MOS構造の左右に，局所的にn型領域（ソース領域とドレイン領域）を形成して電極を形成した構造となっています．ポイントは，n型領域にわずかに重なるようにMOS構造が形成されていることです．

ゲートに電圧を印加していない場合，これはソースからドレインを見るとnpn構造となっています．ダイオードが背中合わせに接続された状態ですので，どちらの方向に対しても，背中合わせのどちらかのpn接合が逆バイアスとなるので電流は流れません．

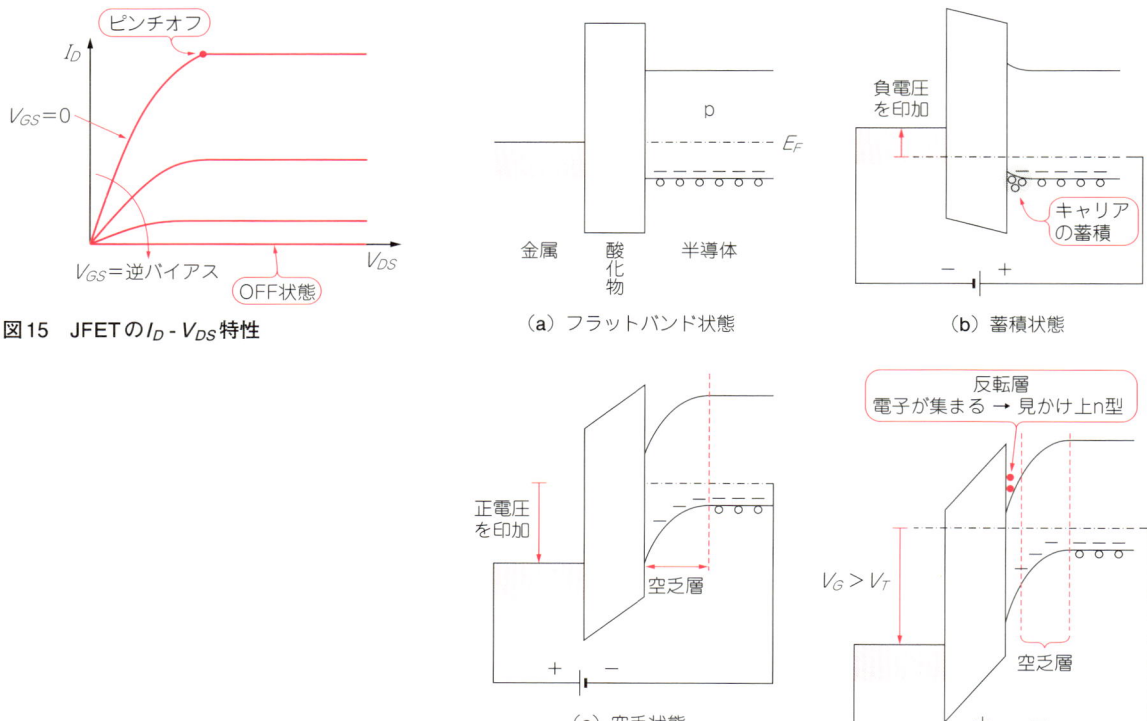

図15　JFETのI_D-V_{DS}特性

図16　MOS構造の蓄積，空乏，反転状態

ここで，ゲートに十分な正の電圧を加えると，ゲートの下部に反転層（電子の層）が形成されます（わずかな少数キャリアが徐々に集まるのではなく，ソースから横方向に電子が流れ込んで形成されるので，一瞬でチャネルが形成される）．

MOS構造はソース，ドレイン領域に重なるように作られていますので，この状態になるとソースからドレインまでn型の通路が開通してスムーズに電流が流れるようになります．MOSFETのON状態です［図17(b)］．

そのときの抵抗は，誘起された電子の密度と電子の移動度の積の逆数で決まります．誘起される電子の数 n_S は，簡単には，反転層を形成するまでに必要な電圧（閾値電圧 V_T）と酸化膜容量 C_{ox} から，

$$n_S = \frac{C_{ox}(V_{GS} - V_T)}{q}$$

と表されます．ゲート電圧が大きいほど抵抗は下がりますが，ゲート酸化膜に高電界を印加し続けると劣化が生じるので，劣化が生じない程度に制限されます．

● ボディ・ダイオード

ところで，教科書には図17(a)のようなMOSFETが書かれていますが，実際にこのようなデバイスはありません．

基板の電位が不定となり，特性が安定しませんので，通常は図17(c)のように基板をソース電極と接続します．MOSFETの回路記号の中央の矢印がソースと接続されていることは，それを示しています．

基板をソース電極と接続すると，MOSFETには必然的にソース-ドレイン間にダイオードが形成されます．これをボディ・ダイオードと呼びます．パワー・デバイスでは，ボディ・ダイオードを積極的に利用する場合があるので覚えておいてください．

HEMT構造

Siの場合は良質な酸化膜をMOS構造として利用できたのでよかったのですが，半導体材料によっては，そのようなことができません．電子移動度が大きく，高周波デバイスとして有望なGaAsでは，当初はショットキー接合の空乏層拡がりを利用したMESFET（Metal-Semiconductor Field Effect Transistor）構造が利用されていました．それと並行してGaAsに適したゲート絶縁膜を探求する研究が進められてきました．

その解答は，酸化膜ではなく，バンド・ギャップの大きな類似の半導体をゲート絶縁膜代わりにするというものでした．しかも，実際にやってみると，それは単にゲート絶縁膜以上の働きをすることが判明し，高周波デバイスの世界を一変させてしまいました．高電子移動度トランジスタ（High-electron mobility transistor；HEMT）です．

Ⅲ-Ⅴ族化合物の多くは半導体としての性質をもっています．GaAs，AlAsなどです．さらに，GaAsとAlAsを混ぜ合わせると，両者の中間的な性質の半導体を作ることができます．これを混晶と言います．GaAsに対してAlAsは大きなバンド・ギャップをもっているので，$Al_xGa_{1-x}As$ をGaAsの上に積層するとMOSに似たバンド構造を実現することができます．

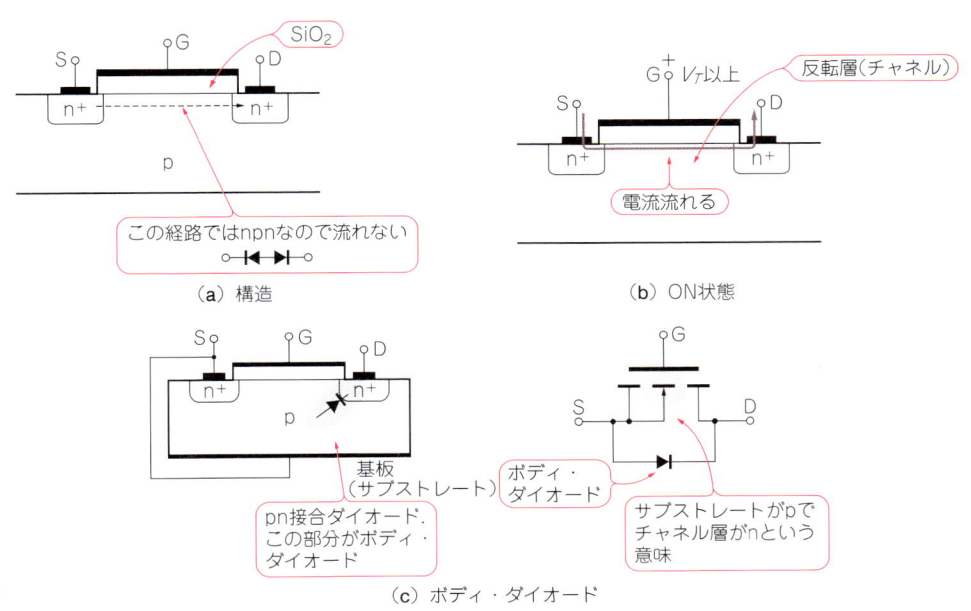

図17 MOSFETの構造

富士通の研究者は，**図18**に示すようなAl$_x$Ga$_{1-x}$As/GaAsでMOSFETのようなトランジスタを作製したところ，驚くほど素晴らしい特性が実現できることを明らかにしました．そのポイントは，AlGaAsにのみドーピングをして，GaAsは高純度なまま利用するという点です．AlGaAsのドナーがイオン化するときに放出した電子がバンド・ギャップの小さいGaAsのほうに落ち，AlGaAs/GaAsの界面のGaAs側に電子のチャネル（2次元電子ガス）を作ります．GaAsは不純物がありませんので，電子は散乱を受けず高速に移動できます．その結果，電子はたくさんあるが，移動度は高純度半導体なみに高いという状況を作り出すことができたのです．

界面の電子の数はMOSFETと同様に表面に形成した電極，ここではショットキー電極にバイアスをかけることで，増減させることができます（基本的には逆バイアスで減らす方向）．このトランジスタをHEMTと呼んでいます．HEMTは素晴らしい特性をもっており，そのお陰で小型の衛星放送アンテナが実現でき，一般家庭にBSが普及しました．

HEMT構造は，高周波の増幅器（BSの受信機）やパワー・アンプ（携帯電話基地局）では使われていますが，パワー・エレクトロニクス用のスイッチング・デバイスには使われていませんでした．しかし，窒化物半導体GaNにおいては，HEMT構造はパワー・スイッチング・デバイスに有用な構造として大きな注目を集めています．それについては第6章で詳しく述べたいと思います．

＊　　　　　　　＊

パワー・デバイスの基本ブロックの説明は以上のとおりです．それでは，実際に市販のパワー・デバイスの構造を読み解いてみましょう．

パワーMOSFETの断面図の読み解きと動作特性

● DMOSFET

縦型のSiパワーMOSFETとして最も一般的な縦型DMOSFET（Double Diffused MOSFET）の断面図を**図19（a）**に示します．抵抗を下げるために，小さなMOSFET（セルと呼ぶ）が集積された構造になっています．

まずは，V_{GS}に閾値（V_T）以上の電圧が印加されたON状態を考えます．ゲート電極下にチャネルが形成され，**図19（b）**中に矢印に示したような電流経路で電流が流れます．

オン抵抗としては，MOSチャネル部の抵抗R_{ch}とドリフト層の抵抗R_{drift}の和となります．DMOSFETのオン抵抗はV_{GS}の増加とともに低下しますが，最終的にある値に収束します．これはV_{GS}の増加によりチャネルの抵抗は下がるが，ドリフト層の抵抗は変わらないためです．

低耐圧のデバイスではR_{ch}の割合が大きく，高耐圧のデバイスではOFF時に耐圧をもたせるために厚いドリフト層が必要なのでR_{drift}がオン抵抗の主要部分を占めます．

R_{ch}を低減するためには，チャネル長を短くして，またセルを小さくしてたくさんのチャネルを形成することが有効です．セルを小さくすることは，電流がドリフト層をより均一に流れるのでR_{drift}の低減にもつながります．ただし，セルを小さくすると**図19（a）**の中央部分にn型がp型で両側をはさまれたJFETと見なせる領域が形成され，これがR_{JFET}として直列抵抗に入ってしまいます．

次にOFF状態ですが，OFFの場合には，ソース電極が接続されているpウェルとドリフト層との単純なpn接合の逆バイアス状態と見なすことができます．逆方向耐圧は，pウェルのドーピング密度は一般にドリフト層よりも大きいので，pn接合の耐圧はほぼドリフト層のドーピング密度と厚さにより決まります．詳細は第4章で解析しますが，ドリフト層が厚く，ドーピング濃度が低いほうが耐圧が上がります．ただし，それはON時にはR_{drift}としてオン抵抗増加の要因になってしまいます．

DMOSFETのDは二重拡散という製法を示してい

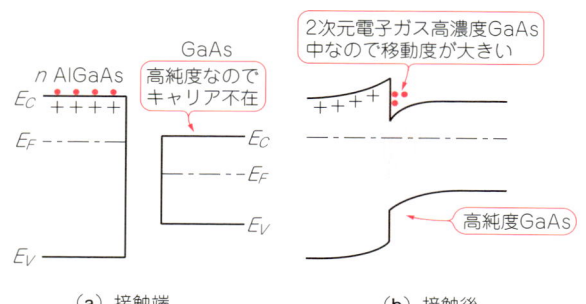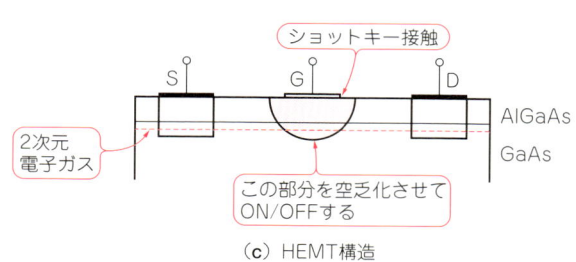

図18 Al$_x$Ga$_{1-x}$As/GaAsヘテロ構造とそれを用いたHEMT

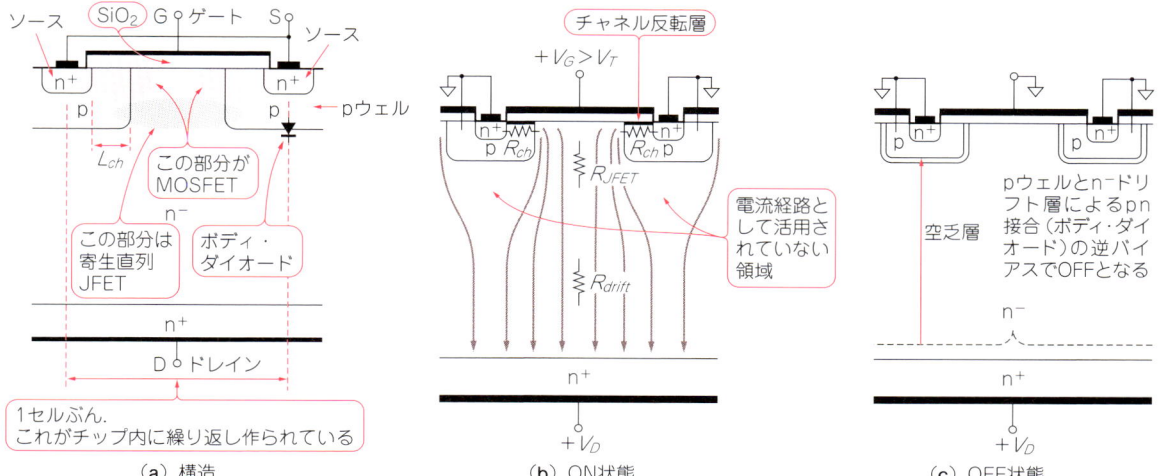

図19 DMOSFETの構造

ます．pウェル部分とn⁺ソース部分を二重拡散によって同時に作製するのがポイントです．二重拡散の条件により，短いチャネル長(L_{ch})を制御性よく作製しています．

● UMOSFETもしくはトレンチ・ゲートMOSFET

UMOSFETの構造を図20に示します．このデバイスでは，表面にU字形の溝(トレンチ)を形成し，その側面にMOSチャネルを形成しています．その形状から，UMOSFETやトレンチ・ゲートMOSFETと呼ばれます．

p層の厚さによりチャネル長が決まります．p層を薄くすることは容易なので，小さなL_{ch}を精度良く実現することができます．縦にチャネルを並べることで，MOSチャネルを密集して形成することができ，R_{ch}を大幅に低減することができます(R_{ch}はL_{ch}に比例するので，L_{ch}を小さくするとR_{ch}は小さくなる．チャネルを密に作れば多数のR_{ch}の並列接続となるので，全

体のR_{ch}は小さくなる)．また，電流もドリフト層に均一に流せますのでR_{drift}を低減する(というより電流が均一に流れることで，膜厚，ドーピング密度，移動度で決まる本来の値に近づける)ことができます．トレンチMOSFETの場合は，微細化しても寄生JFETが形成されないというメリットもあります．

低耐圧のMOSFETにおいては，R_{ch}がオン抵抗の大半を占めますので，このUMOSFET構造はオン抵抗の低減に極めて有効です．最新の低耐圧Siの低オン抵抗MOSFETは，ほとんどがこのタイプです．

＊　　　　　＊

高耐圧デバイスでは，DMOSFETにしてもUMOSFETにしてもオン抵抗はドリフト層の抵抗が主となります．したがって，オン抵抗の温度依存性はドリフト層の移動度の温度依存性により支配され，温度上昇とともに増大する傾向となります．

Siの場合，おおむね室温に対して接合温度100℃で2倍程度，150℃で3倍程度にオン抵抗が増大します．高温で使用する場合や，デバイス損失で温度上昇が見込まれる場合には，データシートの高温時のオン抵抗に着目することが重要です．

パワーIGBTの断面図の読み解きと動作特性

図21(a)にIGBTの構造を示します．一見するとDMOSFETとまったく同じように見えますが，大きな違いがあります．それは基板がn型ではなくp型であることです．

OFF状態では，上部のpn接合が逆バイアス，基板を含むpn接合が順バイアスとなります．耐圧は上部のpn接合で決まるので，基本的にDMOSFETと同じです．

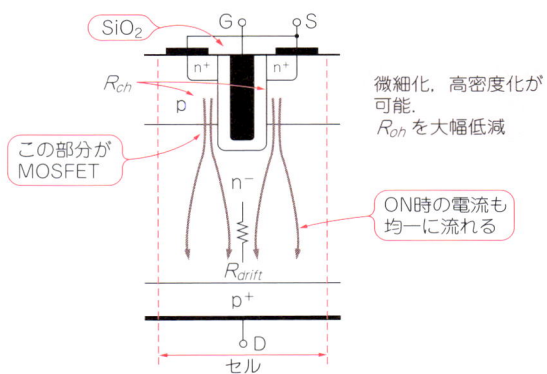

図20 トレンチMOSFETの構造

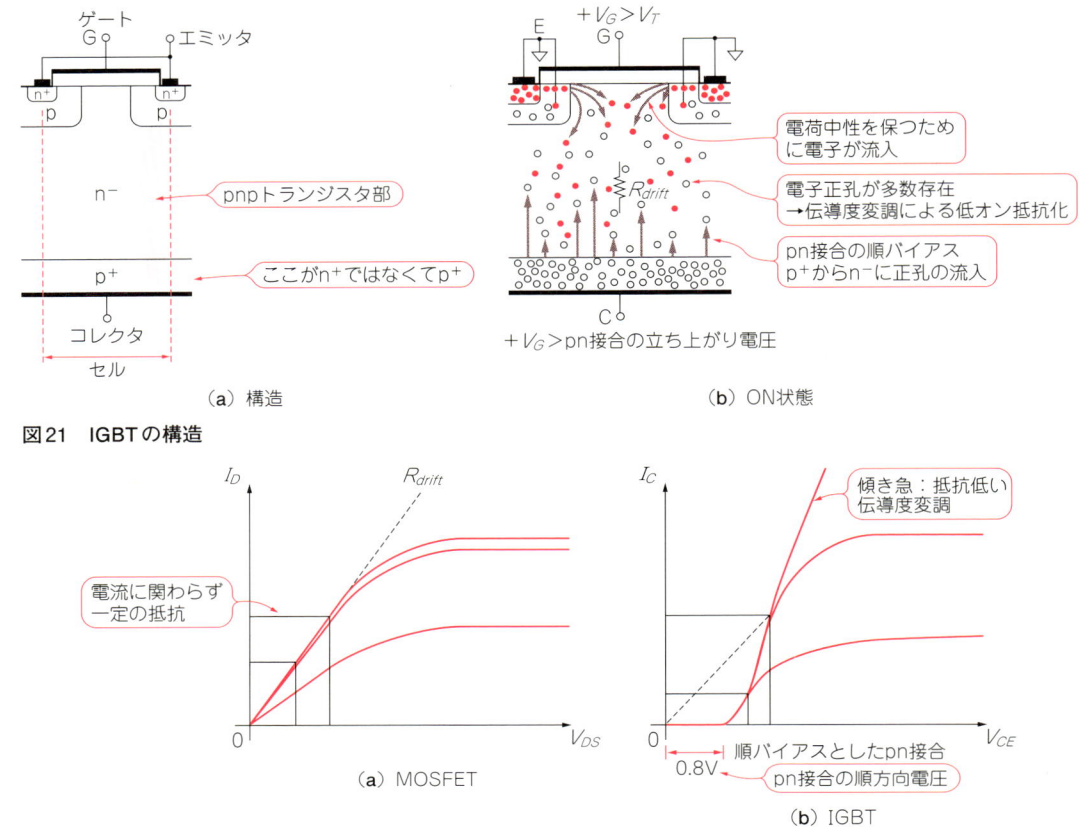

図21 IGBTの構造

図22 MOSFETとIGBTの比較

　一方，ON状態での動作はDMOSFETと大きく異なります．ゲートへの電圧印加によりチャネルが形成され，エミッタからチャネルを経由して電子がドリフト層に流れ込みます．ON状態では裏面のpn接合は順バイアス状態となりますので，p層から正孔がドリフト層に注入されます．裏面のpn接合が十分に順バイアスされていると，多量の正孔が注入されて高注入状態となり，それを中和するように電子の濃度も増大する伝導度変調が起こります．

　したがって，IGBTは裏面のpn接合の順バイアスぶんの電圧降下は生じてしまいますが，それと引き換えに，ドリフト層の抵抗を伝導度変調により大幅に低減することが可能になるわけです．ドリフト層の抵抗が支配的となる高耐圧デバイスの低オン抵抗化に極めて有効なデバイスです．

　IGBTとMOSFETの特性の比較を**図22**に示します．MOSFETでは0Vから立ち上がり，電流に関わらずほぼ一定の抵抗です．IGBTは0.8V程度で立ち上がり，その後の傾きはドリフト層の抵抗よりも小さくなります．MOSFETとIGBTを比較すると，電流密度の小さいところではMOSFETが，電流密度の大きなところではIGBTが優れているということになります．

　大電流のパワー・デバイスとしてIGBTは導通損失が非常に小さいのですが，デメリットがあります．それはスイッチング特性です．ON状態からOFFに切り替わるとき，ドリフト層には多数の少数キャリアが蓄積していますので，それが存在する間は導通し続けてしまいます．移動度の遅い正孔のためにテイル電流（tail current）という電流が一定時間流れます．

　オン抵抗とスイッチング時間はトレードオフの関係にあります．伝導度変調を強く効かせるとオン抵抗は小さくなりますが，それだけ多くのキャリアが蓄積することになるので，スイッチングが遅くなります．

第3章

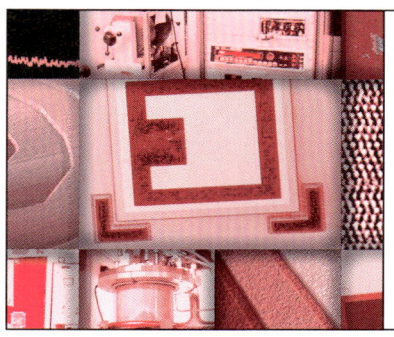

パワー・デバイスで最も重要な性能指標

耐圧とオン抵抗のトレードオフ

須田 淳
Jun Suda

この章では，パワー・デバイスの最も重要な性能指標である耐圧とオン抵抗の関係について説明します．耐圧とオン抵抗の間にはトレードオフの関係，つまり素子の耐圧を上げようとするとオン抵抗が増大してしまうという関係があります．電界集中などが生じない最適なデバイス設計をした場合，ある耐圧におけるオン抵抗の理論的な限界は半導体材料の物性により決まります．その計算方法を紹介します．

長年の研究開発により，現在のSiパワーMOSFETの性能はほぼこの理論限界に達しています．これ以上の性能向上は，Siより優れた物性をもった新しい半導体，ワイドギャップ半導体の活用が必要です．ワイドギャップ半導体を使うと，理論限界がどのように変わるかについても説明します．

半導体の絶縁破壊の基礎 〜なだれ破壊とツェナー破壊

耐圧（降伏電圧）は，半導体の絶縁破壊現象により決まります．MOSFET，バイポーラ・トランジスタ，IGBT，いずれの場合も素子の耐圧は，基本的に内部の逆バイアスされたpn接合の絶縁破壊によるものです．

pn接合に逆電圧を加えてゆくと，ある電圧で絶縁破壊が起こり，大電流が流れます．絶縁破壊と聞くと，一度絶縁破壊を起こしたら，その素子は使えなくなってしまうような印象を受けますが，必ずしもそうではありません．

素子の設計にもよりますが，そのときの電力と時間の積，つまりエネルギーがある許容範囲なら素子にダメージはありません．許容エネルギーを越えてしまうと，発熱などによって素子の劣化や，場合によっては物理的な（不可逆的な）破壊に至ります．

定電圧ダイオード（ツェナー・ダイオード）は，この逆方向の絶縁破壊の特性を積極的に利用します．絶縁破壊がデバイス中で均一に起こるように設計されており，ある電流値（許容損失）までなら，降伏電圧で電流を流し続けても素子が劣化しないように設計されています．

絶縁破壊には2通りのメカニズムがあります．一つはツェナー破壊，もう一つはなだれ破壊（アバランシェ破壊）です．

● ツェナー破壊

ツェナー破壊は，価電子帯から伝導帯への電子の量子力学的トンネル効果によるもので，極めて高濃度にドーピングされたp^+n^+接合で見られます．

Siの場合，絶縁破壊電圧が6V未満の定電圧ダイオードの絶縁破壊は，このツェナー破壊現象が支配的となります．

ツェナー破壊はバンド・ギャップの大きさに依存します．温度が上がるとバンド・ギャップは小さくなりますので，ツェナー破壊による絶縁破壊電圧は温度上昇とともに低下します．

● なだれ破壊

耐圧が10V以上のSiパワー・デバイスの場合は，なだれ破壊がおもな破壊現象となります．

大きな電界が印加されている半導体の空乏層を考えます．ここに何らの理由，例えば熱励起により生成されたキャリアが一つあったとします．キャリアは電界により加速され空乏層内を走行します．

図1(a)に示すように，キャリアは電界による加速と結晶格子との衝突による散乱（エネルギーを熱として放出する）を繰り返しながら走行します．一方，電界が大きいと，図1(b)に示すように散乱を受けるまでにバンド・ギャップ以上のエネルギーまで加速されることが起こりえます．

このような高エネルギーのキャリアが結晶格子に衝突すると，そのエネルギーで電子-正孔対を作り出すことが起こるようになります．これを衝突電離（インパクト・イオン化）と呼びます．最初からあったキャリアに加えて，衝突電離によって生成されたキャリアもさらにキャリア生成に寄与するということが繰り返されます．最初一つだったキャリアが増倍されるので，これをなだれ増倍と呼びます［図2(a)］．絶縁破壊電圧の手前で，逆方向リーク電流の増大として観測され

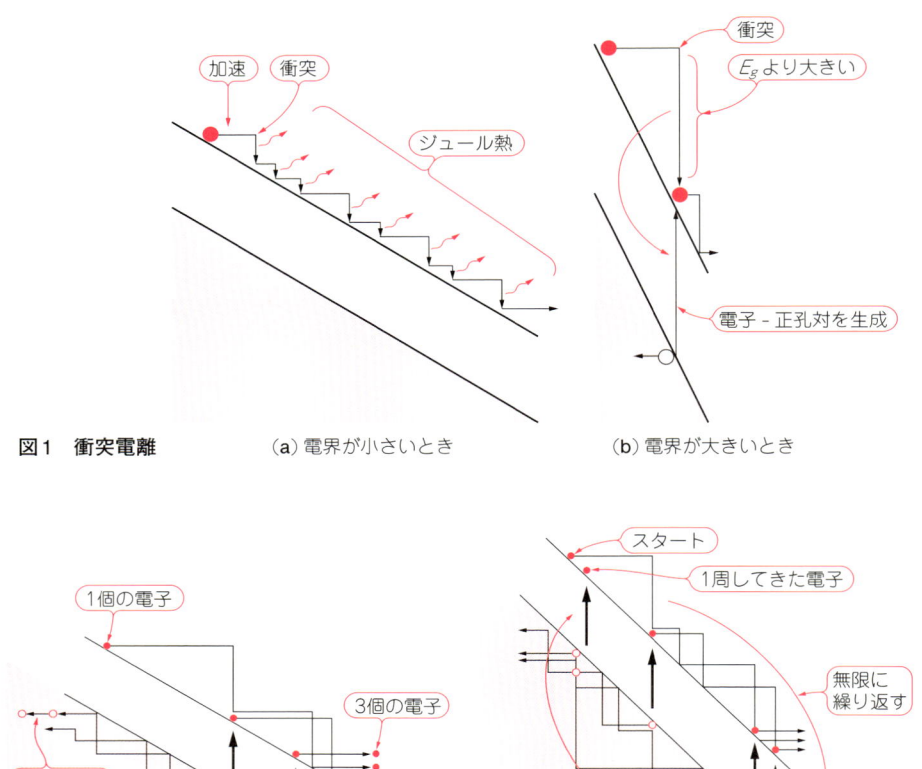

図1 衝突電離　(a) 電界が小さいとき　(b) 電界が大きいとき

(a) なだれ増倍　(b) なだれ破壊

図2　なだれ増倍となだれ破壊

ます．

　さらに逆バイアス電圧（電界）が大きくなると，スタート時の電子により生成された正孔が空乏層を走りきるまでに，電子-正孔対を作るようになります．そうすると，空乏層内での無限の繰り返しが生じるようになって，無制限に電流が流れるようになります．これをなだれ破壊と呼びます［**図2(b)**］．

　なだれ破壊の条件式は，空乏層内で無限のループが形成されることに相当します．これを計算するには，空乏層内の電界分布と，衝突電離係数の電界強度依存性から求めることができますが，簡易的には絶縁破壊電界（E_{crit}）を越えるとなだれ破壊が起こると見なすことができます．

　絶縁破壊電界強度は，半導体ごとに大きく異なり，特にバンド・ギャップに大きく依存します．また，温度が高くなるほど結晶格子の振動が大きくなりキャリアが散乱されやすくなるので，一般になだれ破壊による絶縁破壊電圧は温度上昇とともにわずかに増大します．

単純なpn接合ダイオードの解析

● 空乏層の解析

　なだれ破壊について，実際に具体的なpn接合を考えて，定量的に計算してみましょう．

　パワー・デバイスでよく現れるp^+n接合を考えます．これは，p側のアクセプタ密度がn側のドナー密度の数十倍以上と差がつけられたpn接合です．

　このpn接合に逆方向電圧V_Rをかけたときの空乏層内の電界分布，電位分布を求めてみましょう．n側の空乏層幅をW_n，p側の空乏層幅をW_pとします．n型の空乏層内にはイオン化ドナーが存在し，これが空間電荷となります．n型半導体のドナー密度をN_dとすると，空間電荷の総量はeN_dW_nとなります．全体が中性であるということから，p^+層側にはそれと同じ総量のイオン化アクセプタによる負電荷，$-eN_aW_p$が現れます．これよりpn接合の左右に広がる空乏層

幅には，

$$W_n N_d = W_p N_a$$

の関係があることがわかります．

空間電荷分布は図3(a)のようになります．n型とp型のドーピング密度が同一なら，接合を中心に空乏層は左右に同じだけ広がりますし，今回のように濃度が違うと，濃度の薄いほうに広がることがわかります．

ガウスの法則から，電界Eは電荷分布ρを半導体の誘電率ε_sで割って積分したものですから，電界分布は図3(a)を積分した図3(b)のような三角形状の電界分布となります．

電位Vは，電界を積分してマイナスしたものなので，結果として図3(c)の電位分布となります．第2章で空乏層の電位分布が放物線になると言ったのは，この計算結果からです．

図3(c)の両端の電位差は，pn接合の拡散電位（ゼロ・ボルトのときの電位差）と逆方向電圧V_rの和ですので，$V_{bi}+V_r$となり，これより空乏層幅Wは，

$$W = \sqrt{\frac{2\varepsilon_s}{e}\left(\frac{N_a+N_d}{N_a N_d}\right)(V_{bi}+V_r)}$$

と求めることができます．p^+のアクセプタ密度が十分に大きければ（$N_a \gg N_d$），p側に広がる空乏層分は無視できて，

$$W = \sqrt{\frac{2\varepsilon_s}{eN_d}(V_{bi}+V_r)}$$

と簡単な式となります．以後，簡単のためp^+のアクセプタ密度が十分に大きいと考えます．

● 絶縁破壊電圧の計算

さて，図3(b)を見ると，電界の最大点はpn接合の境界となります．この最大電界が絶縁破壊電界E_{crit}になったときに，絶縁破壊が起こると考えると，絶縁破壊電圧V_bは，

$$V_b = \frac{\varepsilon_s E_{crit}^2}{2N_d}$$

と求めることができます（パワー・デバイスで議論する耐圧に比べてV_{bi}は小さいので無視する）．また，そのときの空乏層幅Wは，

$$W = \frac{2V_b}{E_{crit}}$$

となります．

これらの式からわかるように，大きな絶縁破壊電圧，耐圧をもたせるためには，空乏層の厚さを厚くすることが必要です．したがって，素子の半導体層の厚さは設計耐圧で空乏層が広がる厚さ以上でなければなりません．

さらに，厚いだけではダメで，空乏層を広げるために半導体のドーピング密度を低くする必要があります．高耐圧化には，半導体の層（ドーピングの低いほうの

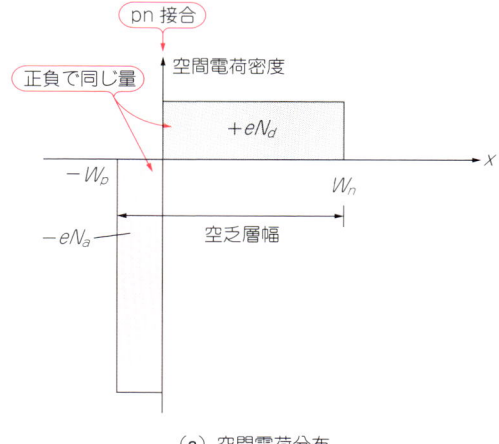

(a) 空間電荷分布

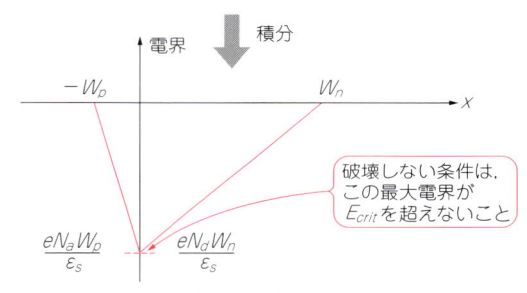

(b) 電界分布

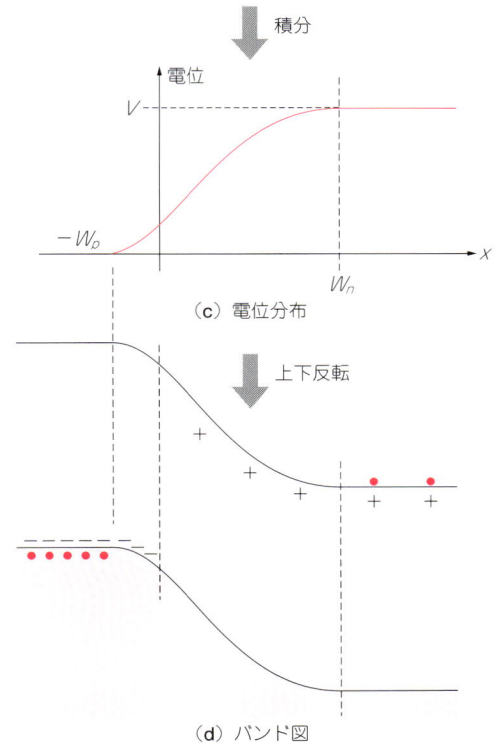

(c) 電位分布

(d) バンド図

図3 空乏層の電荷分布，電界分布，電位分布とバンド図

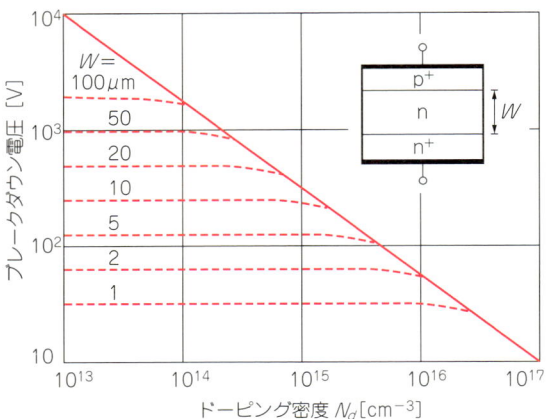

図4 Siのp⁺n構造におけるドーピング密度と厚さと耐圧の関係

層)を厚くして,かつ,ドーピング密度を下げることが必要です(耐圧の手前で空乏層が広がりきって高濃度ドーピングの基板まで達するような設計もある).

図4に,Siのp⁺n構造の場合において,n層のドーピング密度と厚さで耐圧がいくらになるかを示しました.

● 直列抵抗

それでは今度は,このpn接合のON状態での直列抵抗を求めてみましょう.pn接合を順バイアスすると少数キャリアの注入により伝導度が増加しますが,ここではそれを無視して,半導体を抵抗体と考えて直列抵抗を計算します.

ON状態では,先ほど耐圧維持を担っていた厚いn型層が今度は大きな直列抵抗として働くことになります.半導体の抵抗率 ρ は,n型半導体での電子移動度 μ_n を用いて,次のように表せます.

$$\rho = \frac{1}{e \mu_n N_d}$$

したがって,抵抗値 R_{ON} は素子の断面積を A として,

$$R_{ON} = \frac{4V_b^2}{A \varepsilon_s \mu_n E_{crit}^3}$$

と求めることができます.

当然,抵抗は素子の断面積に反比例しますので,素子の面積に依存します.そこで,オン抵抗に断面積をかけた $R_{ON} A$ を特性オン抵抗と呼んで,構造や半導体材料の異なる素子同士の性能比較によく用います.

耐圧 V_b と R_{ON} の間の関係式を見ればわかるように,耐圧を10倍にするとオン抵抗は耐圧の2乗,つまり100倍に増大してしまうことになります.

OFF時には厚くてドーピング密度の小さな層が耐圧をもたせるために必要ですが,一方でON時にはこの層が大きな直列抵抗になってしまうのです.これが耐圧とオン抵抗のトレードオフの原理です(**図5**).

Siユニポーラ・リミット

上記の式にSiの物性値を代入した結果を**図6**に示します.これが,いわゆる「Siユニポーラ・リミット」と呼ばれる直線です(移動度や絶縁破壊電界はドーピングにも依存するため厳密には緩やかな曲線になっている).ユニポーラ型のデバイス(多数キャリア・デバイス),Si MOSFETのドリフト抵抗やSiショットキー・バリア・ダイオードの直列抵抗がこの抵抗になるわけですから,この直線はユニポーラ型デバイスのオン抵抗の理論限界値(最小値)を示します.

図6を見ればわかるように,耐圧が小さい素子なら

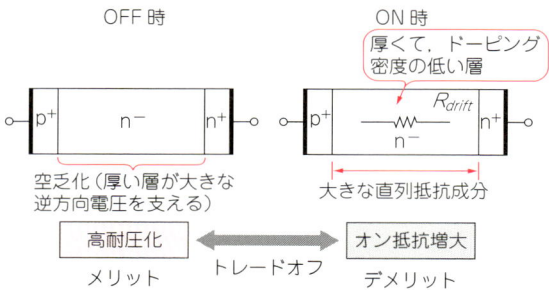

図5 耐圧とオン抵抗のトレードオフの関係

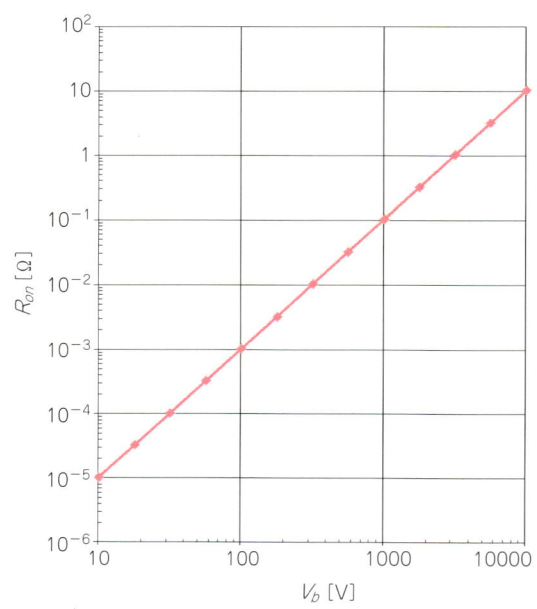

図6 耐圧とオン抵抗の関係(Siユニポーラ・リミット)

よいのですが，数百～数千 V になると，オン抵抗が非常に大きくなってしまいます．小電流ならまだしも，大電流では実用的ではありません．

第2章で述べましたが，この打開策がバイポーラ型デバイス(少数キャリア・デバイス)による伝導度変調です．これにより，抵抗値が大幅に減少し，この Si ユニポーラ・リミットの 1/10 程度のオン抵抗をもつデバイスが実現可能となります．ダイオードについては PIN ダイオード(実際には $p^+/n^-/n^+$ ダイオードで n^- 層の伝導度が変調される)，スイッチング素子としては IGBT やサイリスタが挙げられます．

実際，電気自動車や鉄道車両など高耐圧が必要なパワー・エレクトロニクスでは，この低いオン抵抗が魅力となり Si IGBT の独壇場となっています．ただし，前章でも述べたとおり，伝導度変調を用いるとスイッチング特性が犠牲となります．

高耐圧かつ低オン抵抗なパワー・デバイスを，スイッチング特性に優れたユニポーラ型で実現できれば素晴らしい世界が広がります．そのためには，Si ではなく新しい半導体材料に活路を見出す必要があります．それがワイド・バンド・ギャップ半導体です．

ワイドギャップ半導体

現在のエレクトロニクスの主流である半導体，Si に比べてバンド・ギャップが大きな半導体をワイドギャップ半導体と呼びます．その代表格が，炭化珪素(シリコン・カーバイド：SiC)と窒化ガリウム(ガリウム・ナイトライド：GaN)です．

これらの材料の物性値を表1に示します．Si のバンド・ギャップが 1.1 eV であるのに対して，SiC は 3.2 eV，GaN は 3.4 eV と，約3倍の大きさのバンド・ギャップです．

バンド・ギャップは，電子-正孔対を形成するために必要なエネルギーに相当します．ワイド・バンド・ギャップ半導体は，電子-正孔対を作りにくい半導体と言い換えることもできます．これが，どのようにパワー・デバイスと関係するのでしょうか．

上述のように，パワー・デバイスの性能を決める重要な物性値は絶縁破壊電界です．絶縁破壊は，加速されたキャリアが結晶に衝突したときに電子-正孔対を作る衝突電離という現象によります．加速されたキャリアがもつエネルギーがバンド・ギャップに達しないと，電子-正孔対は生成されません．バンド・ギャップが大きいと，よほど加速されないと電子-正孔対は生成されない，つまり絶縁破壊電界が大幅に増大することが期待できるのです．

SiC では，かなり詳細に絶縁破壊電界が調べられています．表1に示すように，Si の約10倍もの大きな絶縁破壊電界をもつことが明らかになっています．GaN については，詳細な研究は現在行われているところですが，SiC と同程度かそれ以上の絶縁破壊電界をもつのではないかと考えられています．

先ほどの耐圧とオン抵抗の関係式には，ほかの物性値も関わっています．誘電率と移動度です．一般に，半導体ではバンド・ギャップが大きくなると誘電率は若干小さくなりますが，その減少は 20 % 程度ですので大きな影響はありません．電子の移動度は，GaN は Si とほぼ同等の，SiC は Si よりは若干劣りますが 1000 cm²/Vs の高い移動度をもっています．

以上を総合すると，絶縁破壊電界が10倍になったことが3乗で効いてきますので，ほかの物性値で多少損をしても，同じ耐圧で比較すると，Si に比べて SiC や GaN は 1/300 ～ 1/1000 と劇的にオン抵抗を低減できるということになります．図7に，Si に対する SiC や GaN のユニポーラ・リミットを示します．

Si の場合，1 kV 以上の高耐圧デバイスでは，バイ

表1 半導体材料の物性値

材料	Si	4H-SiC	GaN
バンド・ギャップ E_g [eV]	1.12	3.26	3.42
電子移動度 μ_n [cm²/Vs]	1350	1000	1500
比誘電率 $\varepsilon_s/\varepsilon_0$	11.9	10.2	9.5
絶縁破壊電界 E_{crit} [MV/cm]	0.3	2.5	3
熱伝導率 [W/cmK]	1.5	4.9	1.3

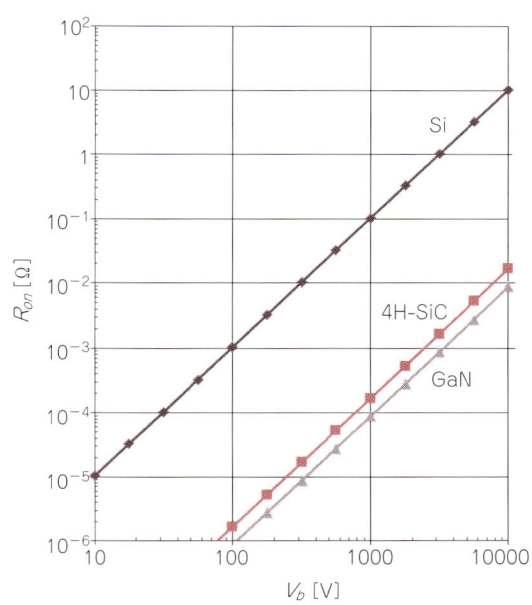

図7 SiC と GaN のユニポーラ・リミット

ポーラ型にしなければオン抵抗が高すぎて実用的でないということがありました．しかし，材料をSiからSiCやGaNに変えることで，数百V～数千Vであっても，ショットキー・バリア・ダイオードやMOSFETなどの多数キャリアデバイスで，十分に低いオン抵抗のデバイスを作製することができます．

これらは高速スイッチングが可能ですので，スイッチング・ロスの低減や，1周期当たりのスイッチング・ロスが小さいことから，回路をより高周波化できるというメリットが生じます．ロスの低減は，冷却システムの簡素化につながり，高周波化はコイル，コンデンサのサイズ低減につながります．これらは，装置の小型化や低コスト化に大きく貢献します．

同じ耐圧ならオン抵抗を1/300～1/1000にできるということが，ワイド・バンド・ギャップ半導体SiC，GaNの大きな魅力の一つです．

コラム　別の方法でSiユニポーラ・リミットを越える～超接合のコンセプト

Siユニポーラ・デバイスでリミットを越えることは絶対に不可能なのでしょうか？　実は越える方法があるのです．上記の計算は，1次元的な単純なpn接合での話です．デバイスを2次元的な構造にすれば，限界を越えることができるのです．それが超接合(スーパージャンクション)のコンセプトです．

図A(a)のような互い違いのpn接合を作ります．ゼロ・バイアスでは図A(b)に示すように，pn接合の境界に空乏層ができていますが，ある程度の大きさの逆方向電圧になると，互いに空乏層がつながって全体を一つの空乏層と見なせるようになります[図A(c)]．pとnのアクセプタ密度とドナー密度を同じにしておけば，平均的な空間電荷はゼロとなり電界は一様になります．この素子の耐圧は，

$V_b = E_{crit} W$

となります．

一方，オン状態では，それぞれの領域が直列抵抗となりますが，それぞれを高濃度にドーピングできるので，オン抵抗は格段に小さくなります[図A(d)]．

このような構造を作り込むことの製造上の難しさや，両者のドーピングを精密に制御して一致させる大変さはありますが，すでに超接合はCoolMOS(Infineon)，PrestoMOS(ローム)などの商品名で実用化されており，Siユニポーラ・デバイスの適用範囲を広げています．

超接合を用いることで，Siユニポーラ・リミットの数分の1から十分の1程度の低オン抵抗化が達成されますが，ワイド・バンド・ギャップ半導体のような1/300～1/1000の低オン抵抗化は不可能なので，将来的には棲み分けになると予測されます．

超接合はワイドギャップ半導体にも適用できるコンセプトで，ワイドギャップ半導体超接合デバイスの検討も基礎研究レベルでは進められています．それが実現すれば，Siユニポーラ・リミットの1/2000の超低オン抵抗も夢ではありません．

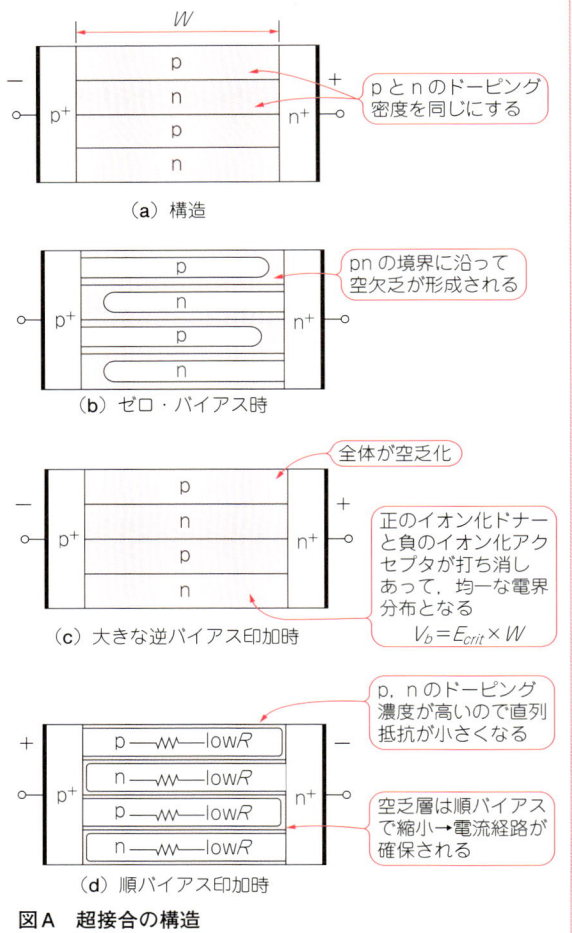

図A　超接合の構造

第4章

温度が高くなると
どのようなことが起こるのか

動作可能温度を決める要因

須田 淳
Jun Suda

パワー・デバイスでは最大接合温度T_jとして，動作可能温度が規定されています．そもそも温度が上がると，半導体デバイス内でどのようなことが起こるのでしょうか．

温度が高くなると起こること

● ダイオードの場合

市販のSi pnダイオードを，室温からデータシートの最大接合温度を大幅に越える高温まで測定した結果を図1に示します．室温では，逆方向の漏れ電流は1nAと非常に小さく無視できる値ですが，温度が上昇すると，逆方向の漏れ電流が急速に増大してゆきます．245℃では10μAになり，その増大量は1万倍にも達します．

ダイオードは，「順方向に良く流し，逆方向には流さない」が基本でしたが，それが徐々に崩れているわけです．パッケージの耐熱性のためこれ以上の測定はできませんでしたが，さらに高温にすると逆方向の電流が大きくなり，どちらが順方向かわからなくなってしまうということになります．

すなわち，高温では半導体のpn接合としての働きがなくなり，単なる抵抗体となってしまうわけです．そこまで高温ではなくても，逆方向リークの増大は逆方向の定常オフ損失の増大につながりますので，回路的に許容できるリーク電流のところで，利用は打ち止めとなります．

● MOSFETやIGBTの場合

第2章で説明したように，MOSFETやIGBTにおいても，デバイスがOFF状態ではpn接合の逆バイアス部分で電流を遮断していますので，上記のダイオードの温度特性と同じことです．

つまり，OFF状態のリーク電流が増大し，デバイスを完全にOFFにしきれなくなります．

半導体のキャリア密度の温度変化の解析

半導体デバイスの動作の基本はpn接合にあります．p型半導体には正孔だけがあり，n型半導体には電子だけがあるという違い，コントラストが，半導体デバイスの動作の根底にあります．温度が高くなるとこの違いが曖昧になり，pn接合の働きが徐々に失われてしまうのです．この点を定量的に考えてみましょう．

● 真性キャリア密度

半導体は熱平衡状態では，電子密度(n)と正孔密度(p)の積が一定となります．両者の積の平方根を真性

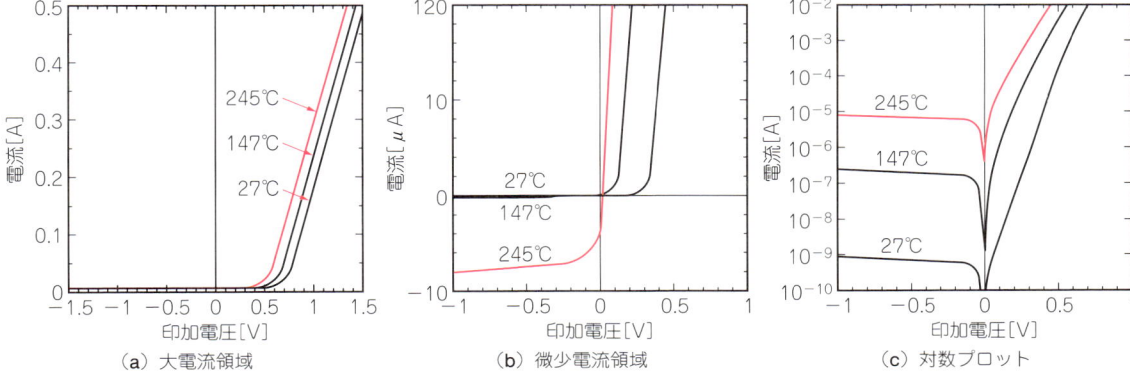

図1 シリコンpn接合ダイオードの電流-電圧特性の温度依存性
整流用ダイオード1N4001

(a) 大電流領域　　(b) 微少電流領域　　(c) 対数プロット

キャリア密度(n_i)と呼びます．ドーピングをしていない純粋な半導体，真性半導体では，

$$n = p = n_i$$

となるのでこのように呼ばれます．

半導体物理学によると，n_iは次のように求められます．

$$n_i = \sqrt{N_C N_V} \exp\left(\frac{-E_g}{2kT}\right)$$

N_C：伝導帯実効状態密度 [cm^{-3}]
N_V：価電子帯実効状態密度 [cm^{-3}]
E_g：バンド・ギャップ・エネルギー [eV]
k：ボルツマン定数(1.38×10^{-23} J/K)
T：絶対温度 [K]

N_C, N_V, E_gは半導体材料ごとに異なる値ですが，N_C, N_Vは半導体材料が違ってもそれほど大きな違いはありません．E_gは半導体材料ごとに異なります．E_gは指数関数の中に入っていますので，E_gが違うとn_iは桁違いに値が変わってきます．

図2に，Siについてn_iを計算したグラフを示します．このように縦軸に真性キャリア密度を対数目盛で，横軸を絶対温度の逆数でグラフを描くと，ほぼ直線となります．

このようなプロットをアレニウス・プロットと呼び，半導体の温度依存性がどのようなエネルギー準位に関係しているかを解析するときによく使用します．

● 逆方向リーク電流

室温では，Siのn_iは約10^{10} cm^{-3}であることがわかりました．それではここで，

$N_A = 10^{19}$ cm^{-3}
$N_D = 10^{15}$ cm^{-3}

のSiのp$^+$n$^-$接合を考えてみましょう．このドーピング密度は，耐圧300 Vのpn接合に相当します．

p型半導体の多数キャリアである正孔濃度p_pはアクセプタ濃度N_Aと等しいので10^{19} cm^{-3}, p型半導体中の少数キャリアである電子濃度n_pは，$pn = n_i^2$の式より，

$$n_p = \frac{n_i^2}{p}$$

$$= (10^{10})^2 \div 10^{19} = 10 \text{ cm}^{-3}$$

となります．多数キャリアと少数キャリアの差は18桁と圧倒的で，正孔だけがあると考えることができます．

n型半導体についても同様に考えると，電子濃度は10^{15} cm^{-3}, 正孔濃度は10^5 cm^{-3}となり，p型に比べると差は小さいですが，それでも10桁もの差があり，多数キャリアの電子が圧倒的に多数派です．

以上のように，室温では，p型半導体，n型半導体の差がくっきりついていることになります．

ところが図2を見ると，200 ℃のSiのn_iは10^{14} cm^{-3}となります．p型では，$p_p = 10^{19}$ cm^{-3}と$n_p = 10^9$ cm^{-3}でまだ差がありますが，n型では，$n_n = 10^{15}$ cm^{-3}と$p_n = 10^{13}$ cm^{-3}であり，差がたった2桁しかありません．

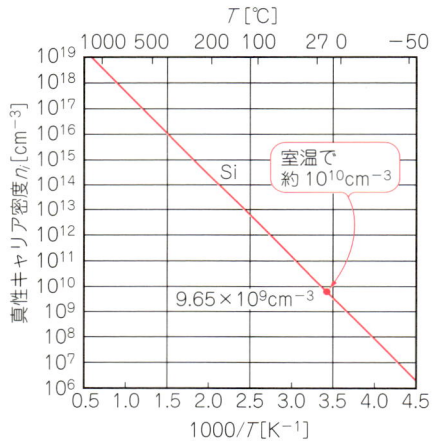

図2 Siの真性キャリア密度の温度依存性

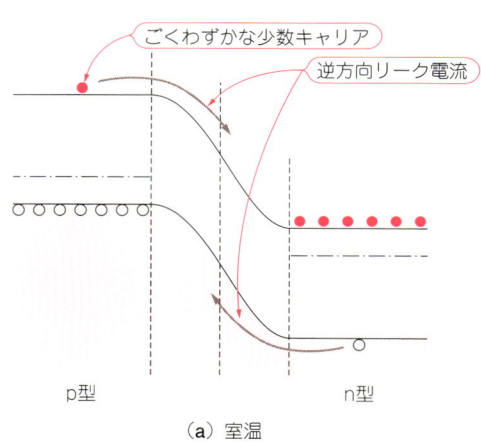

(a) 室温

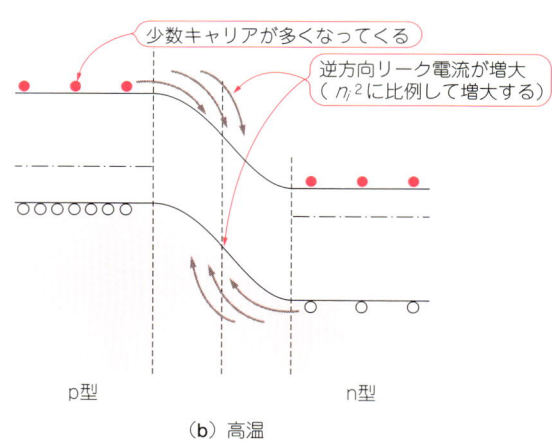

(b) 高温

図3 室温および高温でのpn接合逆方向リーク電流

このような高温では，ドーピング密度の低いn型層では少数キャリアである正孔の存在が無視できなくなっており，そのために逆方向でもかなりの電流が流れるようになってしまったわけです(図3)．

逆方向電流としては，空乏層内での熱による電子-正孔対の生成(生成電流)もありますが，この生成頻度はn_iに比例するので，温度上昇とともにn_iが大きくなるとこの成分も増えます．

ドーピング密度とn_iのオーダが近くなってくると，その層のp，nの区別が曖昧になってきます．したがって，半導体デバイスの動作可能温度は，デバイス内部におけるドーピング密度が最も小さい領域の濃度とn_iとの兼ね合いで決まってくるわけです．

高温まで動作させたいのであれば，ドーピングの濃いpn接合を作製すればよいことがわかります．実際，宇宙探査機用に200℃でも動作するSiの集積回路があります．これは，高濃度のp，nを使用して集積回路を作っています．

信号処理用であればそのような手が使えますが，第3章で説明したように，高い電圧に耐えるためにはドーピング濃度を下げなければなりませんので，パワー・デバイスは高い温度で動作させることが本質的に困難ということになるわけです．耐圧300V以下のデバイスでは175℃動作も可能ですが，1000Vを越えるデバイスではドーピングが低くなってくるので，125℃あたりが上限になります．

半導体のpn接合の温度を125℃以下に保つには，接合からパッケージまでの熱抵抗を考えると，パッケージの温度は安全のため100℃以下にしておかなければならないということです．

集積回路でも同じですが，半導体デバイスの限界を決めているのは，半導体デバイスそのものより，むしろ冷却で決まっていると言い換えることもできます．

● ワイドギャップ半導体による動作可能温度の拡大

ワイドギャップ半導体は，その名のとおりE_gが大きいため，室温，高温においてもn_iが非常に小さな値となります．

図4に，Si(E_g = 1.1 eV)に対して，SiC(E_g = 3.2 eV)，GaN(E_g = 3.4 eV)のn_iの温度依存性の比較を示します．縦軸のスケールに注目してください．まさにn_iが桁違いに小さいことがわかります．この図から判断すると，SiCやGaNは600℃という高温であっても，n_iはドーピング密度に比べて十分に小さく，pn接合はまったく問題なく動作することがわかります．

このように，ワイドギャップ半導体は原理的にSiに比べて圧倒的に高温まで動作可能な半導体であり，まさにパワー・デバイスのためにある半導体と言えます．

実際にSiCを使って試作したトランジスタやダイオード，集積回路(OPアンプ)などが300～500℃で動作可能などの報告が研究レベルではなされています．

しかし残念ながら，現実には，他の要因による制約があります．

一つはパッケージの耐熱性です．これまでSiパワー・デバイス用にパッケージが開発されてきましたが，Siパワー・デバイスの動作温度の関係から200℃を越えるパッケージは技術の蓄積がほとんどありません．

もう一つは，酸化膜や表面保護膜の信頼性です．SiC自体は非常に強いのですが，MOSFETの場合，酸化膜(SiO_2)があります．MOSFETがONのときには酸化膜に高電界がかかり，高温では長期的信頼性確保が難しいと考えられています．

したがって，SiC MOSFETの場合，上記の点を考えると，当面は200～250℃程度の接合温度になると思われます．SiCの本来の特性を十分には引き出せていませんが，実際の応用では，125℃が200℃になることは極めて大きなインパクトとなります．

例えば，現在のハイブリッド自動車では，Si IGBT冷却専用の60℃の冷却水系統がありますが，もし200℃の接合温度で大丈夫なのであれば，エンジン用の120℃の冷却水系統を共用でき，ポンプやラジエータなど冷却水装置まるまる1系統を削減することができるので，コスト削減や車体の軽量化など，極めて大きな価値があります．

ワイドギャップ半導体の特性を完全に引き出す方法としては，ゲート酸化膜を利用しないデバイス構造，具体的にはバイポーラ・トランジスタ(BJT)やJFETが考えられます．高温パッケージの開発が進めば600℃動作の可能性も十分にあります．ただ，これは宇宙探査や過酷環境での電子回路など特殊用途になるでしょう．

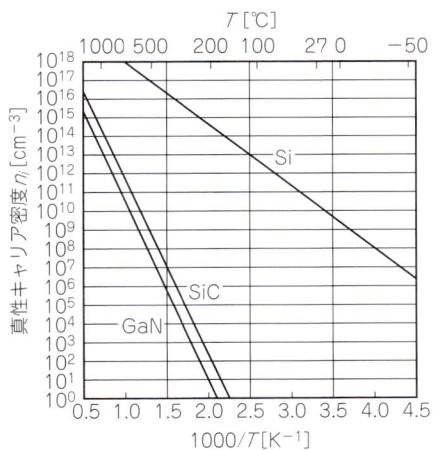

図4　GaN，SiCの真性キャリア密度の温度依存性

第5章

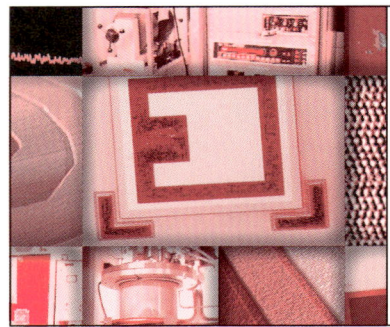

材料開発の歴史から今後の展望まで

SiCパワー・デバイスの開発状況

須田 淳
Jun Suda

SiC材料開発の歴史と現状

最初にトランジスタが実用化された半導体はゲルマニウム(Ge)でした．しかし，Geは空気と反応して不安定であることや，バンド・ギャップが0.66 eVと小さいため，温度が高くなる(80℃程度)と動作しなくなるなどの欠点がありました．

そのため，Geの後継(ポストGe)となる半導体を求めて世界中で研究が進められました．ご存じのように，SiがGeの役割を引き継ぎ，現在の半導体デバイスはSiが中心となっていますが，その当時はいろいろな半導体が候補として考えられていました．その一つにSiCがありました．

SiCの半導体としての研究の歴史は古く，無線用の点接触型のダイオードの研究は古くから行われていました．その過程で，1907年には，SiCの点接触ダイオードに電流を流すことで発光が生じるという現象が発見されています．SiCは発光ダイオードの元祖となる半導体材料とも言えます．

SiCはシリコンと炭素(ダイヤモンド)が1：1で結合したⅣ-Ⅳ族化合物です．ダイヤモンドに次ぐ硬さをもつ材料で，研磨剤や，その優れた熱的安定性から耐火材料やヒータ材料として用いられてきました．

ポストGeの候補としてSiCの研究は行われたのですが，半導体デバイスを作製するために不可欠な高品質結晶の作製においてSiCは大きな困難があることが判明し，その一方でSiの研究が飛躍的な進展を見せていたため，世界の半導体研究の中心はSiに移ってしまい，SiCの研究はほとんど行われなくなってしまいました．1960年代後半のことです．

その後，細々と研究が行われ，それなりに良質な結晶も作製できるようになりました．1980年代になると，その当時は存在しなかった青色LEDを作製可能な半導体材料としてSiCに再び注目が集まるようになりました．青色発光を示す半導体はほかにもありましたが，結晶成長やp型，n型のドーピング技術でSiCが最も先行していたからです．実際に国内外のいくつかの会社から世界初の青色LEDとしてSiCのLEDが販売されました．

しかし，SiCは間接遷移型半導体のため，発光効率を高めることは難しく，SiC青色LEDはあまり普及しませんでした．その後，GaNに青色発光材料の座を譲ることになったことは皆さんご存じのとおりです．

一方，SiCは大きなバンド・ギャップをもつため，高い電圧を扱うデバイスや，高温で動作するデバイスに適しています．NASAはこの点に注目して航空/宇宙用半導体材料として研究を行っていましたが，これらの特長はパワー半導体デバイスとしても非常に魅力的なものです．

京都大学の松波弘之教授は，1968年にSiCの研究を開始し，厳しいなかでも地道な研究を継続してきました．SiC青色発光ダイオードの開発や，Si基板上への3C-SiC MOSFETの試作などで成功は収めましたが，上述のように発光ダイオードはGaNが主流となり，またSi基板上の3C-SiC MOSFETはSiCの結晶品質が不十分で，期待どおりの特性を引き出すことはできま

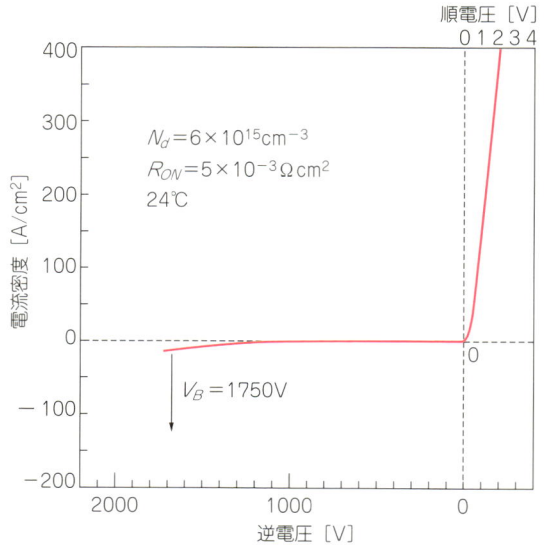

図1 Siユニポーラ・リミットを越えたSiCショットキー・バリア・ダイオードの特性

せんでした．

　松波教授は高品質の結晶成長を実現することがSiC本来の性能を引き出す本質であると考え，結晶成長について徹底的に研究を進めました．1987年，長年の懸案となっていたSiCの高品質結晶作製技術で大きなブレイクスルー（ステップ制御エピタキシー法の開発）を成し遂げ，その後，この高品質SiC結晶を使ってドーピング，電子デバイスに関する研究を精力的に進めました．

　SiCの研究を始めてから25年以上が経った1995年，宿願のSiユニポーラ・リミットを越えるデバイス，耐圧1750 VのSiCショットキー・バリア・ダイオードの試作に成功したのです（**図1**）．

　それまでほとんど注目を集めていなかったSiCでしたが，Siの理論限界を突破したデバイスの提示により世界中の研究者から注目されるようになり，研究を始める企業/研究機関が現れました．

　特に2000年以降，省エネルギーに対する社会の強い要望を受けてSiCの研究開発は世界的に活発化しています．すでにSiCショットキー・バリア・ダイオードは複数のメーカが量産を行っており，普通に購入，利用できる部品となっており，いろいろな製品に使われ始めています．また，SiC MOSFETも数年前からサンプル出荷はされており，ロームは量産を開始しています．今世紀，もっとも発展する半導体の一つと言えるでしょう．

いろいろな結晶構造のSiC

　SiCは，さまざまな結晶構造（ポリタイプとも呼ばれる）を取ることができます．どのような結晶構造になるかは，結晶の作製条件や，基板としてどのような結晶を用いたかによって変わってきます．

　複数の結晶構造が混ざってしまうと，それは半導体デバイスには使用できませんし，結晶の品質が悪くても利用できません．半導体デバイスが作製可能なレベ

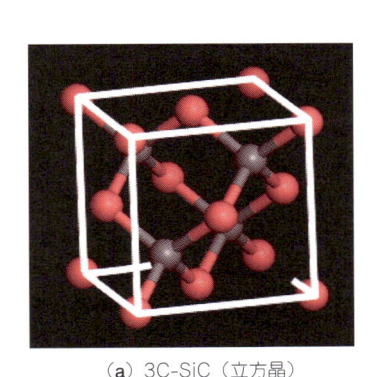

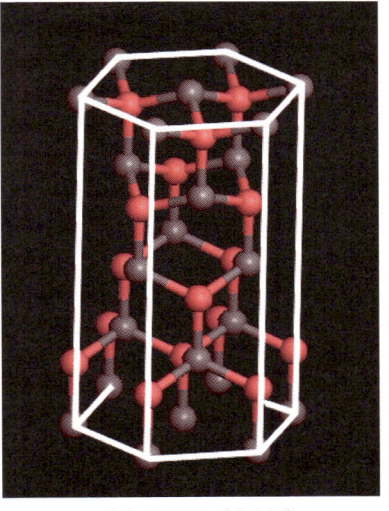

　　　　(a) 3C-SiC（立方晶）　　　　　　　　　(b) 4H-SiC（六方晶）　　　　　　　　　(c) 6H-SiC（六方晶）

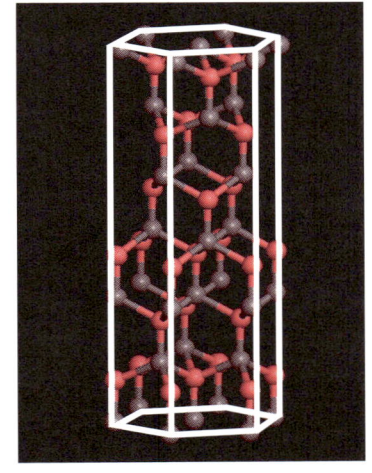

図2　SiCの結晶構造

コラム　宝石としてのSiC

　SiCのバンド・ギャップは紫外線に相当するので，高純度/高品質のSiCは可視光を吸収せず無色透明です．SiCの屈折率（2.7）はダイヤモンド（2.4）と同様に大きく，宝石のカットを施すとダイヤモンドと見まがうほどの美しさです．

　この点に目をつけて，SiCをパワー半導体デバイス用ではなく，宝石として加工/販売している会社があります．ダイヤモンドは立方晶構造なのでどの方向から見ても同じですが，SiCは六方晶構造であり，方向によって微妙に屈折率が異なります．

　この性質を使わないと宝石鑑定士でも見分けるのが難しいそうです．SiCの宝石名はモワッサナイト（Moissanite）です．

アメリカのモワッサナイト宝石会社のホームページ
http://www.whatismoissanite.com/

表1 各結晶構造をもつSiCの物性

材　料	3C-SiC	4H-SiC	6H-SiC
結晶系	立方晶	六方晶	六方晶
禁制帯幅 [eV]	2.23（間接遷移）	3.26（間接遷移）	3.02（間接遷移）
格子定数 [Å]	a = 4.36	a = 3.09, c = 10.08	a = 3.09, c = 15.12
電子移動度 μ_n [cm^2/Vs]	1000	1000（c面内方向） 1200（c軸方向）	450（c面内方向） 100（c軸方向）
正孔移動度 μ_p [cm^2/Vs]	50	120	100
絶縁破壊電界 E_{crit} [MV/cm]	1.5	2.8	3
比誘電率 $\varepsilon_s/\varepsilon_0$	9.72	9.7（c面内方向） 10.2（c軸方向）	9.7（c面内方向） 10.2（c軸方向）

ルの品質なものが得られている結晶構造は3C，6H，4Hという3種類です（**図2**）．

● 結晶構造

3Cは閃亜鉛鉱構造とも呼ばれる構造です．Ⅲ-Ⅴ族半導体のGaPやGaAsの結晶構造と同じものです．立方体の対称性をもつため，立方晶（cubic）という結晶系に分類されます．3C-SiCは，立方晶（ダイヤモンド構造）であるSi基板上にSiCを作製したときに得られる結晶構造です．

4H，6Hは，六角柱の対称性をもつ，六方晶（hexagonal）という結晶系に分類されます．4，6という数字は，六角柱の方向（c軸方向と呼ばれる）に何層のSi-Cの積み重ねで結晶の単位構造ができているかを示しています．高温でSiCの大きな結晶を作るときに得られる結晶構造で，SiCウエハとして製造販売されている結晶構造です．

● 3種類の結晶の物性

これら3種類の結晶の物性を**表1**に示します．

3C-SiCは，バンド・ギャップが他のポリタイプに比べて小さく，そのため絶縁破壊電界が少し小さくなっています．

4H-SiC，6H-SiCは，ほぼ同じバンド・ギャップをもちます．6Hのほうが，わずかに大きな絶縁破壊電界をもちますが，一方，電子移動度を見ると6Hは値が小さくなっています．縦型のパワー・デバイスで電流が流れる方向となるc軸方向の移動度が6Hではかなり小さな値となっています．

第3章で示した耐圧と絶縁破壊の関係式を考えれば，絶縁破壊電界が大きく，移動度が大きい材料が低オン抵抗化に適していますので，4H-SiCが物性的に最も優れているということになります．4〜5年前までは6H，4H両方のウエハが製造されていましたが，現在はパワー・デバイスのニーズから，4Hウエハの製造にウエハ・メーカは注力しているようです．

SiC SBDはすでに商品化，いよいよ普及段階

SiC SBDは，京都大学ではじめて試作され，Siのオン抵抗-耐圧の限界，Siリミットを突破しました．ドイツのシーメンスはこの結果を受け，本格的な研究開発を開始し，6年後の2001年に，SiC SBDの販売を開始しました．インフィニオンの資料によると2009年にSiC SBDの販売が大きく伸びており，本格的な活用のステージに入ったことが伺えます．

● SiC SBDの特性

市販のSiC SBDの順方向電流-電圧特性を**図3(a)**に示します．立ち上がり電圧は1V付近で，あとはドリフト層の直列抵抗成分ですのでほぼ直線的に立ち上がります．高温では，ドリフト層の移動度が低下するので直列抵抗は増加し，一方，立ち上がり電圧については，温度が高くなるとフェルミ準位がバンド・ギャップの中央に近づいていくのでそのぶん低下します．

定格電流で見れば，温度上昇とともに順方向電圧降下は微増ということになります．逆方向の漏れ電流は温度上昇とともに増加します．**図3(b)**には示されていませんが，175℃でも十分に許容できる範囲です．

SiC SBDは，同じ耐圧のSi PINダイオードに比べて，オン抵抗が小さく，さらにPINダイオードとは異なり多数キャリア・デバイスであるため，極めて高速なスイッチング特性をもっています．スイッチング電源やインバータに使用した場合，導通損失の低減に加えて，スイッチング損失も大幅に低減され，損失低減に極めて効果的です．

さらに，SiCは高温でも動作可能という利点があります．放熱の簡素化につながります．

SiC SBDの利点は，Si PINダイオードの上位互換，置き換え可能であることです．回路設計をゼロからする必要はなく，導入しやすいという特徴があります．

● ウエハの量産

SiC SBD販売開始の2001年当時，SiCウエハのサイ

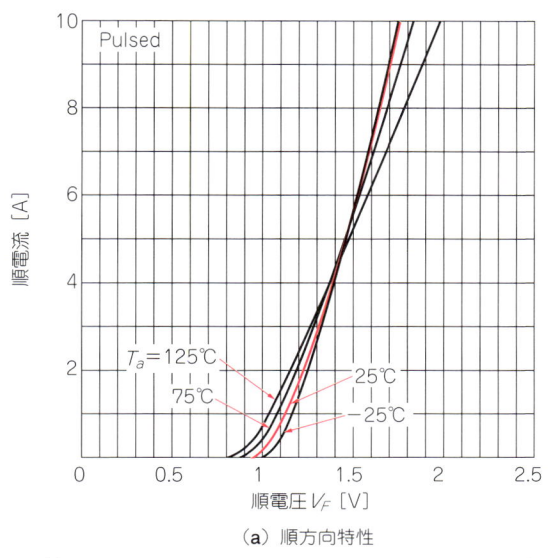

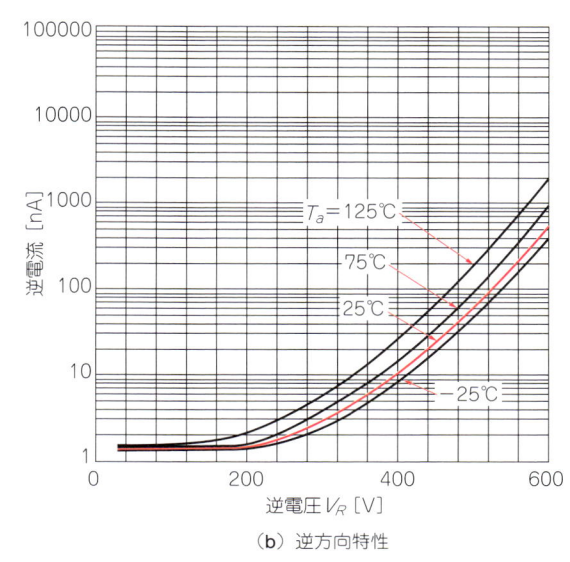

図3⁽¹⁾　市販のSiC SBDの電流-電圧特性の温度依存性（ローム，SCS106AG，600 V/6 A）

(a) 順方向特性

(b) 逆方向特性

ズは2インチで，価格も非常に高価でしたが，SiCの研究開発が進み，また，実際に商品が出回ることで，量産効果が出始めています．

現在では4インチ・ウエハが2001年当時の（単位面積当たりの）価格と比べると格段に安い値段で提供されています（もちろんSiに比べるとまだまだ高価）．

さらに，SiCウエハ・メーカの複数社が1～2年以内に6インチ・ウエハを投入することを表明しており，すでに6インチ・ウエハのサンプル出荷が始まっています（**写真1**）．

ウエハの大型化と量産化により，SiC SBDの値段は現状よりもさらに下がることが期待され，製品への組み込みも増えてゆくと考えられます．

SiC SBDが特に有効な応用先としては，スイッチング電源，太陽光発電用のパワー・コンディショナ，インバータがあげられます．

● 立ち上がり電圧と逆方向リーク電流のトレードオフ

Si SBD（耐圧50～100 Vの製品）は0.4 V程度の立ち上がり電圧ですが，SiC SBDは1 V付近のやや大きめの立ち上がり電圧をもちます．損失は順方向電圧降下で決まりますので，ドリフト抵抗の低減とともに立ち上がり電圧の低減も重要です．

第2章で説明したようにSBDの立ち上がり電圧を低減するには，適当な金属を選びV_{bi}が小さくなるようにしてやればよいのですが，V_{bi}が小さくなると，逆方向のリーク電流が増えてしまうというSBDの原理に起因するトレードオフがあります．

SiCは非常に大きな絶縁破壊電界をもちます．そのため，逆方向の高電圧印加時には金属/SiC界面に大きな電界が加わります．Si SBDの場合には考慮する必要のなかった量子力学的トンネル効果により金属からSiCへ電子が入り，これも逆方向リーク電流の原因

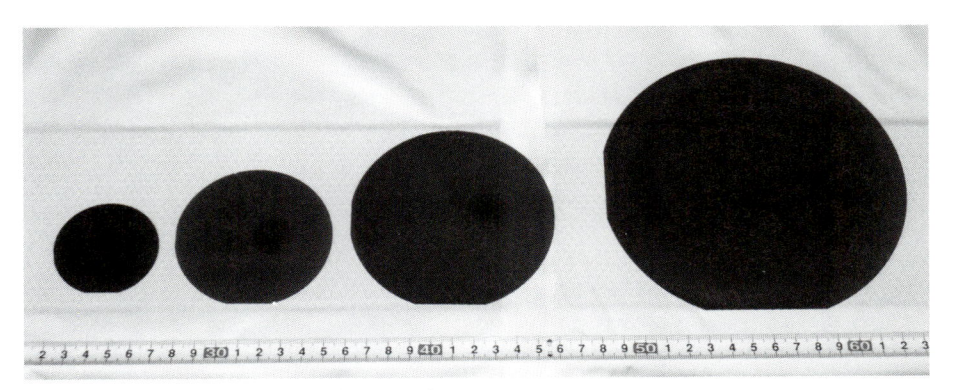

写真1　パワー・デバイス用のn型4H-SiCウエハ
2インチ，3インチ，4インチ，そして最新の6インチ

SiC SBDはすでに商品化，いよいよ普及段階

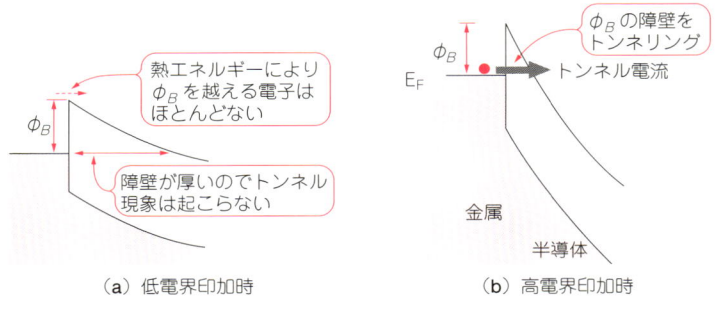

図4 量子力学的トンネル効果による逆方向リーク電流

(a) 低電界印加時：熱エネルギーにより ϕ_B を越える電子はほとんどない。障壁が厚いのでトンネル現象は起こらない。

(b) 高電界印加時：ϕ_B の障壁をトンネリング、トンネル電流

となります(図4).

トンネル効果を低減するには，トンネル障壁となる ϕ_B が大きくなる金属を選べばよいのですが，ϕ_B を大きくすると V_{bi} が大きくなってしまいます．

立ち上がり電圧と逆方向リーク電流の間に上記のトレードオフの関係があるので，応用に応じてそこそこの値となる金属を選択しています．現在は，主に V_{bi} が 0.9～1.2 V 程度になるようなものが作られています．

このトレードオフの関係を越えて，低い立ち上がり電圧と小さなリーク電流の両立を実現できるデバイス構造があります．ジャンクション・バリア・ショットキー(JBS)ダイオードです(図5)．

この構造は，pn接合とショットキー・バリア・ダイオードが面内で交互に並んだ構造となっています．ON時にはショットキー接合がONになります．pn接合があるぶん，電極の有効面積が減ってしまうのでオン抵抗が増加しますが，電流広がりなどがあるので，実際は面積比ほどはオン抵抗は増加しません．

OFF状態では，pn接合が逆バイアスになって隣り合うpn接合の空乏層が合体し，金属/SiC界面での電界を緩和します．金属/SiC界面の電界が小さくなるとトンネル確率は指数関数的に減少しますので，トンネル電流の大幅低減となります．

JBS構造とすることにより，立ち上がり電圧が小さい金属を選んでも，逆方向リーク電流の抑制されたSiC SBDが実現可能となります．立ち上がり電圧が小さいながらもリーク電流が小さい製品はJBSやJBSに類似した構造を採用していると考えられます．

● **電車に乗ったSiC SBD**

2011年に三菱電機から，SiC SBDとSi IGBTを組み合わせたインバータを使った地下鉄車両の発表がありました．すでに，東京メトロの銀座線で，通常車両に混じってSiC SBDを搭載した車両が走行しているとのことです．

Si PINダイオードをSiC SBDに置き換えることにより，ダイオードの通電損失，ダイオードの逆回復特性によるスイッチング損失が大幅に低減され，インバータの効率が向上しています．また，回生ブレーキの適用範囲も広がり，その結果，車両全体としては一般的な運転条件を想定すると30％という非常に大きな省エネ効果があるとのことです．単に省エネに留まら

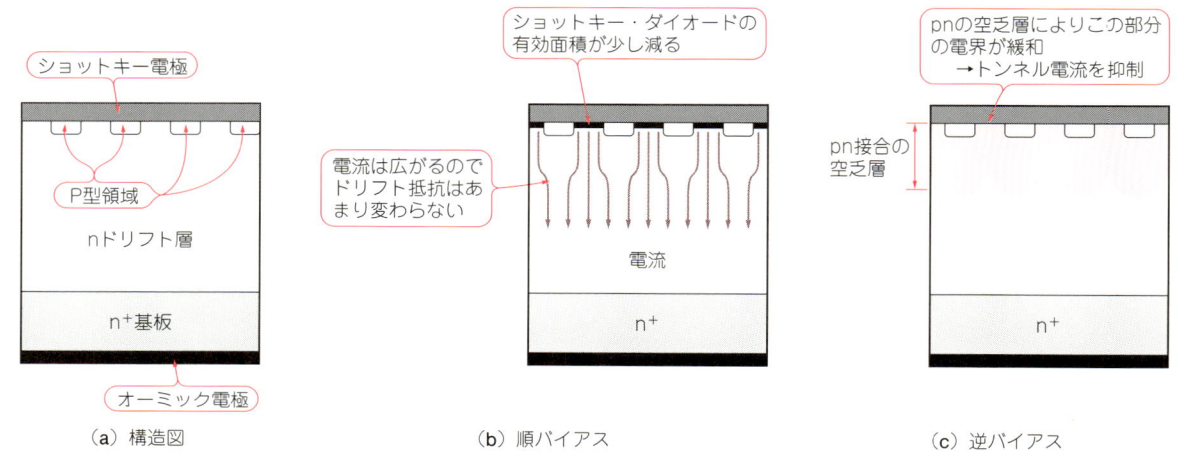

図5 JBSダイオードの構造と順方向，逆方向時の動作状態

(a) 構造図：ショットキー電極，P型領域，nドリフト層，n⁺基板，オーミック電極

(b) 順バイアス：ショットキー・ダイオードの有効面積が少し減る。電流は広がるのでドリフト抵抗はあまり変わらない。電流

(c) 逆バイアス：pnの空乏層によりこの部分の電界が緩和→トンネル電流を抑制。pn接合の空乏層

ず，回生ブレーキの利用範囲が増えたことで，通常の機械式ブレーキの消耗が抑えられ，メンテナンス・コストの低減にもなりそうです．

　素晴らしい性能のSiC SBDですが，一般の家電製品ではコストがネックとなりなかなか浸透しません．鉄道車両の場合は，車両価格に占めるSiC SBDの価格は小さいですし，何より消費電力が大きいので，SiC SBDによる省エネ効果が大きいので導入のメリットが出やすい例と言えるでしょう．

　今後，テスト車両の結果を元に，改良や信頼性の向上が進められ，搭載車両が増えてゆくと期待されます．車両にはわかりやすいようにSiC SBD搭載と大きなシールを貼って欲しいところです．鉄道車両にSiCを載せたのは世界に先駆けてですので，日本の企業にはこれからどんどん開発を進めて，世界中に省エネ鉄道車両を輸出してほしいと思います．

SiC MOSFET… 次世代パワー・デバイスの最本命

　ダイオードの次はトランジスタです．Siの場合，600〜900 V以上では高耐圧MOSFETはオン抵抗が高くなってしまうため，伝導度変調により低抵抗化が実現できるIGBTが主流になっています．エアコンなどの家電製品，電気自動車や産業用インバータ，鉄道用インバータにSi IGBTが用いられています．

　Si IGBTのオン抵抗は低くて良好ですが，少数キャリア・デバイスであるために，低抵抗と引き換えにスイッチング・スピードが遅くなり，その結果，スイッチング損失が大きくなってしまいます．

　SiC MOSFETなら，スイッチングの速い多数キャリア・デバイスでありながら，同耐圧のSi IGBTよりも格段に低いオン抵抗を実現できます．低オン抵抗と高速スイッチングの両立は，導通損失，スイッチング損失の低減となり，システムの損失を大幅に低減可能です．

　損失の低減は，放熱などの簡素化につながり，装置の小型化に寄与します（放熱フィンを小さくできる，密集して回路を組める）．さらに，スイッチング損失が小さくなれば，スイッチング周波数を高周波化することができます．スイッチング損失は周波数に比例して大きくなりますが，回路の高周波化は，コンデンサ，コイルを小さくすることができるので，回路の小型化に大きく貢献します．

　パソコンのACアダプタは昔と比べればずいぶんコンパクトになりましたが，それでもかなりのサイズです．また，定格動作時の発熱（損失）はかなりの量で，長時間手で持つことができないほどです（一般のACアダプタでは電力変換効率85 ％程度）．SiC MOSFETが実用化されれば，低損失化，小型化により，ACアダプタをノート・パソコン本体に内蔵する，もしくはコンセント・プラグの中にACアダプタを組み込むなどが実現可能となります．

　SiC MOSFETは，現在Si IGBTが使われている製品，エアコンをはじめとするインバータや電気自動車，鉄道車両などを置き換えることになるでしょう．損失の低減，小型化，冷却の簡易化などのメリットがありますので，素子単体としてSiC MOSFETがSi IGBTより高価であっても，システム全体として低価格化の可能性が十分にあります．

● SiC MOSFETの課題

　SiC SBDが2001年に商品化されたのに比べると，SiC MOSFETの商品化には長い時間がかかりました．MOS特性の制御が想像以上に難しかったことによります．

　Siの場合には，熱酸化によって極めて良好なSi MOS構造が作製でき，それが集積回路やパワーMOSFETを可能にしたという経緯があります．SiCも熱酸化によってSiC MOS構造が作製でき，MOSデバイスに有利な材料と考えられてきました．炭素は酸化の過程で，二酸化炭素や一酸化炭素として除去されるので問題にならないと考えられていました．

　しかし，SiC MOSの特性を調べてみると，MOS界面の電子の移動度が数十 cm^2/Vs 程度しかないということが判明しました．これは，SiC結晶中の電子の移動度1000 cm^2/Vs と比べると1/50の値でしかありません（SiのMOSでも移動度は低下するが，それはせいぜい数分の1）．チャネル移動度が低いとMOSFETの R_{ch} が大きくなってしまい，SiCの良さである小さな R_{drift} が活かされなくなってしまいます．この原因として，除去しきれない炭素が SiO_2/SiC の界面に蓄積して，悪影響を及ぼすことが考えられています．

　酸化膜形成プロセスについて，この10年間精力的な研究が行われて，100 cm^2/Vs の移動度が実現されるようになってきました．ある程度の移動度が確保できれば，オン抵抗の低減はチャネルの微細化など，デバイス構造のほうでカバーできます．今後，さらなる移動度の向上研究は必要ですが，実用上は一つのめどが立ったと考えられています．

　もう一つの問題は，酸化膜の信頼性です．これについても地道な研究が積み上げられてきて，温度が200 ℃程度までなら，十分な信頼性，素子寿命が確保されるようになってきました．極めて高い信頼性が求められる分野や，200 ℃を大きく越える温度での利用を考えるとさらなる研究が必要ですが，一般の応用に関してはめどが立ったと言える状況であり，これらを受けて複数社がSiC MOSFETの提供を開始したとも言えるでしょう．

(a) SiC MOSFET

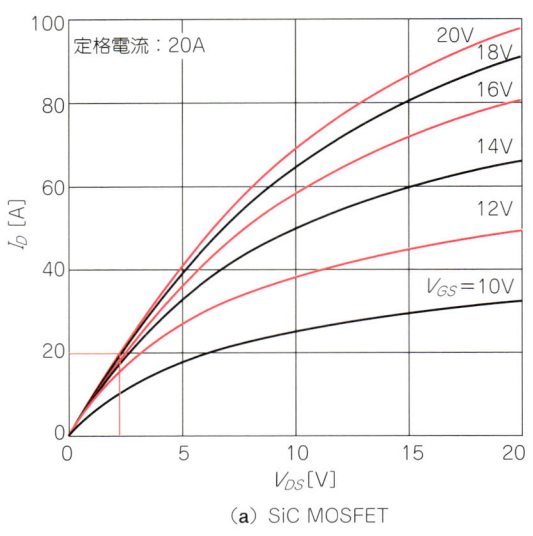

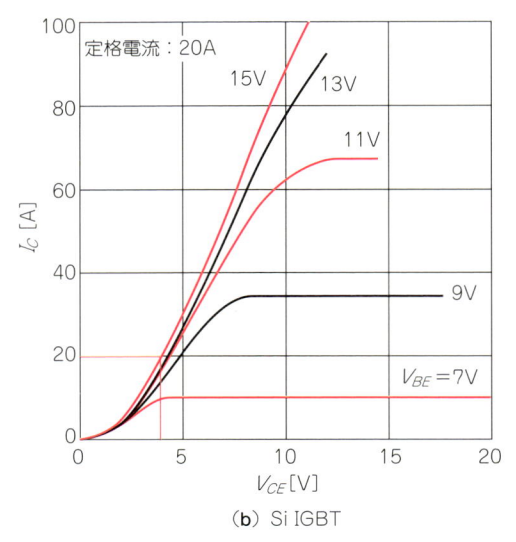

(b) Si IGBT

図6[(2)] SiC DMOSFET（CMF20120D）とSi IGBTの特性比較（$T_J = 150℃$）

● 最先端のSiC MOSFETの開発状況

SiC MOSFETとしては，DMOSFETとUMOSFETが開発されています．

DMOSFETは国内外の複数のメーカーが開発に取り組んでいます．例えば，Cree社は耐圧1200 V，オン抵抗80 mΩ（定格20 A）というMOSFETを開発しています（CMF20120D）．同一の定格のSi IGBTとの比較を図6に示します．

定格電流（20 A）での電圧降下を比較すると，IGBTの4 Vに対して，SiC MOSFETでは2.3 Vと勝っています．それに加えて，MOSFETの場合は電圧ゼロから立ち上がっていますので，定格電流よりも低いところでは大幅な電圧降下の低減となります．一般のインバータであれば，常にフル運転ということはなく，むしろ数割のパワーでの運転が中心となりますので，SiC MOSFETの利用は大きなメリットとなります．

SiC MOSFETは高速スイッチングが可能ですので，スイッチング・ロスを大幅に低減することもできます．回路にもよりますが，スイッチング損失を1/5～1/10に低減できるそうです．

前述のように，SiC MOSFETではチャネル移動度があまり大きくないので，R_{ch}の低減がオン抵抗低減のために重要となります．それに適した構造は，微細なチャネルを密集して配置することのできるUMOSFETです．UMOSFETの開発は，ロームが精力的に進めており，DMOSFETを凌ぐ低オン抵抗MOSFETを毎年のように発表しています．

図7に最新のSiC UMOSFETの特性を示します．オン抵抗は600 V耐圧で0.79 mΩ cm²，1200 V耐圧で1.41 mΩ cm²という素晴らしい値です．トレンチ構造の形成や，その側面へのMOS構造の作製，電界集中の緩和などいろいろな課題を克服した結果です．

SiC JFET…ノーマリ・オンだが実力は素晴らしい

SiC MOSFETはゲート酸化膜という難しい課題がありますが，接合型FETであればゲート酸化膜は必要なく，p型とn型をしっかり作り込むことができれば動作させることができます．SiCのドーピング制御はかなり確立した技術であり，SiC MOSFETよりも数年以上先行してSiC JFETは販売されています．

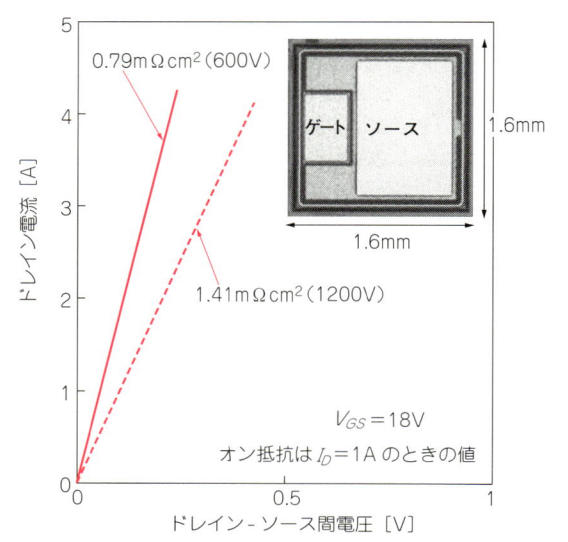

図7[(3)] ロームの最先端トレンチSiC UMOSFET（プレス発表資料から）

SiC JFETの性能は素晴らしく，耐圧-オン抵抗の関係ではSiC MOSFETよりも優れており，ほぼSiCの理論限界に近いような低オン抵抗のものがすでに実現されています．

SiC JFETの弱点は，ディプリーション型（ノーマリ・オン）であることです．図8に特性の一例を示しました．パワー・エレクトロニクスでは，何らかのトラブルによりゲート駆動回路が停止した場合に電流が遮断されるノーマリ・オフ型のトランジスタが好まれます．そのため，ノーマリ・オンのJFETは耐圧-オン抵抗という点では素晴らしいのにも関わらず，回路技術者からはあまり歓迎されていませんでした．

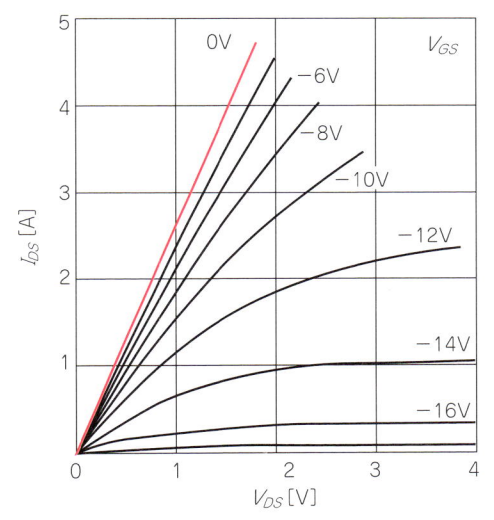

● カスコード接続によるノーマリ・オフ化

この問題を回避する一つの方法は回路的なアプローチです．低耐圧（低耐圧なのでオン抵抗は十分に小さい）のSi MOSFET（ノーマリ・オフ）と，高耐圧のノーマリ・オンSiC JFETを図9のようにカスコード接続した方式が考案され，一つのパッケージに収められた製品が出ています．

Si MOSFETをOFFにすると，SiC JFETのソース電位が上昇します．その結果，JFETのゲート-ソース間に負電圧（$V_{GS} < 0$ V）がかかり，SiC JFETがOFFになります．Si MOSFETにはSiC JFETをOFFさせるのに必要な電圧（20 V程度）までしかかからず，高電圧のうちのほとんどの電圧はSiC JFETに印加されます．

Si MOSFETをONにすると，SiC JFETのゲート-ソース間の電圧はほぼゼロ（$V_{GS} = 0$ V）となり，JFETがONになります．

オン抵抗はSiC JFETとSi MOSFETの直列接続と

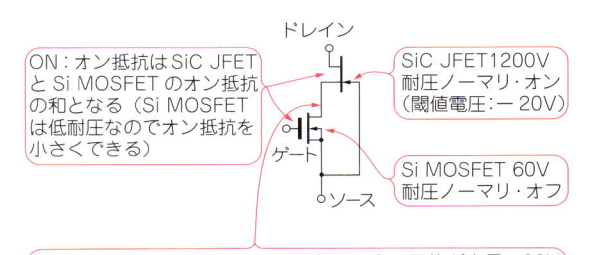

図8 ノーマリ・オン SiC JFETのドレイン特性

図9 SiC JFETとSi MOSFETのカスコード接続

ON：オン抵抗はSiC JFETとSi MOSFETのオン抵抗の和となる（Si MOSFETは低耐圧なのでオン抵抗を小さくできる）

SiC JFET 1200V 耐圧ノーマリ・オン（閾値電圧：-20V）

Si MOSFET 60V 耐圧ノーマリ・オフ

OFF：Si MOSFETがOFFになるとこの点の電位が上昇．20Vに達したところでSiC JFETがOFFになる（Si MOSFETには20Vまでしかかからないので60V耐圧で十分．残りの1180VはSiC JFETが受けもつ）

コラム　MOSFETに関しては3C-SiCにチャンス

4H-SiCに比べて3C-SiCは絶縁破壊電界が若干小さいため，ドリフト層の低抵抗化という面では不利ですが，それでもSiに比べれば圧倒的な低オン抵抗化が可能です．4H-SiCではMOSのチャネル移動度を100 cm^2/Vs以上に上げることが難しいという問題がありましたが，3C-SiCのMOSは良好な特性を示すことが確認されており，300 cm^2/Vsを越える移動度も報告されています．

MOSFETのオン抵抗はチャネル抵抗（R_{ch}）とドリフト抵抗（R_{drift}）の和となります．耐圧600 V以下のSiC MOSFETでは，R_{ch}の割合が相対的に大きくなってきますので，このようなデバイスに対してはチャネル移動度の大きな3C-SiCのほうが低オン抵抗化を実現できる可能性があります．

また，3C-SiCはSi基板上に形成することができるので，高価なSiC基板を使用しなくて済み，コスト的なメリットがあります．ただ，Si基板上では，Siと3C-SiCの結晶構造や格子定数の違いのため高品質なSiCの形成が困難という問題があります．事実，1980年代にSi上に3C-SiC MOSFETが作製されましたが，結晶欠陥のため，良好なデバイス特性は得られませんでした．現在は，非常に複雑な工程を経れば品質向上が可能なことが示されていますが，それではコストメリットが出ません．

デバイスに利用可能な高品質の3C-SiCを，低コストで形成する技術開発ができるかどうかが焦点となります．

(a) 構造　(b) 動作

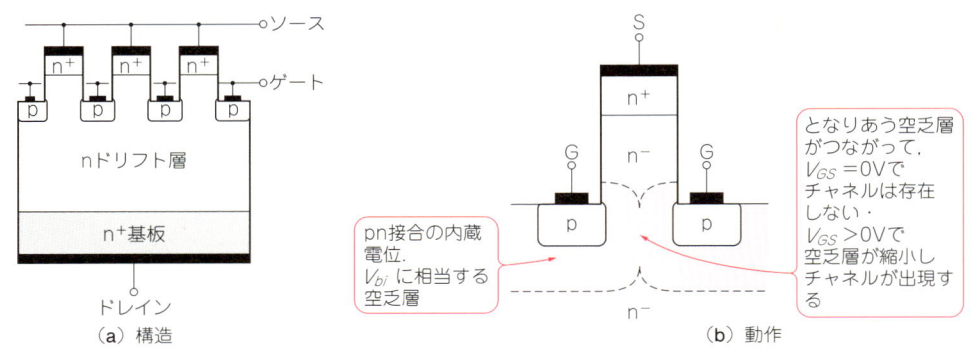

図10　SiCノーマリ・オフJFETの構造と原理

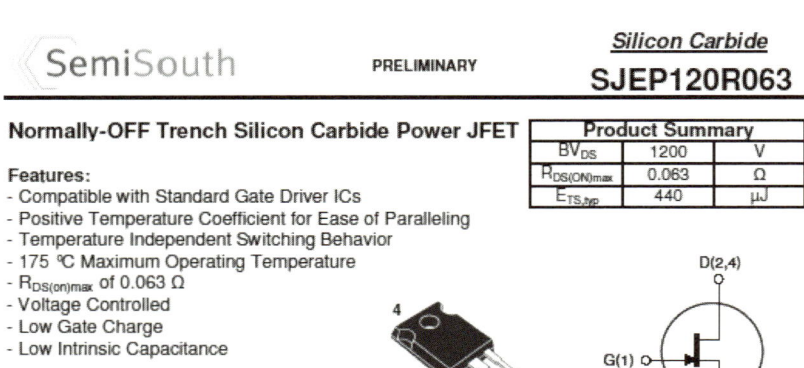

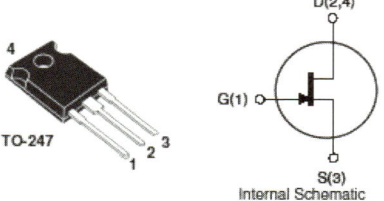

(a) 概要

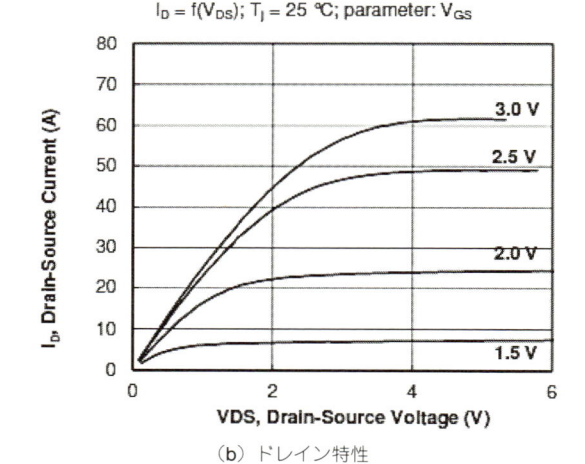

(b) ドレイン特性

図11[(4)]　SemiSouth社のSiCノーマリ・オフJFETの特性

なりますが，低耐圧のSi MOSFETのオン抵抗は小さいので，トータルのオン抵抗はSiC JFETのオン抵抗とさほど変わりません．

このような回路にすることで，SiC JFETの最大の欠点であったノーマリ・オンは解消することができます．

ただ，この場合，同一パッケージ内にSi MOSFETが存在するために，動作可能温度はSiCではなく低耐圧Si MOSFETの動作可能温度(175 ℃程度)に制限されてしまうという欠点があります．それほどの高温動作はさせず，低オン抵抗のメリットが大きい応用分野での活用が期待されます．

● デバイス構造の工夫によるノーマリ・オフSiC JFET

pn接合の空乏層はp型，n型のフェルミ準位の差によって印加電圧がない場合でもある程度の幅があります．JFETを非常に微細化し，印加電圧のない場合であっても空乏層同士が接するように設計することで，JFETであってもノーマリ・オフ化が可能です．

図10に示すようなデバイス構造でノーマリ・オフのJFETが実現され，SemiSouth社から商品として販

売されています（図11）．JFETをONする場合にはpn接合を順バイアスする必要があります．ゲートが順バイアスになりますので，ゲートに電流が流れ込みます．そのため，ゲートの駆動回路は，ON時に定常的な電流駆動能力を有する回路が必要になります．SemiSouth社ではゲート駆動用の回路もあわせて開発，販売しています．

SiC BJT…BJTのリベンジなるか!?

今日のSiパワー・エレクトロニクスでは，パワーMOSFET，IGBTが主流ですが，30年前は高耐圧のMOSFETはありませんでしたし，IGBTも発明されていなかったので，バイポーラ・ジャンクション・トランジスタ（BJT）がパワー・デバイスの主役でした．

電流駆動型のため駆動回路の設計が難しいという問題や，バイポーラ・トランジスタの狭い安全動作領域（SOA）のために周辺回路が必要となるなどの問題があり，高性能なパワーMOSFETの登場によって比較的低い電圧側はMOSFETにその座を奪われてしまいました．さらに，IGBTが発明され，高電圧側の部分はIGBTへと置き換えら，現在ではほとんどBJTは使用されていません．

バイポーラ・トランジスタは少数キャリア・デバイスですので，伝導度変調によりオン抵抗を低減できます．エミッタからコレクタの電流経路にpn接合を二つ含むので，ON時には立ち上がり電圧は現れず，0Vから立ち上がります（IGBTではpn接合を一つ含むのでpn接合の立ち上がり電圧がON時に生じてしまう）．

さらに，縦型のシンプルな構造で高耐圧化がしやすいなどの良い点もあります．SiCでバイポーラ・トランジスタを作製するとどうなるでしょうか．

Si BJTで問題になったSOAですが，SiCの場合は理論的に2次降伏が非常に起こりにくい（実際の使用範囲では起こりえない）ということが予測され，実際に確認されています．Si BJTのときの狭いSOAという弱点は，SiC BJTでは問題にはならないのです．

研究レベルでは耐圧，オン抵抗に関してはSiCリミットにほぼ近いようなデバイスが作製されています．TranSiC社というスウェーデンの会社がSiC BJTの販売を行っています（TranSiC社は現在Fairchild Semiconductorに買収され傘下になっている）．問題は低い電流増幅率でした．70～100程度です．研究レベルのトップ・データで134です．ただ，これは理論的な限界ではなく，まだ改善の余地がある値です．

高耐圧な構造にすると一般にBJTのゲインは低下してしまいます．高耐圧Si BJTの場合はダーリントン接続にしてゲインを200～800にするのが一般的です．しかし，ダーリントン接続にするとpn接合が余計に入るためにIGBTと同様にpn接合の立ち上がり電圧ぶんの電圧降下が発生してしまいまい，BJTのメリットが損なわれてしまいます．特にSiCの場合は，立ち上がり電圧が2.5Vと大きいので問題です．

ごく最近のSiC BJT研究では，トランジスタのデバイス・プロセスに改良を加えることで，250というゲインが実現されました．この250という値はダーリントン・トランジスタではなく，単一トランジスタにおける値であり，大きな意味があります．この技術が投入された製品が登場すれば，SiC BJTの利用範囲は大きく広がるものと考えられます．

SiC BJTの回路設計には，Si BJTでの経験をもった技術者の活躍が欠かせません．若手のパワー・エレクトロニクス設計者はMOSFETやIGBTの経験が中心だと思いますが，若い頃にBJTでパワー・エレクトロニクスの設計をしたベテラン技術者の力に大きな期待がもたれます．

SiC PiNダイオード，SiC IGBT…過去に類を見ない究極の超高耐圧パワー・デバイス

電力ネットワークは，エジソンの電灯線を起点として発展を遂げてきました．さまざまな技術の進歩はありますが，基本的に電力は発電所から家庭に向かって供給されるというのが大原則でした．しかし近年，自然エネルギーの利用が増え，地域で発電した電力を他の地域に供給する必要が生じてきました．

これは現在の上流から下流の一方向性の電力ネットワークではできないことです．例えば，ある地域で太陽光発電が非常に普及しているとします．地域での発電が過多になったとき，現状では他の地域に回せません．その場合，太陽光発電のパワー・コンディショナの安全装置が働いて，売電がOFFになるようになっています（発電した電気を捨てることになる）．今のところは大丈夫ですが，近年急速に家庭用太陽光発電が普及しており，近い将来大きな問題となると考えられます．

また，電気自動車の充電では大きな電力が必要になるので，夕方に一斉に帰宅者が充電をはじめると問題となり，各家庭間での調整も必要になってきます．

これらの問題に対応できる新しい電力ネットワークということで，スマート・グリッドが近年話題になっています．

電力ネットワークで使われる電圧は数万ボルト（数十kV）であり，エアコンや電気自動車と比べると桁が異なります．現状では，数万ボルトの電圧をそれなりのオン抵抗でON/OFFできるのはSiサイリスタしかありません．しかも，単独のSiサイリスタでは耐圧は6kV程度が限界なので，それを何段も直列にして耐圧をもたせています．

また，そのような高耐圧サイリスタはドーピング密度が非常に低いため，より低い温度で真性状態になってしまいます．そのため，数十℃に冷却する必要があります．電力変換所にあるようなインバータでは冷却設備も含めてビル1棟ぶんの大きさがあります．

SiCなら単独素子で，このような超高耐圧素子を実現することが可能です．さすがに，このような超高電圧ではSiCユニポーラ素子では抵抗が大きくなってしまうので，SiCバイポーラ素子を使う必要があります．

現在，国家プロジェクトで超高耐圧のSiC PINダイオード，SiC IGBTの開発が進められています．これらが実現されれば，電力インフラ装置の大幅な小型化，低コスト化，そしてオン抵抗の低減による省エネ化が実現できます．

また，装置を小型化できれば，小型の電力変換所を地域ごとに設置して，電力ネットワーク同士を接続する装置を容易に設置可能になります．電力ネットワークを支える未来のパワー・デバイスとして，SiCは極めて大きな期待を集めています．

の進歩により，SiCパワー・デバイスは，これからも着実な性能向上を遂げると期待されます．

一番の問題はコストであり，6インチSiCウエハが量産効果によってどの程度までコストダウンできるかが一つのポイントとなると思います．太陽光発電用のパワー・コンディショナやエアコン，鉄道などハイエンドな機器のみで使われるのか，それとも一般のスイッチング電源など幅広く使われるかはコストに大きく依存します．低コストでウエハを作製する新技術の研究も行われており，それがもしうまくいけば，値段を一桁下げられる可能性もあります．

民生品ではありませんが，SiCによる電力インフラ用の超高耐圧パワー・デバイスにも大きな期待が寄せられます．民生用ではGaNとSiCとSiが競合しますが，超高耐圧パワー・デバイスでは，間接遷移型のワイド・バンド・ギャップ半導体であるSiCが唯一解と言えます．研究開発が進むことで，Siデバイスを置き換えて，スマート・グリッドの構築に貢献することが期待されます．

今後のSiC

4H-SiCパワー・デバイスの開発は，高品質なSiCウエハを使用して作られていますので，ある意味，半導体の基本に忠実な手堅い研究開発が進められてきたと言えます．SiC SBDはすでに普及段階に入りつつありますし，SiC MOSFETももうしばらくすれば，SBDと同じように気軽に購入して使用できるようになると考えられます．

結晶のさらなる高品質化とデバイス・プロセス技術

◆引用文献◆

(1) SiCショットキーバリアダイオード SCS106AGデータシート，2012年4月，ローム㈱．
(2) CMF20120D-Silicon Carbide Power MOSFET 1200 V 80 mΩ Z-FeTTM MOSFET N-Channel Enhancement Mode，2011，Cree, Inc.
(3) ロームが世界で初めてオン抵抗$1\ m\Omega \cdot cm^2$の壁を破る超低損失SiCトレンチMOSFETを開発，2011年12月5日，ローム㈱．
(4) Normally-OFF Trench Silicon Carbide Power JFET SJEP120R063，2001，SemiSouth Laboratories, Inc.

コラム　ワイドギャップ半導体は日本発！

GaN，SiCの研究は当初は欧米で行われましたが，あまりの難しさから研究はすたれてしまいました．

そんななか，GaNについては名古屋大学の赤崎勇教授，SiCについては京都大学の松波弘之教授が，孤軍奮闘で粘り強い研究を継続し，最もネックとなっていた高品質の結晶成長技術で大きなブレークスルーを成し遂げました．さらに，その技術により作製した世界に類を見ない高品質結晶（当時）を武器にドーピングやデバイス応用に関する研究を展開し，GaN，SiCを実用的な半導体の座にまで押し上げました．

GaNは，当時日亜化学工業の中村修二氏（現在カルフォルニア大学サンタバーバラ校教授）が高輝度青色発光ダイオードの開発に成功して，世界的な研究開発ブームのきっかけとなりました．

SiCは，京都大学での世界初の高耐圧／低オン抵抗SiCショットキー・バリア・ダイオードの開発が，今日のSiCパワー・デバイスの研究開発，実用化へとつながっています．

ワイドギャップ半導体に関しては，日本の研究者がこの分野の開拓者であることは世界が認めるところであり，誇るべきことと言えます．

第6章

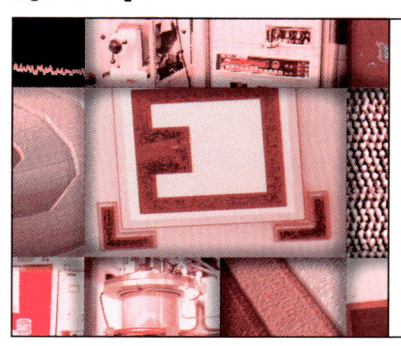

次世代パワー・デバイスの本命となるか

GaNパワー・デバイスの開発状況

須田 淳
Jun Suda

GaN材料開発の歴史

窒化ガリウム(GaN)は，高周波トランジスタに使われているガリウム砒素(GaAs)などと同じⅢ-Ⅴ族半導体です．窒素原子は電子を引きつける力が強い(大きな電子親和力をもつ)ため，電子の分布が窒素側に偏り，強いイオン性をもちます．Ⅴ族に窒素をもつⅢ-Ⅴ族半導体をⅢ族窒化物半導体と呼びます．

GaNの仲間としては，窒化アルミニウム(AlN)，窒化インジウム(InN)があります(**表1**)．GaNは3.4 eVの紫外線に相当するバンド・ギャップをもち，AlNは6.0 eVの深紫外線，InNは0.6 eVの赤外線に相当するバンド・ギャップをもちますので，これらを混ぜ合わせた混晶半導体とすることで，赤外線から深紫外線という非常に広範なスペクトル範囲をカバーすることができる半導体材料です．

● 青色LED材料としてのGaN

GaNは不純物準位を介して青色発光を呈することから，青色LED材料として研究が進められてきました．

1980年当時，青色LED材料には三つの候補がありました．一つはSiC，もう一つは，Ⅱ-Ⅵ族半導体のセレン化亜鉛(ZnSe)，そしてGaNでした．

SiCは，ほかの材料に比べてpn接合が作りやすかったために，最も早く青色LEDの試作に成功しました．しかし，SiCが間接遷移型半導体という発光には不向きなタイプの半導体であったため，発光効率の向上が難しく，屋内用のディスプレイや車のダッシュボードの青色インジケータ(ヘッド・ライトがハイ・ビーム状態であることを示す)に一部使われたのみで，普及には至りませんでした．

SiCを追い越したのが，直接遷移型半導体のZnSeでした．高周波デバイス用材料としてウエハが量産されていたGaAs基板上に高品質のZnSe結晶が作製可能だったことから，研究開発が順調に進展し，青色発光ダイオード，そして(当時の)次世代DVD用の青緑色半導体レーザの開発も進みました．

1980年代，世界中の大学/企業がこのZnSeの研究を行い，開発競争が繰り広げられていました．ただ，ZnSeは通電劣化しやすいという性質があり，長時間安定して動作するLEDやレーザをなかなか実現することができず，実用化を目前に足踏みしていました．

そんな世界的なZnSe研究ブームの影で，細々と研究されていたのがGaNでした．特に，名古屋大学の赤崎勇教授は長年にわたる継続的な研究を行い，結晶成長方法やドーピング手法について基礎固めを進めていました．

結晶成長が極めて困難だったGaNですが，赤崎教授の開発したサファイア基板上低温バッファ層技術によって，GaN結晶の品質はそれ以前と比べると大幅に改善されました．ただ，改善後でも，GaAs基板上のZnSeと比べると数十万倍も結晶欠陥が多いという状況で，過去のⅢ-Ⅴ族半導体LEDの研究開発の歴史から判断すると，GaNで高効率な発光ダイオードが実現できるのは，遠い先だろうというのが一般的な認識でした．

そんななか，1993年に日亜化学からGaNを用いた，高輝度で，しかも長寿命な青色LEDが発表され，研究者に衝撃が走りました．世界中の研究者が取り組んでいたZnSeの青色LEDを一瞬で抜き去ってしまったのです．

欠陥密度が大きいにも関わらず良く光るメカニズムとして，GaNとInNの混晶である$In_xGa_{1-x}N$独特の効果(キャリアの局在化現象)があったのですが，それが明らかになったのは日亜化学の発表の数年後になってのことです．

表1 窒化物半導体の物性

項目	バンド・ギャップ [eV]	格子定数 [Å]	自発分極 [c/m²]
AlN	6.0	a = 3.112 c = 4.982	−0.090
GaN	3.4	a = 3.189 c = 5.185	−0.034
InN	0.65	a = 3.545 c = 5.703	−0.041

GaN LEDの登場を受けて，国内外のZnSe開発プロジェクトは次々と打ち切りとなり，世界中でGaN LEDの開発プロジェクトが立ち上がることになりました．学会の常識は塗り換えられ，緑色～紫外域のLEDやLDはGaNが最も有望ということが定説となり，今日のGaN系青色，緑色LED，Blu-Ray用の青紫色LDとつながっているわけです．

高効率青色LEDに黄色蛍光体を組み合わせた，照明用白色LEDという新しい商品も生まれました．エジソン以来の照明革命とも言われています．

GaN系発光デバイスに関しては，青色LEDに匹敵するような高効率緑色LED，レーザ・ディスプレイ用の純緑色のLD，そして，より短波長の紫外線LED，LDの研究開発が精力的に進められています．

● 高周波パワー・デバイス材料としてのGaN

30年ほど前，GaAsはSiでは実現できない高周波トランジスタが実現可能な材料として大きな注目を集めました．年長の読者なら，GaAs MESFETを使った高周波アンプの製作などを行ったのではないでしょうか．低雑音の$Al_xGa_{1-x}As/GaAs$ HEMTはBSアンテナの増幅器として使用されており，また，高出力GaAs MESFETは携帯電話の基地局の高周波パワー・アンプに使われています．

1990年代になると携帯電話が急速に普及しはじめ，高周波パワー・トランジスタの高出力化に対する強いニーズが生まれます．1GHz以上の高周波パワー・アンプでは，波長が短いため，複数のトランジスタでパワー・アンプを作ると，それぞれのトランジスタの出力を正しい位相で合成することが難しく，装置が複雑化して，またロスも大きくなるという困難さがあり，一つのトランジスタから高出力を取り出せることのメリットは，非常に大きなものがあるからです．

GaNは，GaAsのバンド・ギャップを大きくしたものと考えられます．パワー・スイッチング・デバイスと同じで，材料が大きな絶縁破壊電界をもてば，高周波デバイスにおいても高電圧化，つまり高出力化が可能になります．GaNには，AlGaAsに対応するAlGaNも存在します．このような背景から，高周波パワー・アンプ用の$Al_xGa_{1-x}N/GaN$ HEMTの研究開発がGaN青色LEDと平行して進められてきました．

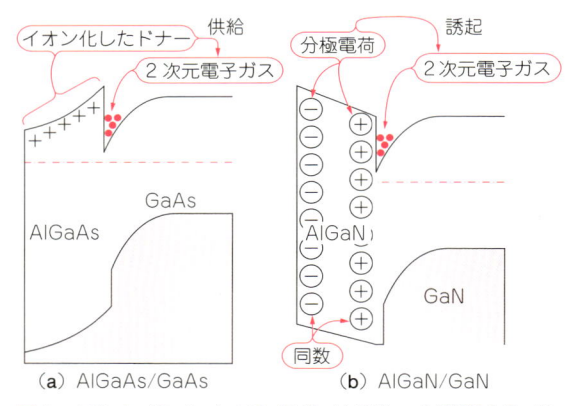

AlGaN/GaNの研究が進むと，この構造にはAlGaAs/GaAs以上のメリットがあることが判明します．それは，AlNやGaNが強いイオン性をもつ結晶であることに起因したものです．イオン性結晶には，それ自体が分極をもつ自発分極と，結晶が歪むことで分極が生じる圧電（ピエゾ）分極があります．AlGaN，GaNの自発分極の大きさの差と，AlGaNをGaNの結晶上に作製するときに生じる歪みによるピエゾ分極により，AlGaN/GaNの界面に非常に高密度の電子が誘起されることが明らかになったのです．

AlGaAs/GaAsの場合は，AlGaAsをドーピングして，そこから電子をAlGaAs/GaAs界面に集めていましたが，AlGaN/GaNの場合はドーピングが不要で，分極により界面に電子が集まります．分極ドーピングなどと呼ばれたりもします．界面に集まる電子は，AlGaNのAl組成が高いほど，また，AlGaNの厚さが厚いほど大きくなります．

図1に，AlGaAs/GaAsとAlGaN/GaNの違いを説明するバンド図を示します．

チャネルの電子が多ければ多いほど抵抗が小さくなりますので，デバイスの高性能化が可能です．AlGaN/GaNを使ってHEMTを作ると，大きな絶縁破壊電界のおかげで高耐圧動作が可能で，かつ，電子の濃度が高いため，低オン抵抗な極めて優れたトランジスタが作製できました．

高周波パワーHEMTの場合には，局所的に大きな発熱が生じるので放熱が非常に重要です．ここで，熱を非常によく伝え，また，GaNと似た結晶構造をもつSiCが注目され，SiCウエハ上にAlGaN/GaN HEMTを作ることが行われました．

SiC上AlGaN/GaN HEMTは最強の高周波パワー・トランジスタです．富士通を始めとする国内外の数社が商品化に成功しており，WiMAXの基地局やレーダなど，高周波／高出力が必要なアプリケーションで使われ始めています．GaAsからGaNにすることで，電源電圧を高くすることができ，携帯電話の基地局のシステム全体として省エネルギーが実現できることも報告されています．

● そしてパワー・スイッチング・デバイスへ

GaNの発光デバイス，高周波パワー・デバイスの商品が出始めると，次の研究開発のターゲットとして，

図1 AlGaAs/GaAsとAlGaN/GaNの違いを説明するバンド図

パワー・エレクトロニクス用のスイッチング・デバイスが注目されるようになってきました．

GaNは，SiCとほぼ同様の絶縁破壊電界，電子移動度をもっており，SiCと同様にパワー・スイッチング・デバイスに適した材料であるからです．そもそも，すでに商品化されている高周波パワーHEMT自体，高耐圧(100 V程度だが高周波トランジスタとしては高耐圧)，低オン抵抗なトランジスタであり，パワー・エレクトロニクス用のパワー・デバイスとして十分に魅力的です．このような背景があり，2005年頃からGaNパワー・デバイスの研究が世界的に活発になってきました．

GaNパワー・デバイス

GaNパワー・デバイスとして，さまざまなデバイス構造が提案され，研究されています．

● AlGaN/GaN HEMT

高周波パワー・デバイスとして開発されたAlGaN/GaN HEMTは，高耐圧，低オン抵抗であり，パワー・デバイスとして魅力的な特性を有しています．構造を図2に示します．ゲート電極とドレイン電極の距離を離せば耐圧を向上できるので，数百V級のパワー・デバイスであれば，すぐにでも利用できそうです．

しかし，いくつか課題があります．

その一つは，動作が原理的にノーマリ・オンであるということです．HEMTは界面の2次元電子ガスをゲートのショットキー電極の逆バイアスで空乏化させてOFFにするので，ゲート電圧が0 VのときはON状態となります．

一方，第1章で述べたように，パワー・デバイスでは基本的にノーマリ・オフが求められます．ノーマリ・オフ化の一つの方法は，SiC JFETのときに行われたSi MOSFETとのカスコード接続です．デバイス構造自体を変える方法については後述します．

別の問題は，電流コラプス(collapse；落ち込み)という現象です．DC特性は良好なのですが，スイッチング特性では，過渡的な高いオン抵抗のために電流が落ち込んでしまうという現象です．時間とともに徐々に元に戻るのですが，これでは頻繁にスイッチングが行われるスイッチング電源やインバータなどには使えません．ゲート-ドレイン間のAlGaN表面などのチャージ・トラップが原因と考えられています．

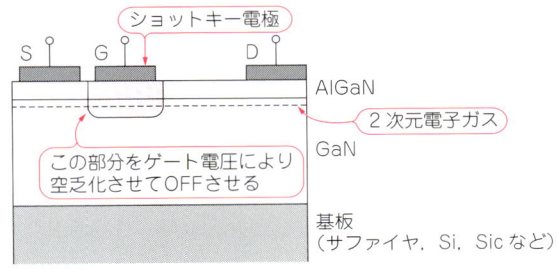

電流コラプスに関しては，高周波HEMTにおいても問題となるので，詳しく研究されています．フィールド・プレート，ソース電極やゲート電極のオーバーラップによる電界緩和や，表面保護膜の最適化によりかなり抑制されています．ただ，統一的な評価方法などが規定されておらず，データシート上では問題ないが，実際に回路で使用するときには問題になることもありますので，実際に近い状況でテストを行うことが必要でしょう．

SiCデバイスは非常に頑丈で，絶縁破壊をさせても，そのときの電流値と時間が短ければ素子の劣化は起こりません．つまり，アバランシェ耐性に優れています．これは，SiCパワー・デバイスは縦型デバイスで，デバイス設計により絶縁破壊が生じる部分がSiC内部になるように設計されているからです．

一方，AlGaN/GaN HEMTは，現在時点ではアバランシェ耐性は期待できません．つまりHEMTを絶縁破壊させてしまうと，デバイス自体の破損となってしまいます．したがって，GaN HEMTを利用する場合には，絶縁破壊電圧に達しないように十分にマージンを取っておくか，何らかの保護回路を付ける必要があります．

HEMTの場合，横型のデバイスであるため，どうしてもゲート電極端に電界が集中してしまいます．GaN HEMTの絶縁破壊はGaN自体のアバランシェではなく，ゲート端部の破壊に対応しています．ただGaN HEMTのオン抵抗は非常に小さいので，耐圧にマージンをもたせても，Siに対して十分な優位性を保つことができますし，今後，研究が進展すれば，アバランシェ耐性のある素子が実現されるかもしれません．

● GaN MOSFET

GaNはいろいろな意味で常識破りの半導体ですが，MOSFETについても常識破りな面があります．同じⅢ-Ⅴ族のGaAsでは長年にわたってMOSFETを作る研究が行われてきましたが，良好な特性のMOSFETは実現できず，その打開策としてAlGaAs/GaAs HEMTへと研究が展開したことを述べました．

GaNは，図3に示すように，GaN上にSiO_2を堆積してMOSFETを作製すると，思いもよらず良好な特性を示すことが見出されました．もちろんSiO_2/SiのMOSにはかないませんが，移動度が100 cm^2/Vsを越えるGaN MOSFETが作製可能で，移動度に関して言えばSiCのMOSFETよりも良いくらいです．

図2 AlGaN/GaN HEMTの構造

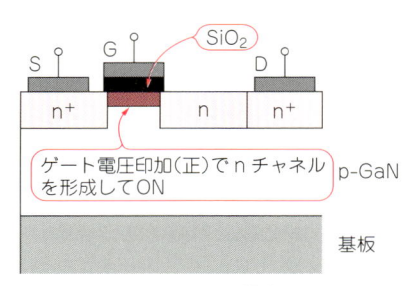

図3 GaN MOSFETの構造

MOSFETの利点はノーマリ・オフが実現可能ということです．MOSが可能であることは，GaNパワー・スイッチング・デバイスにおいて大きな意味があります．MOS酸化膜の寿命や再現性，安定性など数多くの課題はありますが，大きな可能性を秘めています．

HEMTのノーマリ・オフ化

AlGaN/GaN HEMTの2次元電子ガス特性は，あらゆる半導体のなかで突出して優れたものですから，これを使わない手はありません．どうにかしてHEMTをノーマリ・オフ化させようと，さまざまな研究が行われていますので紹介します．

● リセス構造

2次元電子ガスの濃度は，AlGaN層の厚さとともに増大します．逆にAlGaN層を非常に薄くすると，ゼロ・バイアスで2次元電子ガスが生じない状態を実現することができます［図4(a)］．

ただ，全体を薄くしてしまうと直列抵抗が高くなってしまうので，ゲート直下部分のみを薄くしたリセス構造が提案されています．この方法は製造上，薄いAlGaNを制御性良く残す難しさがあります．

● p-GaNゲート構造

ショットキー電極ではなく，ゲートの部分にp-GaNを形成する方法が提案されています．p-GaNを形成するとpn接合となり，フェルミ準位の差に相当する電圧分の空乏層が広がります［図4(b)］．

うまく設計してやれば，ゼロ・バイアスで2次元電子ガスを空乏化させることができます．この方法は，製造上の問題も少なく，安定してノーマリ・オフを実現できるので，有力候補とみなされています．

● MOSハイブリッド構造

先ほど，GaN MOSFETの特性はなかなか有望と述べました．MOSFETの前後の部分にはHEMT構造を用いて，ON/OFFの部分だけはMOSFETとするMOSFET/HEMTのハイブリッド構造が提案されています［図4(c)］．

HEMT構造を使用しないと，MOSFETのドレイン領域の直列抵抗が大きくなってしまいますが，HEMT構造によりその大幅低減が可能となります．MOSFETのチャネル移動度はHEMTに比べると大きく劣っていますが，MOSFETを微細化すれば，全体に対する割合は小さく抑えることができます．この構造も有力候補と見なされています．

GaN/Siパワー・デバイス…Siに迫る低コスト

優れた特性のワイドギャップ半導体が実現されても，それが普及するかどうかは別問題です．

最も重要な問題がコストです．SiCのSBDやMOSFETは申しぶんのない素晴らしい特性ですが，デバイス作製に必要なSiCウエハの価格がSiに比べると著しく高価なため，パワー・デバイス単体でのコストパフォーマンスではSiのデバイスになかなかかなわないという状況です（システム全体の価格でメリットを出す戦略が必要）．

GaNウエハはSiC以上に高価です．Blu-Ray用のレーザやヘッド・ライト用の超高輝度LEDなどのような付加価値の高い製品なら元が取れますが，Siとコストパフォーマンスで勝負しなければならないパワー・

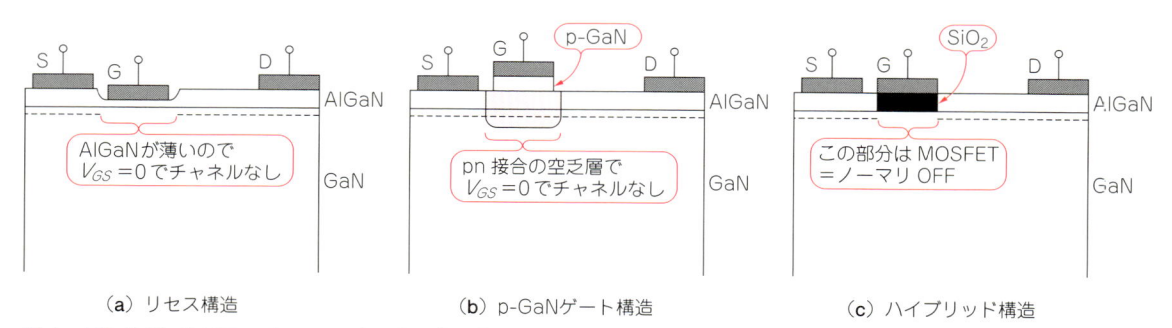

図4 AlGaN/GaN HEMTのノーマリ・オフ化の方法
(a) リセス構造　(b) p-GaNゲート構造　(c) ハイブリッド構造

デバイスとしてはあまりにも高価です．

GaNウエハを低コストで作る新技術の開発が進んでおり，将来的にはGaNウエハを使ったパワー・デバイスの可能性はありますが，それでもSiと勝負できるのは電気自動車などハイエンドなパワー・デバイスに限られるでしょう．

● Si基板上へのGaNの作製

GaNパワー・デバイスを一般の家電製品や情報機器に使ってもらうことはできないのでしょうか？ その突破口となるのが，Si基板上へのGaNの作製です．

GaNパワー・デバイスはGaN LEDと同様，多数の結晶欠陥を含んでいても動作します．そこで，廉価なSi基板上に作製したGaN結晶に注目が集まりました．結晶構造や格子定数が大きく異なるため，多数の欠陥を含みますが，GaNの結晶欠陥は縦方向に伸びているので，HEMTやMOSFETなど横方向に電流の経路があるデバイスでは，それほど特性を落とさずに動作が可能と考えられています．GaN/Siの研究開発が，この数年非常に活発化しています．

Si基板を利用できれば，基板のコストはSiデバイスと同じとなります．Si基板上にGaNの結晶薄膜を作製する工程だけ追加コストがかかりますが，その後のデバイス作製工程のコストはSiのデバイス作製工程と大差ありません．GaNパワー・デバイスの優れた性能を考えると，十分にSiと張り合うことができるわけです．

インターナショナル・レクティファイアー(IR)は，2010年にGaN/Siのパワー・デバイス(GaNpowIR)をリリースしました．GaN HEMTの極めて小さなオン抵抗と高速スイッチングは，数百Vの高電圧のみならず，数十V，数Vの電圧であっても非常に魅力的であると述べています．GaN HEMTを内蔵した，Point-of-LoadのDC-DCコンバータのICをリリースしています(iP2010)．250 kHz〜3 MHzのスイッチングが可能な降圧型のDC-DCコンバータです．

また，パナソニックは，家電製品のインバータとして利用可能なワンチップのインバータを開発しています．上述のp-GaN技術によってノーマリ・オフ化を実現し，3相交流モータ用の3アームをワンチップに集積しています．集積化は低コスト化に極めて有効であり，また，寄生インダクタンスの低減にもなるメリットがあります．

SiとGaNは，格子定数や熱膨張係数が著しく異なるため，GaNの結晶成長にはかなりの困難が伴いますが，各社，各機関でいろいろな工夫を凝らしてこれを抑え込んでいます．6インチSi基板上のGaN薄膜形成はほぼできるようになっており，今は8インチSi基板上への挑戦も行われているようです．8インチで作製できると，多数の素子を1枚のウエハから取り出すことができるので，コスト的に非常に大きなメリットがあります．

● GaN基板の開発〜GaN縦型大電流デバイス

Blu-Ray用のGaN LDを作製するためには，高品質なGaN基板が必要となります．現在，GaN基板は，ガスの化学反応による方法で長時間結晶成長を行うことで作製されていますが，非常に高価です．

一方，Si基板は，溶融したSiを徐々に結晶化させる方法で作っていますので，ガスの化学反応に比べると高速で，また，低コスト，大型化が可能です．

GaNについても，低コスト，大面積化を実現すべく，融液を使う方法など，いろいろな結晶成長方法の研究が進んでいます．将来，低コストで大面積のGaN基板が実現されれば，SiCのような縦型の大電流，低オン抵抗デバイス実現のチャンスが生まれることでしょう．

今後のGaN

青色LED，高周波HEMTから発展してきたGaNパワー・デバイスですが，この数年間で急速な進展を見せています．結晶成長，デバイス作製技術，デバイス構造などさまざまな方法が提案されています．GaNはいろいろな意味で型破りな半導体なので，どのようなものに落ち着くのかは予想がつきません．

学会ではGaNとSiC，どちらが次世代パワー・デバイスの本命か？ といったような討論会がよく開かれています．アプリケーションによって，パワー・デバイスへの要求は大きく異なりますので，このようなタイトルでの討論会では結局話はまとまりません．

そもそも，パワー・デバイスにおいてはSiという巨人がいますので，GaNにしてもSiCにしても，Siの牙城に攻め込むための突破口が必要です．それぞれが得意な領域で良いデバイスを低コストで作って普及させ，普及によりさらに低コスト化を進めて領域を広げてゆくことになるでしょう．

SiCについてはSiC SBDが突破口となり，今はSiC MOSFETが出始めている段階と言えます．GaNについては，Si基板上GaNのHEMTをベースにしたデバイスが突破口となるでしょう．コスト面では，SiC SBD以上に有利ですので，勝機はあるはずです．すでにIRやEPCは製品を出していますし，パナソニックをはじめ，国内外の電機メーカも家電製品などへの応用を念頭にした開発を進めています．

Appendix

SiC MOSFETのスイッチング動作

舟木 剛
Tsuyoshi Funaki

ここでは，ロームが開発したノーマリ・オフ型のSiC MOSFETを例にとって，そのスイッチング動作について説明します．

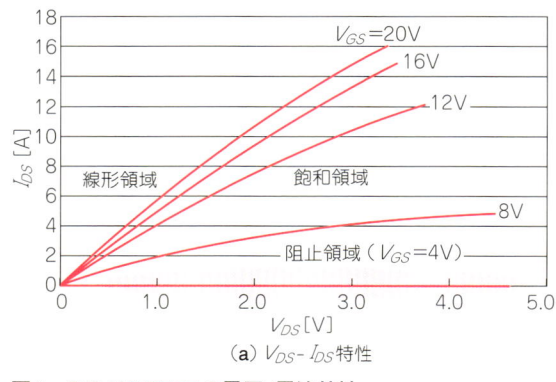

SiC MOSFETの素子の電圧-電流特性

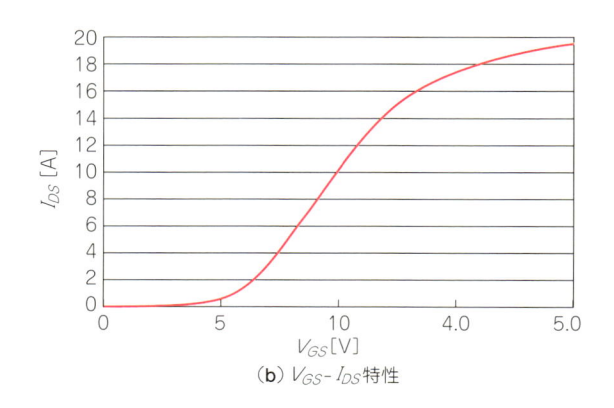

図1(a)に，SiC MOSFETのゲート-ソース間電圧V_{GS}をパラメータとした，ドレイン-ソース間電圧V_{DS}とドレイン-ソース間電流I_{DS}の特性を示します．

パラメータであるV_{GS}がある値(閾値電圧)を越えるまでは，V_{DS}を印加しても，I_{DS}が流れないことがわかります．V_{GS}が閾値電圧を越えると，I_{DS}が流れるようになります．V_{GS}を高くすることで，流せるI_{DS}が大きくなっており，同じI_{DS}に対して生じるV_{DS}が小さくなることから，$V_{DS} \times I_{DS}$で表される導通損失を低減することが可能であることがわかります．

FETのスイッチング動作を利用したコンバータなどの電力変換回路では，高効率な電力変換動作のためFETでの導通損失を少なくする必要があります．このため，図1(a)に示したV_{DS}を高くしてもI_{DS}があまり変化しなくなる飽和領域ではなく，V_{DS}によりI_{DS}が大きく変化する線形領域で導通動作させます．

ただし，一般的にハード・スイッチングと呼ばれる順方向にV_{DS}が印加された阻止領域からの線形領域へのターン・オン動作および，順方向のI_{DS}が流れている線形領域から阻止領域へのターン・オフ動作において，阻止領域と線形領域の間の遷移の過程で飽和領域を通過します．後で述べますが，飽和領域の通過におけるV_{DS}，I_{DS}のふるまいがMOSFETのスイッチング特性となります．

また，Si MOSFETでは飽和領域でV_{DS}に対してI_{DS}があまり変化しないものが多いのですが，同図に示したようにSiC MOSFETでは飽和領域においてもV_{DS}によりI_{DS}が変化する傾向にあります．しかしその違いは，スイッチング動作をさせるうえで問題になりません．

図1(b)に，同じMOSFETに対するV_{DS}を一定とした状態での，V_{GS}に対するI_{DS}の特性を示します．同図より，I_{DS}が流れ始めるV_{GS}(ゲート閾値電圧)は約3.5 Vであることがわかります．V_{GS}が閾値電圧を越えると，V_{GS}の変化に対してI_{DS}が大きく変化しており，20 V付近でほぼ飽和していることがわかります．

このV_{GS}に対するI_{DS}の変化の傾きが相互コンダクタンスy_{fs}であり，後で述べるミラー効果に影響してきます．また，SiC MOSFETの導通損失を十分に小さく抑えるには，V_{GS}を20 V程度まで印加する必要があることがわかります．

ゲート駆動回路

次に，SiC MOSFETをスイッチング動作させるためのゲート駆動の方法，すなわちV_{GS}の与えかたについて説明します．前述のように，FETはゲート-ソース間に印加する電圧V_{GS}により，ドレイン-ソース間

(a) V_{DS}-I_{DS}特性

(b) V_{GS}-I_{DS}特性

図1 SiC MOSFETの電圧-電流特性

の導通状態を制御しますが，これを行うのがゲート駆動回路です．

ゲート電極がシリコン酸化膜によってチャネル部と絶縁されているMOSFETでは，線形/阻止の各動作領域においてV_{GS}とV_{DS}が一定に保たれていると，ゲート端子に電流が流れないため（$I_G = 0$），ゲート駆動回路部における電力消費はありません．

しかし，線形/阻止の動作領域間を遷移させるスイッチング動作ではV_{GS}を変化させなければならず，この遷移においてゲート駆動の電力が必要となります．すなわち，MOSFETのゲート電圧を変化させることによりスイッチング動作させるのですが，ゲート駆動回路は後述するMOSFETの内部に存在する寄生容量の充放電をすることでゲート電圧を変化させており，このゲートの充放電電流と電圧の積がゲート駆動に要する電力となります．また，FETの特長を活かしてスイッチング動作を高速にするには，ゲート駆動回路による高速な寄生容量の充放電が必要となります．

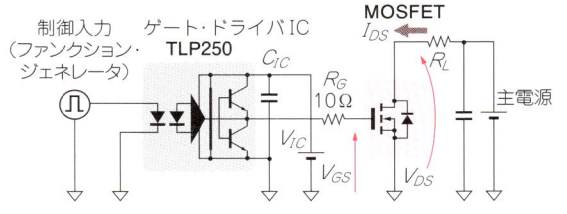

図2に示したSiC MOSFETのスイッチング試験回路に，ゲート駆動回路の一例を示します．用いたゲート・ドライバIC（TLP250；東芝）は，SiのパワーMOSFETやIGBT用で，あまり高周波スイッチング向きではありませんが，コントローラなどから出力する制御信号と，MOSFETのゲート/ソース端子に接続するゲート駆動部がフォトカプラで絶縁されており，電力変換回路で一般的なブリッジ回路での上側アームのゲート駆動回路への適用も容易です．

また，高速スイッチングに必要な大きなゲート駆動電流（最大1.5 A）や，SiC MOSFETで必要となる比較的高い20 V程度のゲート電圧も印加することができます（最大35 V）．図2の試験回路では，SiC MOSFETのスイッチング動作の制御をゲート・ドライバの制御入力端子に接続されたファンクション・ジェネレータで生成した信号により行っています．

このゲート駆動回路にMOSFETをONとする制御入力を与えると，ゲート駆動電源からゲート・ドライバICを介してMOSFETのゲート端子にゲート電流I_Gを注入し，OFFとする制御入力を与えると，MOSFETのゲート端子をゲート・ドライバICを介してソースに短絡してゲート電流I_Gを排出する，バイポーラ駆動動作をします．

ただし，TLP250はICの出力段がバイポーラ・トランジスタであるため，ON/OFF各状態でのゲート電流はおのおの一方向にしか流れません．同じシリーズのゲート・ドライバICのTLP350は出力段がMOSFETとなっているので，駆動状態にかかわらず双方向のゲート電流を流すことができます．

ゲート駆動回路の電源側に接続されたコンデンサC_{IC}は，MOSFETのターン・オン動作に際してゲー

図2 SiC MOSFETのスイッチング試験回路

ト駆動電源からゲート端子に流れるパルス電流を供給するためのものです．

ゲート・ドライバICの出力端子と，MOSFETのゲート端子の間に接続された抵抗R_Gは，ゲート抵抗と呼ばれるもので，ゲート駆動における充放電動作の応答の速さを調整するものです．ゲート駆動時に流れる電流が，ゲート抵抗において損失になるため，理想的には$R_G = 0$ Ωとすることが望ましいのですが，ゲート駆動時においてゲートやソース端子の配線における寄生インダクタンスと寄生容量との間で生じる振動のピークを抑え，減衰を大きくし，MOSFETの破壊やON/OFF誤動作を防ぐために必要です．

また，MOSFETを高速にスイッチング動作させると，I_{DS}の急峻な変化とI_{DS}が流れる回路配線の寄生インダクタンスにより生じる過電圧がMOSFETを絶縁破壊させるため，ゲート抵抗R_Gの大きさでスイッチング動作の速度を調整します．

スイッチング動作

図2に示した試験回路を用いて得たSiC MOSFETのターン・オン/オフ動作における各部の電圧/電流の応答を**図3**，**図4**に示します．ただし，V_{DS}をパラメータとして100 Vから500 Vまで変化させるとともに，I_{DS}がほぼ一定（5 A）となるように電流制限抵抗R_Lの値を調整しています．

ここではSiC MOSFETのスイッチング動作を，ゲート駆動の動作に対して阻止領域，飽和領域，線形領域に分けて説明します．

● **阻止領域**

V_{GS}が閾値電圧より低く，順方向にV_{DS}が印加された阻止状態でのMOSFETの等価回路は，**図5**(**a**)に示すようにゲート-ソース（C_{GS}），ゲート-ドレイン（C_{GD}），ドレイン-ソース（C_{DS}）の各端子間の寄生容量として表せます．ただし，縦型構造のSiC MOSFETを対象としているので，バック・ゲートを考えない3端子構造となっています．

V_{GS}が閾値電圧より低い値から，導通開始する閾値電圧に至るまで，ゲート端子より電流I_Gを注入し，

(a) ドレイン電圧 V_{DS} [V]

(b) ドレイン電流 I_{DS} [A]

(c) ゲート電圧 V_{GS} [V]

(d) ゲート電流 I_G [A]

図3　SiC MOSFETのターン・オン波形

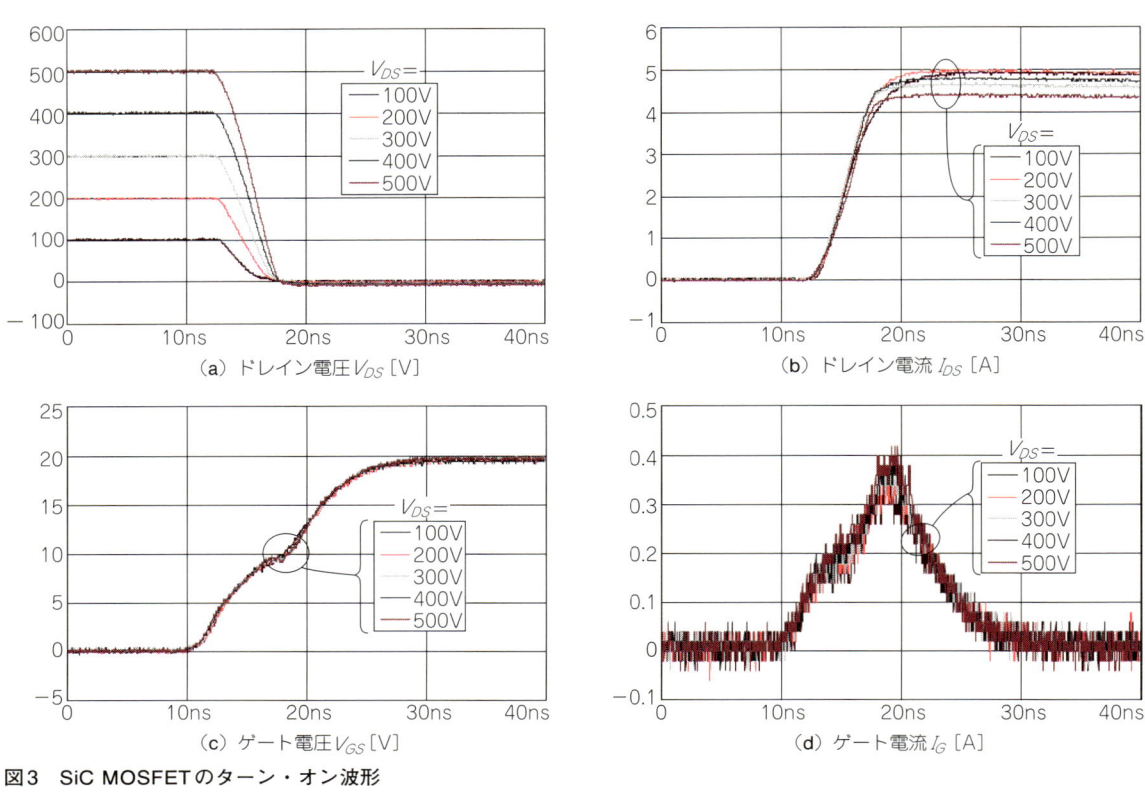

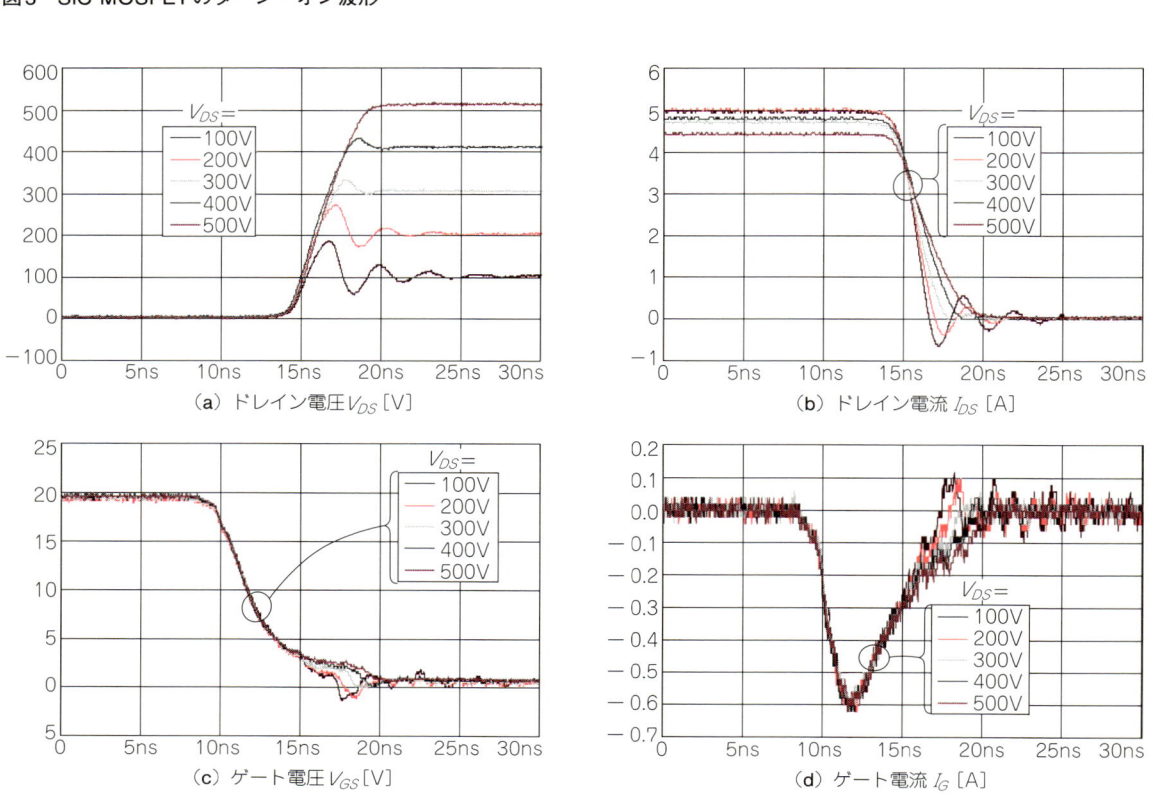

(a) ドレイン電圧 V_{DS} [V]

(b) ドレイン電流 I_{DS} [A]

(c) ゲート電圧 V_{GS} [V]

(d) ゲート電流 I_G [A]

図4　SiC MOSFETのターン・オフ波形

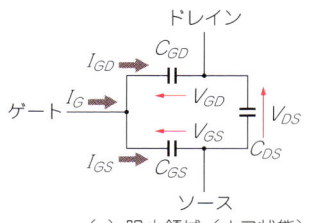

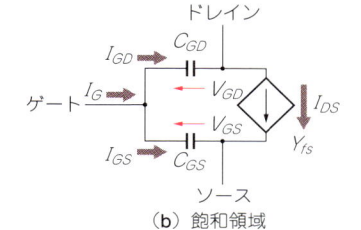

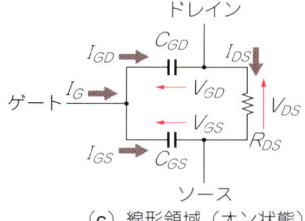

(a) 阻止領域（オフ状態）　　（b) 飽和領域　　（c) 線形領域（オン状態）

図5　SiC MOSFETの等価回路

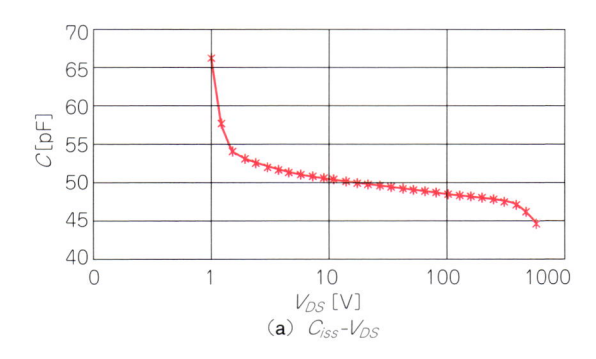

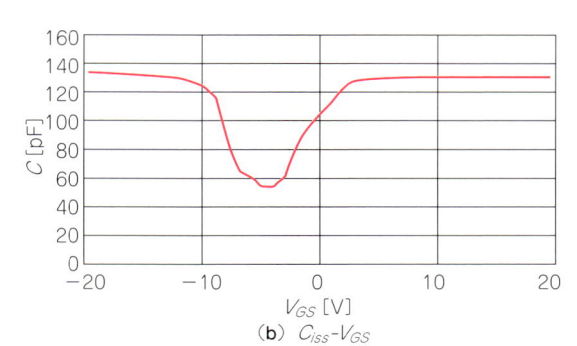

(a) C_{iss}-V_{DS}

(b) C_{iss}-V_{GS}

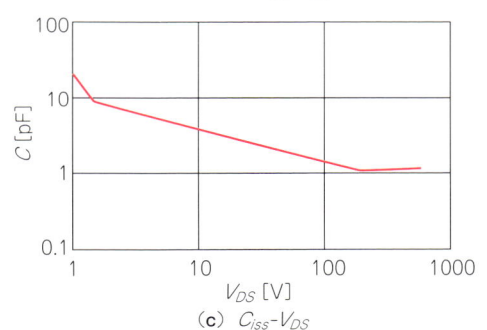

(c) C_{iss}-V_{DS}

図6　SiC MOSFETの端子間容量-端子間電圧特性

寄生容量C_{GS}，C_{GD}を充電します．各寄生容量の充電電流と，ゲート電流の関係は次式で表されます．

$$I_G = I_{GS} + I_{GD}$$

ここで，各寄生容量への充電電流と端子間電圧の関係は，おのおの次式で表せます．

$$I_{GS} = C_{GS}\frac{dV_{GS}}{dt},\ I_{GD} = C_{GD}\frac{dV_{GD}}{dt}$$

厳密にはC_{GS}やC_{GD}はV_{GS}やV_{GD}によって変化しますが，ここでは簡単のため閾値電圧より低いV_{GS}において，これらの静電容量は一定として扱います．

OFF状態では，V_{DS}を一定とした場合，各端子間電圧の関係は次式で表されます．

$$V_{DS} = V_{GS} + V_{DG} = V_{GS} - V_{GD}$$

ここで，各電圧の時間変化を考えると，V_{DS}は一定であることから次式が成り立ちます．

$$\frac{dV_{DS}}{dt} = \frac{dV_{GS}}{dt} - \frac{dV_{GD}}{dt} = 0$$

すなわち，

$$\frac{dV_{GS}}{dt} = \frac{dV_{GD}}{dt}$$

となります．

したがって，I_Gは次式のように表されます．

$$I_G = C_{GS}\frac{dV_{GS}}{dt} + C_{GD}\frac{dV_{GD}}{dt}$$

$$= (C_{GS} + C_{GD})\frac{dV_{GS}}{dt}$$

$$= C_{iss}\frac{dV_{GS}}{dt}$$

$C_{iss}(=C_{GS}+C_{GD})$は入力容量と呼ばれ，V_{GS}が閾値電圧より低い阻止状態では，ゲート駆動回路は電流I_Gにより入力容量C_{iss}を充放電することがわかります．

図6(a)，(b)に，使用したSiC MOSFETにおけるC_{iss}のV_{GS}，V_{DS}依存性を示します．SiC MOSFETは，半導体の絶縁破壊電界が高い性質を利用してドリフト層における不純物濃度を高くして導通損失を低減していますが，このためにC_{iss}が若干大きくなる傾向にあり，ターン・オンにおける阻止領域→飽和領域への遅延時間も長めになります．ただし，C_{iss}の増加に比して導通損失低減の効果のほうが大きいようです．

● **飽和領域**

V_{GS}が閾値電圧を越えると，MOSFETは導通状態になります．ただし，V_{GS}が十分に大きくない間は，V_{DS}-I_{DS}特性における飽和領域での動作になり，ミラ

(a) OPアンプ回路　　（b）MOSFET回路

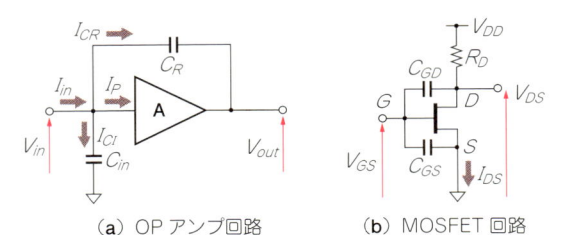

図7　ミラー効果の説明用回路

ー効果と呼ばれる現象が生じます．以下では，MOSFETを用いた電力変換回路でのミラー効果（Miller effect）について説明します．

ミラー効果は，**図7**に示すOPアンプを用いた増幅回路で説明されることが多いようです．OPアンプは，電圧ゲインAによって入力電圧V_{in}を増幅し，出力電圧$V_{out} = AV_{in}$として得る回路です．反転増幅器の場合は$A < 0$となります．

また，OPアンプの入力インピーダンスは非常に高く，$I_P \fallingdotseq 0$とみなせます．このOPアンプに入力容量C_{in}と帰還容量C_Rが接続された状態を考えます．このとき，回路の入力電流I_{in}は次式となります．

$$I_{in} = I_{CI} + I_{CR} + I_P = I_{Cin} + I_{CR}$$

ここで，各コンデンサの充放電電流は次式で表され，

$$I_{CI} = C_{in} \frac{dV_{in}}{dt}$$

$$I_{CR} = C_R \frac{d}{dt}(V_{in} - V_{out})$$
$$= C_R \frac{d}{dt}(V_{in} - AV_{in})$$
$$= C_R(1 - A) \frac{dV_{in}}{dt}$$

したがって，回路の入力電流I_{in}は次式になります．

$$I_{in} = C_{in} \frac{dV_{in}}{dt} + C_R(1 - A) \frac{dV_{in}}{dt}$$
$$= [C_{in} + C_R(1 - A)] \frac{dV_{in}}{dt}$$
$$= C_{eff} \frac{dV_{in}}{dt}$$

ただし，$C_{eff} = C_{in} + C_R(1 - A)$

すなわち，回路の入力端子から見た実効容量C_{eff}は，入力容量C_{in}と，$(1 - A)$倍された帰還容量C_Rの和となっており，OPアンプのゲインAが大きいことから，非常に大きな値となることがわかります．これをミラー効果と呼び，これが生じている間は回路の入力端子から電流I_Gを充放電しても入力電圧V_{in}はほとんど変化しなくなります．

これをMOSFETのスイッチング回路として見たものが**図7(b)**です．ブリッジ回路のようなMOSFETを

スイッチング動作させる電力変換回路では，ドレインに接続されている抵抗R_Dは負荷抵抗に相当し，飽和領域での回路動作はソース接地回路の動作と同等とみなせます．この回路において，MOSFETの動作点近傍における電圧ゲインAは，

$$A = \frac{\Delta V_{DS}}{\Delta V_{GS}}$$

として表されます．

一方，一定のV_{DS}を印加した状態における飽和領域でのMOSFETの動作は，**図1(b)**に示した順伝達アドミタンス，

$$y_{fs} = \frac{\Delta I_{DS}}{\Delta V_{GS}}$$

として表すことができ，出力電圧の変化分は，

$$\Delta V_{DS} = -R_D \Delta I_{DS}$$

となり，電圧ゲインは順伝達アドミタンスを用いて，

$$A = \frac{-R_D \Delta I_{DS}}{\Delta V_{GS}} = -R_D y_{fs}$$

と表されます．したがって，順伝達アドミタンスy_{fs}が大きい場合および，接続された負荷が小さい（負荷抵抗R_Dが大きい）場合において，電圧ゲインAが大きくなることがわかります．

図4に示したターン・オン動作ではV_{GS}が9V付近，**図5**に示したターン・オフ動作ではV_{GS}が3V付近で，V_{GS}の変化が緩やかになっており，ミラー効果が生じていることがわかります．ただし，ここで用いたSiC MOSFETでは，**図1(b)**に示したようにy_{fs}が比較的低いために顕著なミラー効果は生じないようです．

● 線形領域

V_{GS}が十分に大きくなり，MOSFETの動作点がV_{DS}-I_{DS}特性の線形領域に入ると，**図5(c)**の等価回路で表されるようになります．ゲート駆動回路の動作は，阻止領域での動作と同様となります．

またSiC MOSFETでは，線形領域における導通損失が非常に小さいという特徴があります．このため，V_{DS}は負荷電流，すなわちI_{DS}によって決まるごく小さな値（$V_{DS} = R_{DS} I_{DS} \fallingdotseq 0$）となり，ほぼ一定とみなすことができます．

したがって，ゲート駆動回路の動作は阻止領域と同様に入力容量C_{iss}の充放電動作となります．ただし，**図6(b)**に示したC_{iss}-V_{GS}特性より，V_{GS}が高い領域ではC_{iss}が若干増加していることがわかります．

また，Si MOSFETに比べてSiC MOSFETのC_{iss}は若干大きいことから，線形領域におけるV_{GS}の充放電動作は少しゆっくりになります．ただし，SiC MOSFETは飽和領域となるV_{GS}の範囲が比較的広いため，線形領域から飽和領域へ遷移するまでの遅延時間は若干短くなるようです．

特設記事

シリコン・カーバイド半導体によるアプリケーション
SiC JFETで作るオーディオ・アンプ

中野 正次
Nakano Masatsugu

　すでに内外各社から，シリコン・カーバイド(以後SiC)半導体の製品が発売されています．

　本稿で使用するFET SJDP120R085は，それらのなかのSemiSouth Laboratories, Inc.のノーマリ・オン型のパワーJFETです[1]．

使用するFETの特徴

　このFETのおもな特徴は**表1**，最大定格は**表2**のとおりです．この型番は，耐圧1200Vとオン抵抗85mΩを表しているようです．また，パッケージはいわゆるTO-3P型で，外観は**写真1**です．

　ここで，回路設計上で問題になるのは，ノーマリ・オン(デプリーション・モード)です．JFETの特性としてこうなっているようですが，スタートアップ・シーケンスが必要になります．

　これは，**図1**のような通常のスイッチング回路で，上下のFETがともにON状態でV_{DD}が加われば，大きな貫通電流が流れて，FETが壊れるかヒューズが切れるからです．

　これを防ぐには，V_{DD}が加わるまえに，少なくとも一方のFETをOFFにするゲート電圧(-15V)をあらかじめかけておかなければなりません．そのための電源は，先行して立ち上がる必要があります．これがスタートアップ・シーケンスです．

　別の項目で，動作温度の上限が150℃に制限されているのは気になるところです．一般に，SiC半導体は高温に耐えるのでハイ・パワーに向いているとされていますが，この製品では優位性はありません．

　さらに，**表3**の特性を見ると，高耐圧としてはオン抵抗が低く，電極間の静電容量も比較的小さな値になっており，効率の高いスイッチング回路を構成できそうです．ただし，上記のスタートアップ・シーケンスが必要なので，小規模回路の構成は難しそうです．

表1　SJDP120R085の特徴

ノーマリ・オン
高耐圧(1200V)
オン抵抗が正の温度係数なので，並列接続が容易
高速スイッチング
低オン抵抗(85mΩ)
低静電容量

表2　SJDP120R085の最大定格(暫定仕様)

項　目	条　件	仕様値
連続ドレイン電流	$T_C = 25℃$	27A
	$T_C = 100℃$	17A
パルス・ドレイン電流	$T_J = 25℃$	75A
負荷短絡時間	$V_{DD} < 800V$, $T_J < 125℃$	50μs
総損失電力	$T_C = 25℃$	114W
ゲート-ソース間電圧	$p_w < 200$ns	-15〜+15V (信号源：1Ω)
動作および保存温度		-55〜+150℃

写真1　SiCパワーJFET SJDP120R085の外観(SemiSouth)

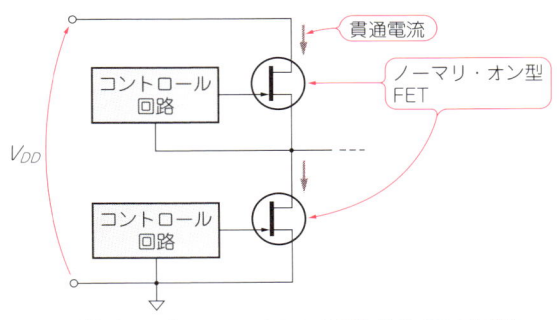

V_{DD}が加わるまえに，コントロール回路がバイアスを発生していないとパワー・トランジスタが壊れる

図1　通常のSEPP型スイッチング回路

また，スイッチング時間の値は未定であり，規格全体が暫定なので，製品設計に使うには時間がかかるかと思われます．

このJFETのシリーズには，さらに電流の大きなもの（SJDP120R045；48 A，45 mΩ，208 W）があるようです．ただし，これも暫定規格です．

ノーマリ・オン型FETの応用

さて，使いにくい面もあるノーマリ・オン型FETではありますが，ノーマリ・オン型ならではの回路もあります．たとえば，完全にOFFになってはいけない，またはどこかにつながっていなければいけない回路です．非常用電源の切り替えなどがその一例です．

これをノーマリ・オフ型の素子で設計するのはほぼ不可能で，通常はマグネット・リレーを使います．しかし，ノーマリ・オン型FETを使うと，MOSFETと組み合わせて**図2**のような切り替え回路を実現できます．

この図中のNC，NOはNormaly ClosedとNormaly Openedの意味で，一般にリレーに使用されている表現です．

これを半導体で作るメリットは，可動接点がないので経時変化が少なく，信頼性が高いのはもちろんですが，直流の1000 V，20 Aなども問題なく扱えるので応用範囲が広いことです．

ちなみに，直流専用ならFETはおのおの1個ずつしか必要なく，回路はさらにシンプルになります．

表3 SJDP120R085の特性（暫定仕様）

OFF特性	条件		min	typ	max
阻止電圧	$V_{GS} = -15$ V, $I_D = 600\,\mu$A		1200 V		
ドレイン電流	$V_{GS} = -15$ V, $V_{DS} = 1200$ V	$T_J = 25$℃		$10\,\mu$A	
		$T_J = 150$℃		$100\,\mu$A	
ゲート電流	$V_{GS} = -15$ V, $V_{DS} = 0$ V			-0.1 mA	-0.3 mA
	$V_{GS} = -15$ V, $V_{DS} = 1200$ V			-0.1 mA	
ON特性					
オン抵抗	$I_D = 17$ A, $V_{GS} = +2$ V				
	$T_J = 25$℃			$0.075\,\Omega$	$0.085\,\Omega$
	$T_J = 100$℃				$0.11\,\Omega$
ゲート・スレッショルド電圧	$V_{DS} = 1$ V, $I_D = 30$ mA			-5 V	
ゲート順電流	$V_{GS} = +2$ V			$40\,\mu$A	
静電容量					
入力容量				255 pF	
出力容量	$V_{DS} = 100$ V, $V_{GS} = -15$ V, $f = 100$ kHz			80 pF	
帰還容量				80 pF	
実効出力容量	$V_{DS} = 0 \sim 600$ V, $V_{GS} = -15$ V			50 pF	
スイッチング特性					
t_{on}，t_{off}など				未定	

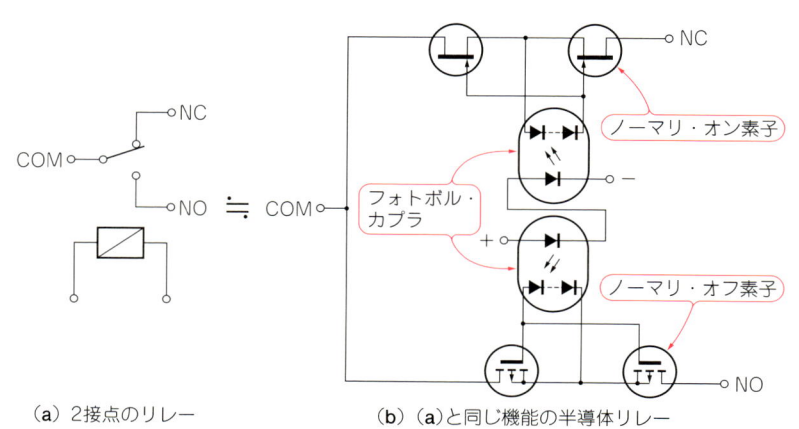

(a) 2接点のリレー　　(b) (a)と同じ機能の半導体リレー

図2 ノーマリ・オンFETの応用例

● 定電流回路

JFETを使用した定電流回路は，数十V，数mA程度のものは以前から使われていました．

しかし，ハイ・パワーJFETでは電圧，電流とも大幅に拡大できます．図3はその例です．

図3(a)はFET自体の特性を利用しているので，電圧変化に対する安定度は高くありません．また，電流値も個体差が出ます．簡単なのがメリットです．ただし，損失電力は越えないように(放熱を含めて)注意する必要があります．

図3(b)は基準電圧を内蔵したOPアンプLM10を使用して精度を上げた回路です．この回路では電圧変化の影響は無視できます．周波数補償などは，場合によっては必要になります．

● 電圧レギュレータ

ノーマリ・オン型FETでは，図4のように，基準電圧を動作させる電力をV_{in}から取る必要がありません．したがって，非常に広範囲のV_{in}に対して，ほぼ同じ動作となり，変化の激しい自然エネルギー電源にも使いやすいことになります．

図4(a)はFET自体とZDの特性をそのまま利用しているので，定電流回路と同様，変動やバラツキは生じますが，そのぶん少ない部品で構成できます．出力電圧はV_Zで決まりますが，1000Vのツェナーはないので，高電圧用には直列にするなどの工夫が必要になります．

図4(b)は基準電圧を内蔵したOPアンプLM10を使って単一の抵抗Rに比例する電圧を出力するもので，8.5V以上の何ボルトにでも設定可能です．ただし，電

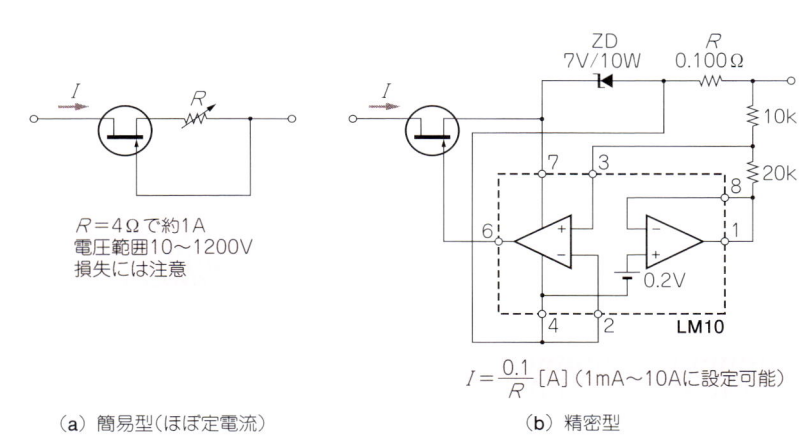

$R=4\Omega$で約1A
電圧範囲10～1200V
損失には注意

$I = \dfrac{0.1}{R}$ [A]（1mA～10Aに設定可能）

（a）簡易型（ほぼ定電流）　　　　（b）精密型

図3　定電流回路

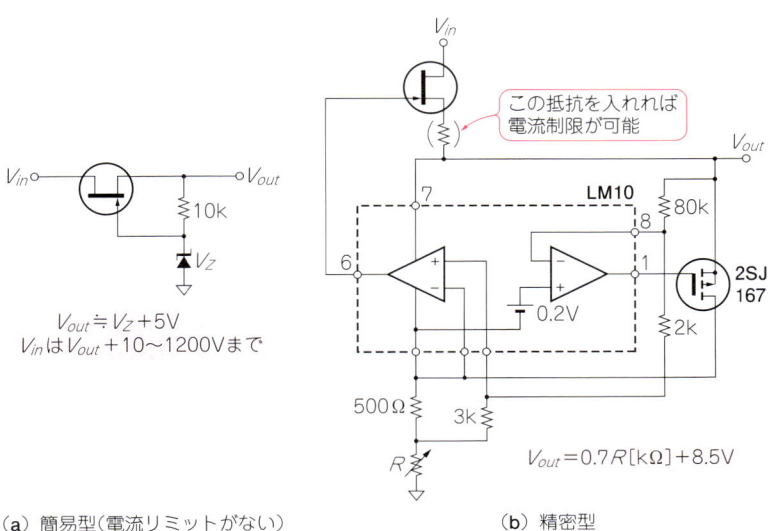

$V_{out} \fallingdotseq V_Z + 5V$
V_{in}は$V_{out}+10$～1200Vまで

この抵抗を入れれば電流制限が可能

$V_{out}=0.7R$[kΩ]$+8.5$V

（a）簡易型（電流リミットがない）　　　　（b）精密型

図4　電圧レギュレータ

ノーマリ・オン型FETの応用

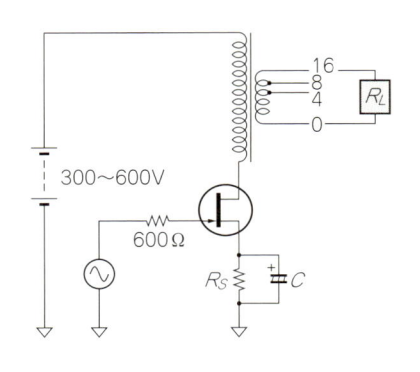

(a) そのままのソース接地
A級シングル

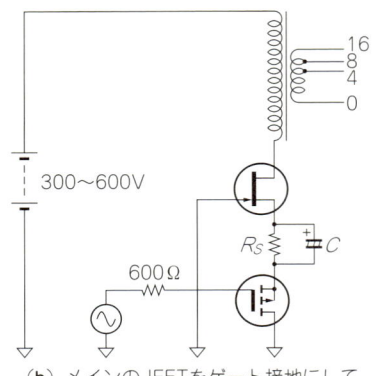

(b) メインのJFETをゲート接地にして
ソース・フォロワを追加

図5 高耐圧を活かすアンプ回路

流制限機能がありませんから，負荷のショートには耐えません．

電流制限の抵抗を入れた場合は，負荷に対する安定度が下がります．また，この回路では制限電流値を正確にコントロールすることはできません．

LM10と，その応用例は参考文献(2)にも出ています．

● オーディオ・アンプへの応用

最もシンプルなオーディオ・パワー・アンプは，A級シングルで出力トランスを使用します．これを低電圧/大電流な回路として設計すると，使用可能なトランスが作られていません．ところが，高電圧/小電流のものは作られています．それは真空管用のものです．

そこで，SiC JFETの高耐圧を活かして，既存の真空管用トランスを使用する回路を試してみました．図5(a)が代表的なA級アンプの回路です．

この回路では，ドレイン電流は，ソース抵抗R_Sにかかる電圧で決まってきます．目標電流に合わせるには，R_Sを個々に調整する必要があります．信号源の600Ωは，オーディオ機器の出力インピーダンスを想定しています．

この回路を実際に作ってみたところ，基本的には動作しますが，周波数特性が得られませんでした．高音がバッサリと落ちてしまうのです．

実は，このことは最初から予想していたのですが，予想よりかなり悪く，300 Hz付近に最大値があり，1 kHzはもう下がってしまう（まだ高音ではないのに）のです．

表3のデータによれば，C_{in}は255 pFであり，600Ωでの−3 dB周波数は1.04 MHzと十分に高いはずですが，問題はC_{rs}です．その値は80 pFということですが，ゲートから見た実効容量はゲイン倍されます（ミラー効果）．

ゲインは，フル・パワーが出せるとすれば，V_{DD} = 400 Vとするとゲート入力1 Vから400倍必要になり，

C_{rs}の80 pFが400倍されて32000 pFになってしまいます．これで−3 dB周波数は8.3 kHzと激減することになります．

実際のゲインはもっと高く，周波数特性が落ちてしまったのです．ちょっと考えただけでは，C_{rs} = 80 pFと600Ωではオーディオ周波数には影響ないと思いがちですが，出力側のインピーダンスが大きく影響してくるのです．

以上のように，超シンプルなアンプは失敗ですが，図5(b)のようにPチャネルのMOSFETを1個追加すればC_{rs}は入力側に影響しなくなり，周波数特性は一挙に改善されます．

このアンプはゲインが非常に高く，オーディオ機器の基準出力値（0 dBU）で十分におつりがきます．しかし，素子自体がスイッチング用なので，歪みも大きいのです．そこで，NFをかけて必要なゲインに下げ，歪みを減らしたのが図6です．

この回路では，1 kHzに対して20 Hz〜20 kHzまで−1 dBに入ります．ただし，0.5 W程度の出力の場合です．最大出力は1 kHzでは10 W出ますが，低音は下がります．これはトランスのコアの飽和によるもので，トランスを大きく（重く，高価に）しないと解決しません．

トランスを使用するMOSFET 一段のアンプは，参考文献(3)でも解説しています．

● トランスを使用しないアンプ

なんとかトランスを使わないアンプは作れないものか，と長年検討しているのですが，妙案は浮かびません．例えば，図7のような抵抗負荷型のトランスレス・アンプを考えた場合，正弦波出力での理論効率は8.33%しかありません．

これは，10 W出力のためには120 Wの電力を消費することになり，何度も考えましたが，作ったことはありません．あまりにも効率が悪く，発熱が多すぎま

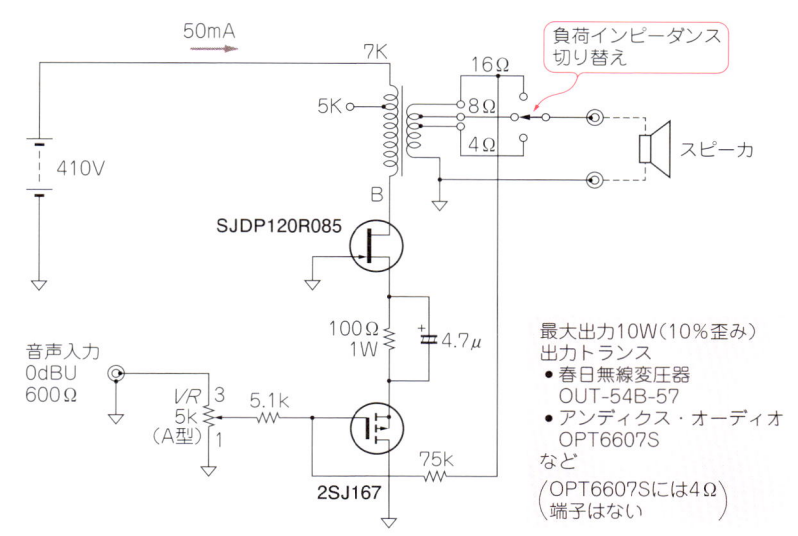

図6 NFBをかけた2石アンプ

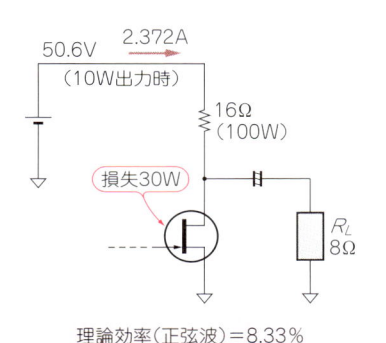

図7 抵抗負荷のトランスレス・アンプ

図8 定電流負荷のトランスレス・アンプ

す．しかし，1石のみではこういう回路しか可能性がありません．

● アクティブ負荷によるトランスレス・アンプ

抵抗負荷では，出力の大半をこの抵抗に消費されてしまうので，せめて出力が消費されない定電流負荷ではどうなるでしょうか．この定電流は，JFETでは図3のように抵抗1本でできますから，回路として難しくはなりません．

この考えかたで図8のアンプができます．これで，理論効率は25％まで上がりますが，定電流のための抵抗R_1と，バイアス抵抗R_2で損失が増え，実際の効率は下がります．

この回路の周波数特性は，高音はFETのC_{in}とC_{rs}で決まり，低音は結合コンデンサC_1とバイパス・コンデンサC_2で決まります．トランスよりも簡単に特性改善ができます．ただし，パワーFETが2個必要です．

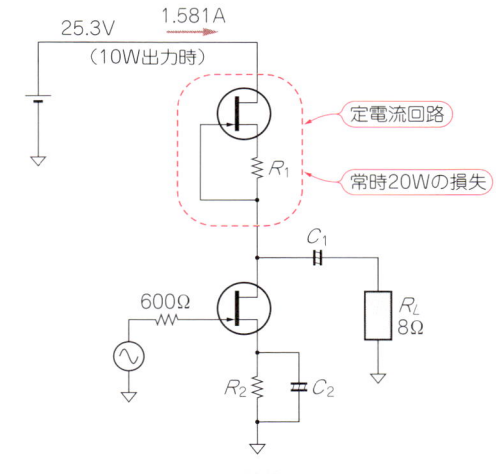

● 負性抵抗負荷によるトランスレス・アンプ

抵抗負荷を定電流にしたら効率が上がりました．定電流は抵抗値としては無限大と考えられるので，この抵抗を無限大より大きくしたら，効率はさらに上がるでしょうか．そのまえに無限大より大きい抵抗って，存在するのでしょうか．

定電流は，電圧変化が電流に影響しないものでした．無限大より大きな抵抗は，電圧が上がったら電流が減る，と考えられます．これは負性抵抗です．

これを実現したのが図9です．この回路では，U_1は通常のアンプとして，U_2が負性抵抗として動作します．U_1のドレイン電流が増えると，R_Sに電圧降下を発生してU_2のゲート電位を下げ，U_2のドレイン電流

ノーマリ・オン型FETの応用　61

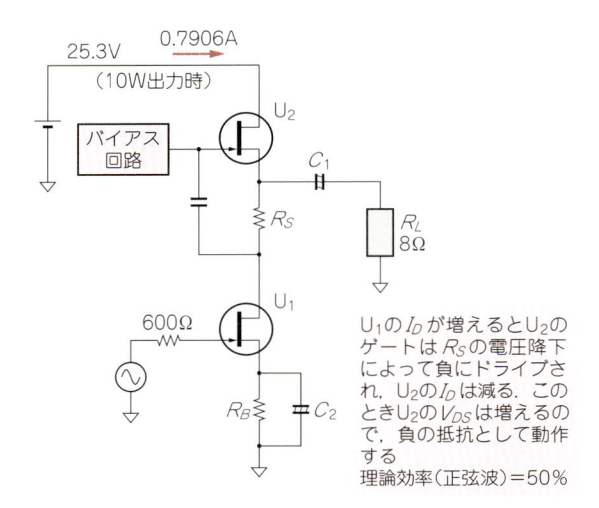

図9 負性抵抗回路を負荷にしたトランスレス・アンプ

が減少します．このとき，U₁のドレイン電位は下がり，U₂のV_{DS}は上がります．

　負荷がない（オープン）ときは，U₁の電流が変化しないので，U₂の電流も変化せず，定電流として動作します．つまり，U₂の負性抵抗値は負荷によって自動的に変化するのです．

　結果として，U₁とU₂がプッシュプル動作になります．位相反転やドライブ回路がないのにプッシュプルが成立するのです．

　この回路の理論効率は50％になり，トランス方式のA級アンプと同じになります．ドライブ回路がないので，プッシュプル動作は対称にならず，シングル・アンプのような歪みかたになると予想されます．

実用アンプを構成する

　実際のアンプでは，直接に信号源（CD/DVDプレーヤ）の出力につなぐためにはボリュームが必要で，図9のバイアス回路も具体化しなければなりません．また，素子自体の歪みが大きいので，できればNFをかけたいところです．

　そのまえに，出力を8Ωに10Wと仮定しておきます．これは，電圧では8.944 V_{RMS}であり，ピーク電圧は

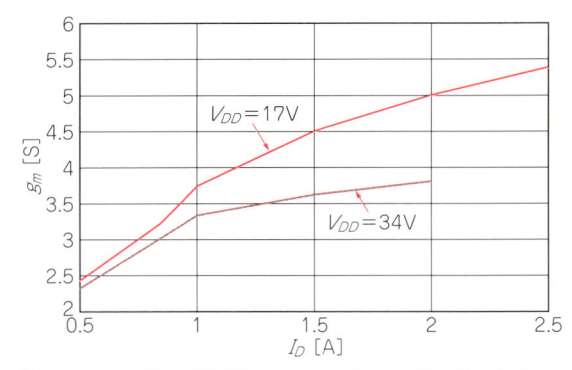

図10 SiC JFETの伝達コンダクタンスの電流依存特性

12.65 V_{peak}，ピーク電流は1.581 A_{peak}となります．

　回路の動作はプッシュプルなので，必要な直流電流は1.581÷2＝0.791 Aですが，リニアリティの限界があるので0.85 A程度と考えます．また，必要な電源電圧は12.65×2＝25.3 Vが理論値ですが，バイアス抵抗などのロスがあるので30 V程度を想定しておきます．

　まず，バイアス抵抗を決める必要があります．無信号時のV_{DS}は15 V程度になるので，この電圧をかけておいて，I_D＝0.85 Aになる抵抗値を探すと，入手サンプル4個のうち2個がほぼ4.7 Ωでした．他の2個は5 Ω以上が必要なので，この2個を下側に使用することにします．

　次にゲインを測定します．データシートには伝達コンダクタンス（g_m）のデータがないので，実測しました．その結果，図10のように電圧，電流ともg_mの値に大きく影響し，リニアリティが悪いことが明確になりました．

　g_mの値は，無信号の条件付近では3.2 Sであり，負荷抵抗8Ωに対して，25.6倍の電圧ゲインが期待できることになります．

● ゲインの考えかた

　ところで，電圧ゲイン25.6倍というのは，足りるのでしょうか．これは，信号源の出力電圧を基準に計算する必要があります．

　アナログ時代には，必ずしも統一されてはいなかったプレーヤ出力が，ディジタル化されてデータとして

コラム　理論効率

　リニア・アンプの理論効率は，アクティブ素子のオン電圧＝0 V，オフ電流＝0 Aで，アクティブ領域（ONではないが電流が流れている）ではゲート電圧とドレイン電流が完全に比例している場合の，正弦波出力を供給電力で割ったものです．

　現実の素子では，オン電圧＝0 Vではなく，完全に比例している部分もないので，実際の効率は理論効率より低くなります．

の最大/最小が明確になったので，電圧としても統一されつつあります．

特にビデオ機器では電圧が規定されているので，DVD兼用のプレーヤではほぼ統一されています．そのレベルは，最大の正弦波出力が600Ω負荷に1.0 V_{RMS}，開放では2.0 V_{RMS}となっています．このレベルが0 dBUと規定されています．

ただし，すべてのプログラムが最大レベルで録音されているとは限りません．したがって，アンプのゲインは，0 dBUの信号で最大出力が得られればよい，というわけではありません．

特に，クラシックの曲では大半がピアニッシモであったりし，-12 dBU程度でもかなりの出力が得られないと不満が残ります．

ここでは，-6 dBUで10 W出力を目標にゲインを設定します．これは，600Ω負荷に0.5 V_{RMS}の電圧が入力されます．出力は8.944 V_{RMS}ですから，電圧ゲインは17.89倍必要になり，25.6倍は少し余裕があることになりました．

このゲインの比率，約1.43がNFにまわせるということです．これを踏まえて，図11の回路でテストしてみました．音量調整のVR_1は5 kΩにしていたのですが，高域が下がってしまうので1 kΩに変えました．

また，VR_1のスライダに入力をつないでいるのは，ゲインを下げたときにNFが増えるようにするためです．

負性抵抗を決めるR_Sの値は，当初$1/g_m$と考えて0.3Ωとしていたのですが，実験の結果1.2Ωが最適でした．動作電流を決めるR_Bは前項の4.7Ωのままです．

Cの値は20 Hzを出せるように決めますが，C_2の時定数はR_Bではなく$1/g_m$との積になり，15000 μFでも35 Hzなので，最低限の値です．

C_1は4Ω負荷でも5.85 Hz，C_3は0.72 Hzで同じ周波数に重ならないようにしています．

このテスト中に，高周波の発振が起きました．図中のFBは発振対策として入れたものです．

VR_2は，交流出力が正負対称になるように調整します．理想的には，最大出力で歪み率が最小になるようにします．

● ステレオ・アンプの回路設計

図11の回路には，大きな欠点があります．それは，電源ON/OFF時に大きなパルスが出力されることです．JFETでは，電源OFF時に電流を止めるのが難しいのです．

これを複数の電源(負電源)などを使用して収めることも可能ですが，ここでは市販のアンプも採用しているリレー回路で切り離す方式にしました．

R_{NF}の値は，500 mV入力で10 W出力できるためには27 kΩが必要でした．この値を下げればゲインは下がり，歪みは減少します．

家庭用としては，常時最大10 Wは不要なので，ゲインを1/2と1/4に切り替えるスイッチを付けます．

そして，ステレオにするため2 chの回路にし，音量ボリュームとゲイン・スイッチは左右連動にします．

電源はトランスとブリッジ整流に平滑コンデンサを付けた普通の回路です．さらに，放熱器を冷却するファンの電源を加えてできあがったのが図12，図13です．

写真2に製作した本器の外観と内部を，写真3に基板の外観を示します．また，写真4に基板と放熱器の取り付け状態を示します．

● リレー・ドライブ回路

ここにはFETなどは付けたくなかったのですが，リレーのみで時間遅れをつくるのは大変なので，MOSFETのゲートにCRを入れて電源ON後，約5秒で働くようにしています．

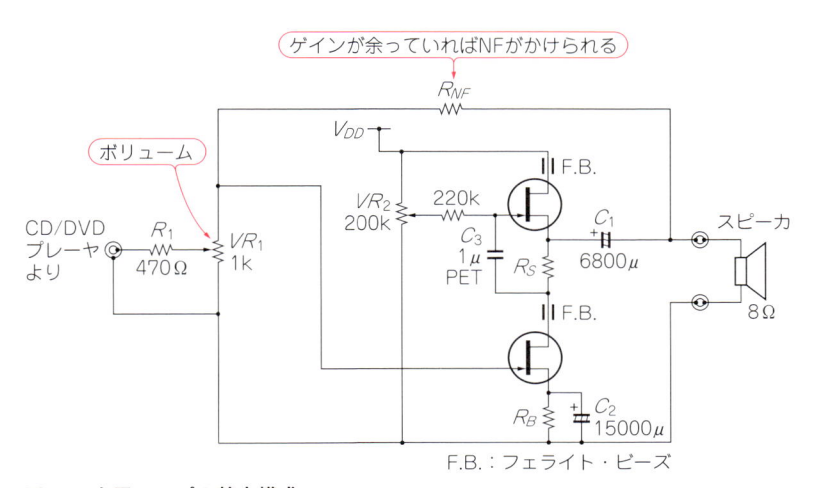

図11 実用アンプの基本構成

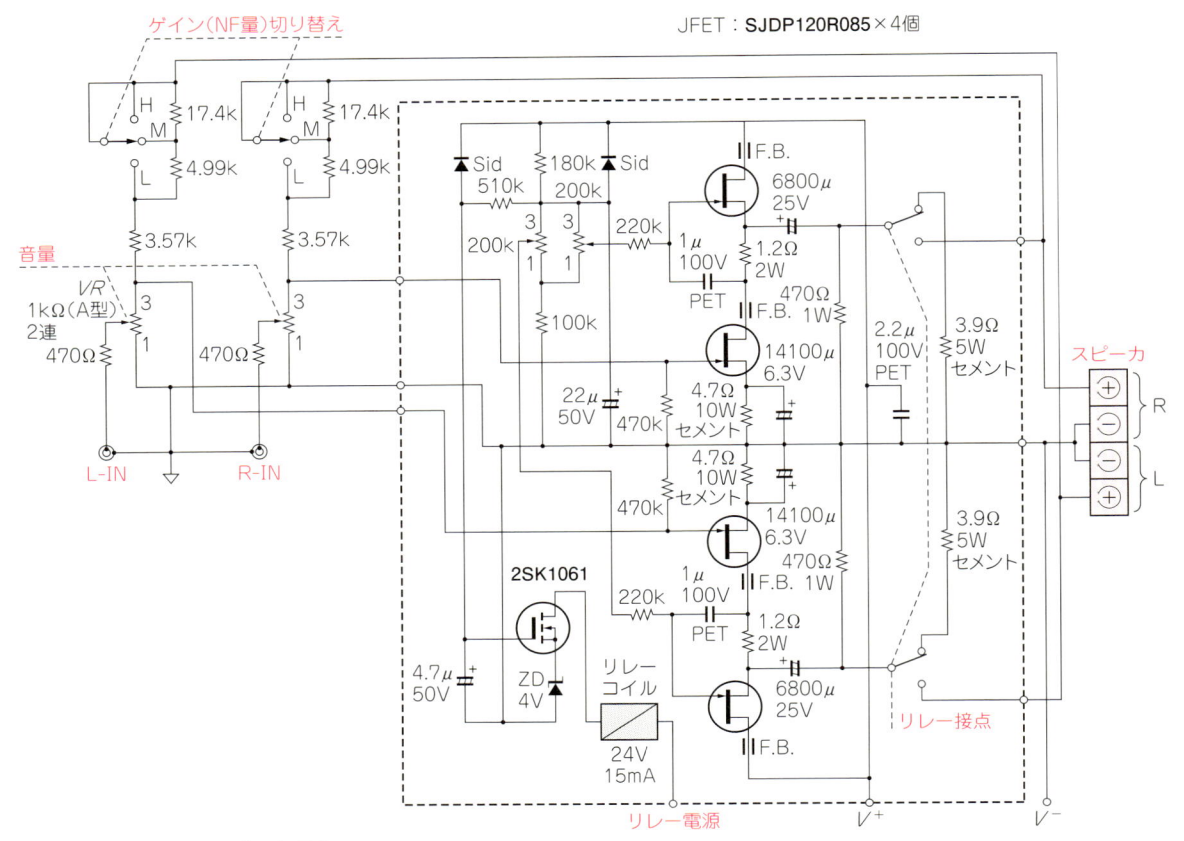

図12 SiC JFETアンプの本回路

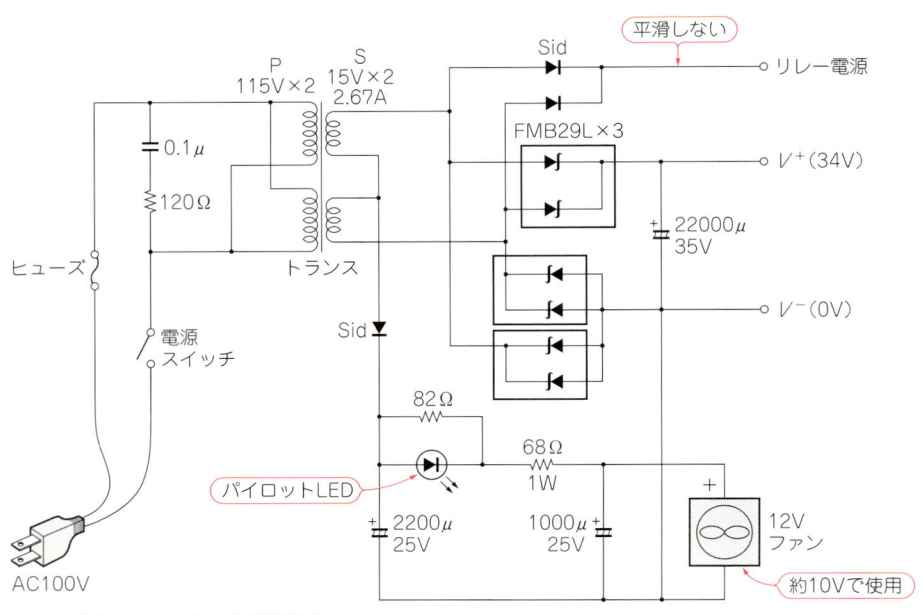

図13 SiC JFETアンプの電源部

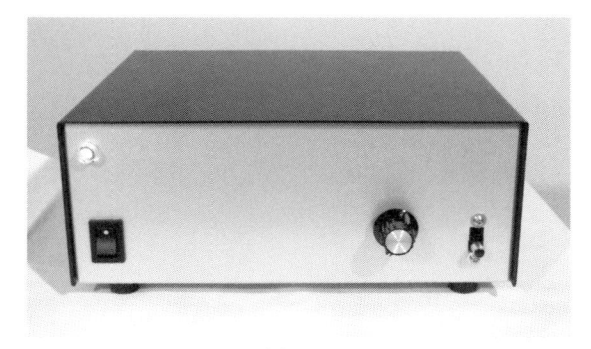

(a) 正面

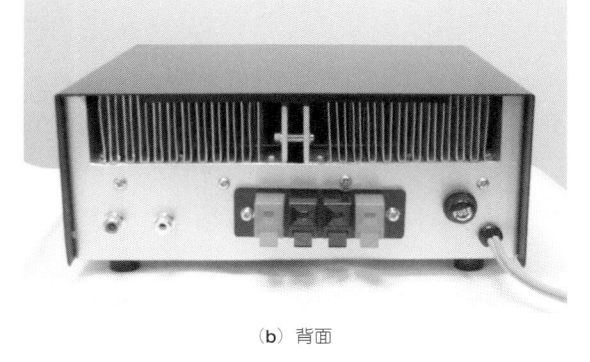

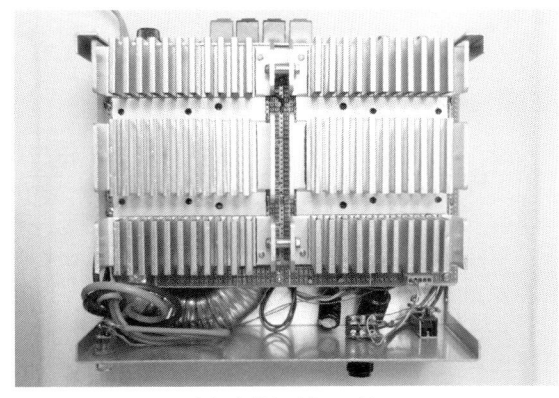

(b) 背面

(c) 内部（ラジエータ）

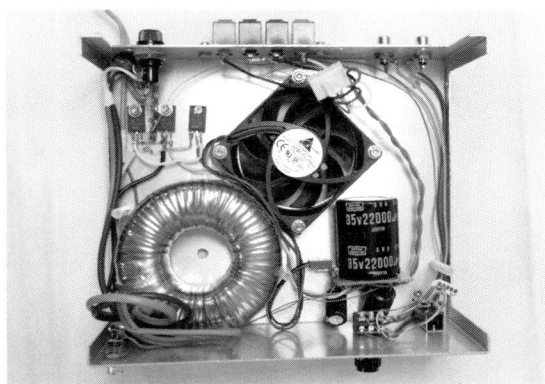

(d) 内部（電源およびファン）

写真2 製作したSiC JFETによるオーディオ・パワー・アンプの外観

(a) 上面

(b) SiC JFETは基板の下のラジエータに付いている

写真3 基板の外観

　リレーの「切り」では，アンプの出力を3.9Ωで落として，結合コンデンサの充電電流を逃がします．
　問題は電源を切るときです．JFETがON状態になるので，平滑コンデンサの電圧は急速に低下します．リレーはそのまえに切らないと，スピーカにポップ音が出てしまいます．
　この動作を速くするために，リレーの電源はメインの電源とは別に整流して，平滑コンデンサを入れていません．すなわち，リレーのOFF動作は，ドライブFETが関与せず，瞬時に切れることになります．
　ファンの電源に，トランスのセンタ・タップから直列に入っているダイオードは，その後の平滑コンデンサからトランスを通してリレー電源に回り込むのを防止するものです．

実用アンプを構成する　65

(a) 基板の背面

(b) 基板の側面

写真4 基板と放熱器(ケースには上下逆に取り付ける)

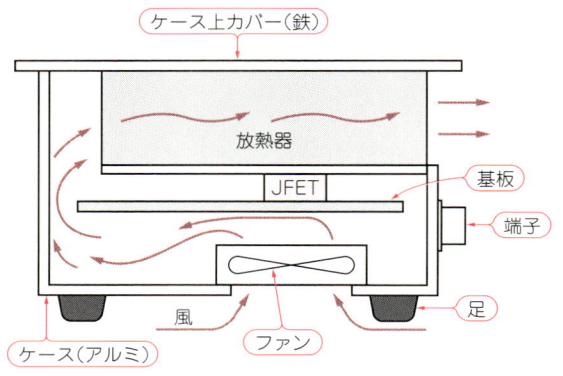

図14 ケース内の構造と空気の流れ

表4 入力0dBUでの8Ω負荷に対する出力電力と歪み率

ゲインSW	L		M		H	
ボリューム位置	1/2	Max	1/2	Max	1/2	Max
出力[W]	0.884	3.645	3.631	11.76	11.45	18.65
歪み率[%]	0.48	1.22	1.6	7.22	8.4	23.1

結果として，リレー自体にメカ的な遅れがあるにもかかわらず，ポップ音はまったく出なくなりました．

● ゲイン切り替え

ゲインは3段階の切り替えで，1/2と1/4ですが，OPアンプのような高いゲインはないので，抵抗値はゲインに比例しません．また，実際の抵抗値はE96のなかから近いものを選んでいるので，厳密には合っていません．

ゲイン切り替えだけでなく，ボリュームの位置によってもNFの量が変化します．したがって，歪みも周波数特性も多様に変化します．

● 電源回路

電源トランスはRSコンポーネンツの15V×2，80VAのものですが，入力が115Vなので，100Vでの出力は低めになります．

ここでは，実負荷として1.7Aが流れたときに，約34Vになったので，そのまま使用することにしました．

ファンは12V用なので，34Vでは高すぎ，トランスのセンタ・タップから17Vを取り出して，さらに抵抗で10Vまで下げています．12Vより下げたのは騒音を減らすためです．

最初は5V程度まで下げて「ほんのそよ風」で回していたのですが，温度が上がりすぎるので，10Vまで上げました．

このアンプの電源は，ノート・パソコン用のACアダプタを2個直列にしても作れます．その場合でも，負荷電流の変動が大きいので，平滑コンデンサは必要です．ただし，大容量のコンデンサをつなぐと過電流保護が動作して立ち上がらない電源もあります．

いずれにしても，メーカが想定していない使用法なので，全面的に自己責任となります．うまく動作すれば，保護回路が付いているので，トランス電源より安全ではあります．

● ケースと放熱

本機はA級動作なので，常時発熱します．この熱を放熱器のみで冷却するためには，放熱器を大きくするだけではなく，垂直に気流が通るようにしなければなりません．そうすると，どうしても縦長の，あまりかっこよくない容貌にならざるをえません．

そこで，ファンで通風する前提で，図14のように放熱器を水平にして高さ80mmのケースに収めました．放熱器自体もかなり大きめになっているので，ファンが止まっても瞬時に壊れることはありませんが，ケースを閉めた状態では自然対流が妨げられているので，ファンの故障には要注意です．

● 調整

あらかじめ，図11のR_Sの値を，個々のFETに合わせて決めておかなければなりません．これは，4.7Ω10Wなどという可変抵抗(存在はするが)を組み込むのは大変だからです．

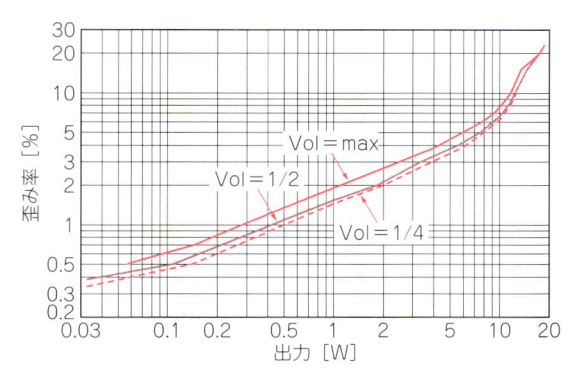

図15 アンプ出力と歪み率（ゲイン：H）

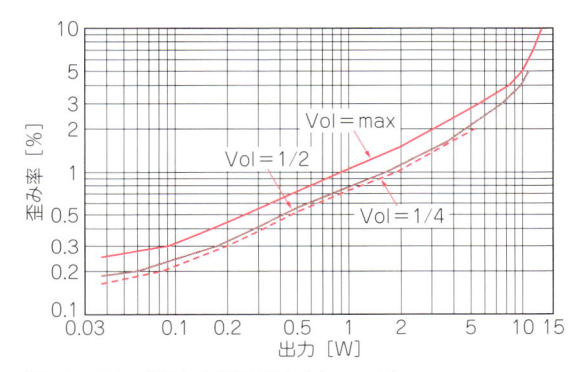

図16 アンプ出力と歪み率（ゲイン：M）

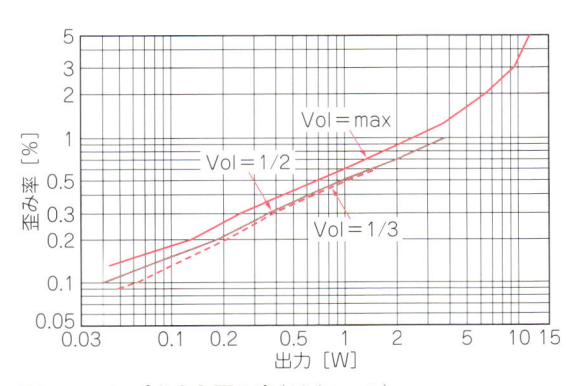

図17 アンプ出力と歪み率（ゲイン：L）

表5 出力インピーダンスZ_{out}と8Ω負荷に対するダンピング・ファクタDF

ゲインSW	L		M		H	
ボリューム位置	1/4	Max	1/4	Max	1/4	Max
Z_{out}[Ω]	0.289	0.48	0.552	0.931	1.229	1.829
DF	27.68	16.66	14.49	8.593	6.509	4.374

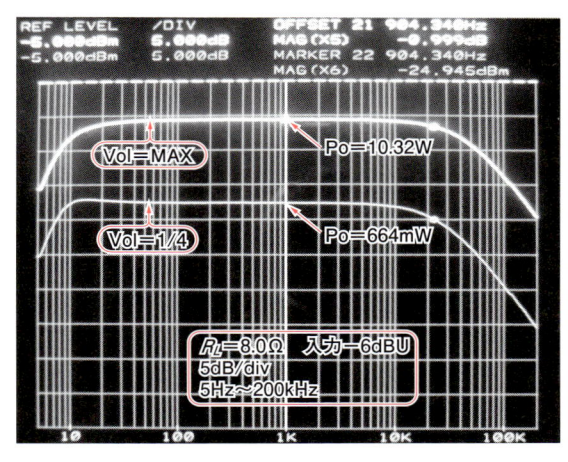

写真5 ゲイン：Hでの周波数特性

対1k偏差	±2	±1	0	±1	±2	dB
Vol=MAX	11.07	15.74	1.0k	22.9k	34.16k	Hz
Vol=1/4	7.8	8.49	1.0k	14.14k	21.23k	Hz

この抵抗にかかる電圧はすべて損失になりますから，選べるとすれば，R_Sの値が小さくてすむFETを選別したいところです．ただし，左右の差が大きくなりすぎるのも問題ではあります．

組み立て後は，上側FETのバイアス電圧を調整して，最大出力付近での歪み率が最小になるようにします．歪み率計がなければ，オシロスコープで波形の上下が対称になるようにします．

ゲイン切り替えはなくてもよく，2段階でも1/3でもかまいません．要は，測定器のような正確さは必要

ないということです．ただし，左右の差は好ましくありませんが，誤差1%の抵抗で問題ありません．

ゲイン設定によって特性は微妙に変化します．あとは好みの範疇ということです．

SiC JFETステレオ・アンプの特性

まず，ゲインと歪みの関係です．3段階のゲイン切り替えとボリュームの設定で，0dBUの信号から得られる出力と歪み率は**表4**のようになりました．また，各設定における出力と歪みの関係は**図15〜図17**のようになっています．

このアンプはパワー素子1段のみの簡単な構成ですが，ゲインLでは2.5W出力が1%歪みに抑えられています．また，プリアンプを通して6dBUを入力すれば，12W出力が5%の歪みで得られます．

−6dBUからでも約10Wが8%程度です．ゲインHでの最大出力は18.65Wですが，これは完全に飽和している状態です．

8Ω負荷に対するダンピング・ファクタは**表5**のようになりました．1段アンプとしてはゲインが高く，NFが効いていて，ダンピング・ファクタも高すぎる

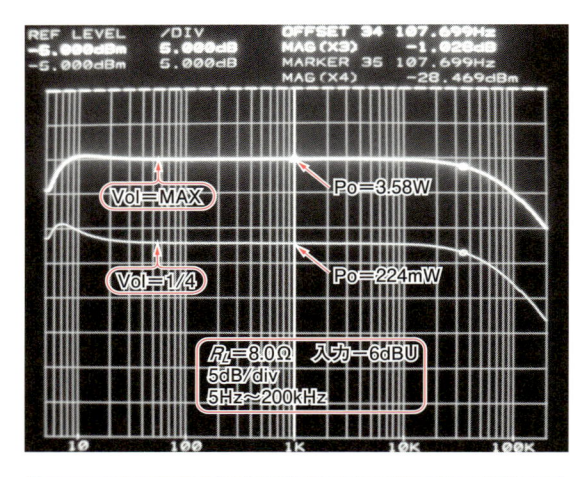

写真6 ゲイン：Mでの周波数特性

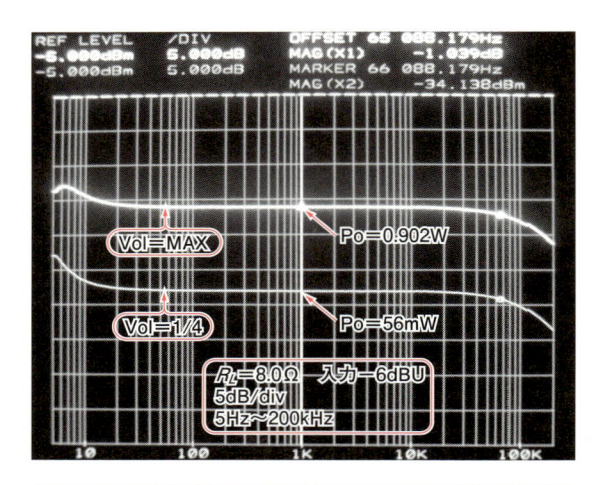

写真7 ゲイン：Lでの周波数特性

対1k偏差	±2	±1	0	±1	±2	dB
Vol=MAX	6.1	6.71	1.0k	35.1k	53.2k	Hz
Vol=1/4	10.04	14.4	1.0k	31.3k	47.0k	Hz

対1k偏差	±2	±1	0	±1	±2	dB
Vol=MAX	9.52	13.76	1.0k	64.5k	98.6k	Hz
Vol=1/4	8.49	12.41	1.0k	62.7k	95.8k	Hz

表6 ノイズ出力電圧（8Ω負荷）

ゲインSW	L		M		H	
ボリューム位置	0	Max	0	Max	0	Max
ノイズ電圧[mV]	1.29	2.47	2.27	4.21	4.94	7.33

ような値です．でもこの値を（他の特性を悪化させずに）下げるのは簡単ではありません．

周波数特性は**写真5**〜**写真7**のようになっています．ゲインHでも，20 Hz〜20 kHzまで±2 dBには十分に入っています．ゲインMとLでは低音側で盛り上がっていますが，通常のソースではまったく問題ありません．対策は可能ですが，実害がないのでそのままになっています．

本機の電源回路には，リプル・フィルタがありません．整流後，平滑コンデンサが1個のみなので，リプルが残っています．これが，FETのドレイン抵抗を通して，出力端子に出てきます．

ドレイン抵抗はMOSFETより低いようで，特にゲインHでは大きなノイズ（ハム）が出ています（**表6**）．

● 残る問題

ノーマリ・オンのJFETは過電流保護が難しく，このアンプも保護回路がありません．FETの限界で使っているわけではないので，瞬時のショートで壊れることはありませんが，長時間ショート状態で，大きな信号が続けば壊れます．

通常のバイポーラやMOSの素子なら**図18**（a），（b）のようにトランジスタ1個で保護できるのですが，

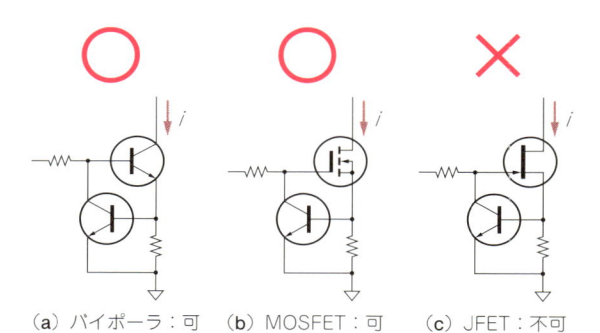

（a）バイポーラ：可　（b）MOSFET：可　（c）JFET：不可

図18 ソース／エミッタ電流検出による電流制限

JFETでは**図18**（c）のようにしても保護できません（この回路は実際には動作そのものができない）．

それでは，この回路をMOSFETで作れるかと検討してみましたが，可能性があるのは高周波用のもののみで［参考文献(3)参照］，一般の安価なFET（スイッチング用）ではC_{in}，C_{rs}が大きく，簡単には作れないようです．将来的には，SiCのリニア用ハイ・パワー・デバイスも可能性があるかもしれません．

◆ 参考文献 ◆

(1) Normally-On Trench Silicon Carbide Power JFET SJDP 120R085データシート，Rev 1.4，SemiSouth Laboratories, Inc.
(2) 中野正次：アナログ回路のグレードアップ技法，pp.119〜126，pp.139〜145，1989年8月1日，初版，CQ出版社．
(3) 中野正次：一石オーディオ・アンプに挑戦，①JFET 1個でスピーカを鳴らす，トランジスタ技術2011年12月号，pp.226〜233，②10W×2の大出力型と60mW×2の簡易型，トランジスタ技術2012年1月号，pp.212〜219，CQ出版社．

デバイス

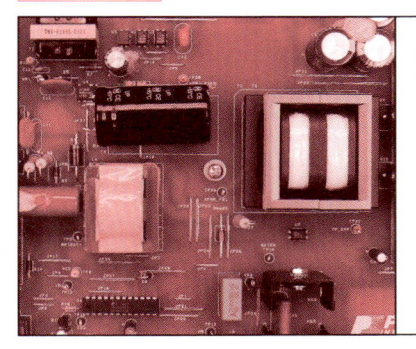

高効率で低ノイズな電源回路を実現できる
PFC機能を備えたLLCコントローラIC PLC810PG

森田 浩一
Morita Kouichi

スイッチング電源の方式に，LLC回路という共振電源回路があります[1][2]．または，SMZ回路(Soft-switched Multi-resonant Zero-current-switch)と呼ばれることもあります．回路は図1のようになっていますが，メイン回路の部品点数が少なく，これだけの部品でどうして出力電圧が可変できるのか不思議なくらい少ない部品で構成されています．そして，効率もかなり高く，発生ノイズも少なく，良いことずくめです．

図2は，このLLC回路の動作の等価回路です．実はこの回路図にはないのですが，トランスの漏洩インダクタンス(L_S)とトランスの励磁インダクタンス(L_P)を共振要素として使っています．LLCという名称も，共振に必要な漏洩インダクタンス(L_S)と励磁インダクタンス(L_P)と共振コンデンサ(C_R)の構成，すなわちL-L-Cからきています．

最近のテレビは大型になってきて消費電力も大きくなり，かつ力率改善回路も必要になってきています．大型のテレビには力率改善回路が必要でかつ，電波を扱っている電子機器なので，特に低ノイズが必要です．そのため，昇圧型力率改善回路とこのLLC回路とを組み合わせて使うことが多くなってきました．

理由は，この組み合わせで使うとテレビ用の電源としてLLC回路の良いところだけを使うことができるからです．低ノイズ，高効率，クロス・レギュレーションも含めて最適な回路方式になっています．PWM制御に比べるとLLC回路は入力の許容幅が狭いという欠点を，この組み合わせでは十分に補うことができるからです．このため，数多くの半導体メーカでこのLLC回路用のICを作っています．

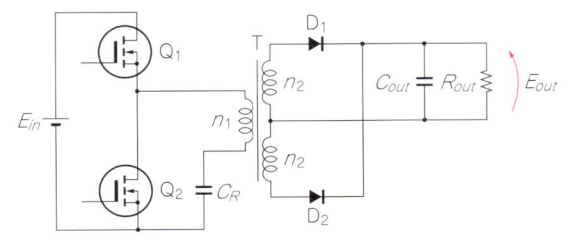

図1 LLC(SMZ)回路

図2 LLC回路の等価回路

LLC制御IC PLC810PG

パワー・インテグレーションズ社のLLC制御ICに，PLC810PG[4]という製品があります．このコントローラICは，LLCのコントローラと，その前段に使う昇圧型の力率改善回路(Power Factor Control；PFC)のコントローラとを一つのパッケージに収めたコントローラICです．

前段に昇圧型のPFCを付けると，LLC回路は入力変動が小さいほどメリットが出て，トランスの励磁インダクタンスを大きく(励磁電流を小さく)でき，漏洩インダクタンスを小さくして使うことができ，効率も良くなります．「共振外れ」と呼ばれる共振条件から外れることも少なくなり，LLCのメリットを大きく生かして使うことができます．

近年，テレビを中心に高調波規制が規格化[3]され，消費電力が75 W以上のテレビにはPFCを付けなくてはならなくなりました．このPFC回路に昇圧型PFC回路を使うと，ワールド・ワイド入力(AC 85 V～264 V)の入力変動ぶんをPFC回路で吸収して昇圧したあと，DC 380 V程度のほぼ安定化した直流にして，その安定化した電圧をLLC回路の入力電圧にするこ

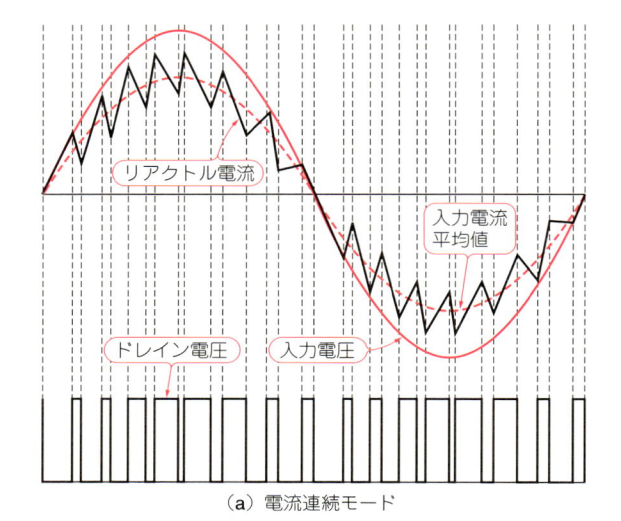

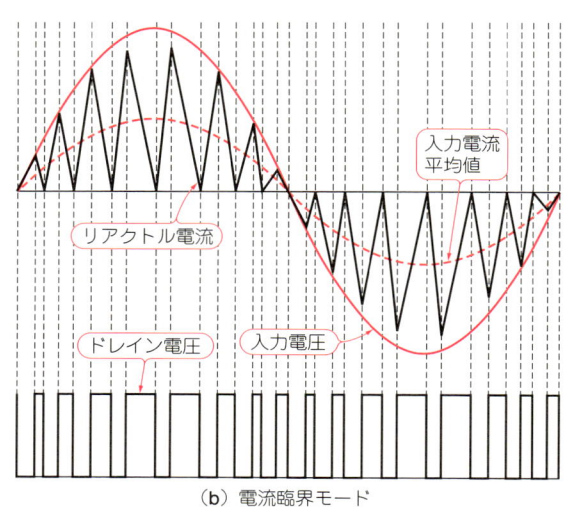

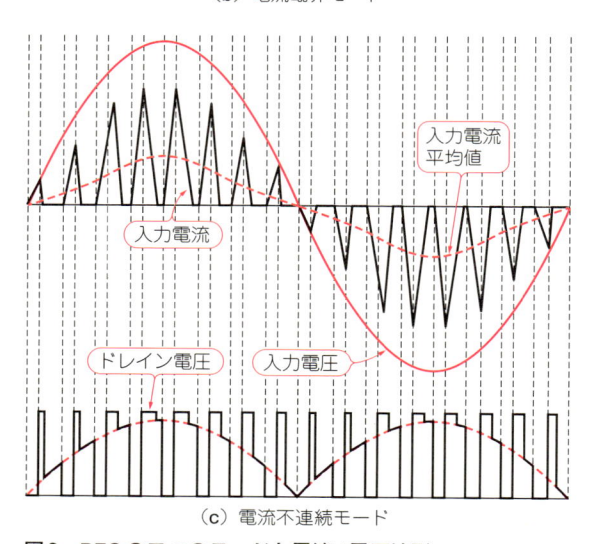

図3 PFCの三つのモードと電流/電圧波形

(a) 電流連続モード
(b) 電流臨界モード
(c) 電流不連続モード

とができます．この組み合わせで昇圧型PFCとLLC回路の低ノイズ高効率の特徴を双方とも生かすことができ，全体として優れたスイッチング電源を構成することができます．

このように両者の特徴を生かすことができるPFC＋LLCの組み合わせの電源回路は，各社のテレビ受像機など比較的電力の大きい場所に多く使われていますが，今まではPFCとLLCは別々のコントローラICを使っていて，各回路ごとに異なった周波数で動作しています．特に，LLC回路は負荷や入力電圧によって周波数が変わるため，PFC回路と同じ周波数にすることは難しくなっています．

● **PFC部**

PFC回路には**図3**のような三つの種類があります．

▶電流連続モード

図3(a)の電流連続モード(CCM；Continuous Conduction Mode/Continuous Current Mode)では，インダクタの電流が常に流れているような状態で使用し，入力電圧と出力電圧の比で時比率が決まりますが，制御するのに周波数要素が入っていなく，スイッチングロスの大きさに影響があるくらいで，比較的周波数を変えてもそのまま使えます．

しかし，電流連続モードではMOSFETがターン・オンするとき出力整流ダイオードに電流が流れているので，このときダイオードのリカバリ・タイムが超高速でないとダイオードがノイズを発生し，効率低下が発生します．

▶電流臨界モード

図3(b)の電流臨界モード(CRM；Critical conduction Mode/Critical current Mode)のPFCは，出力整流ダイオードの電流がゼロになってからMOSFETがONし，比較的低ノイズの少ないPFCを構成できます．

しかし，周波数は出力電圧を制御する要素になり，メインの部品と入出力条件で決まるので，LLCとの同期はまったくできません．

▶電流不連続モード

図3(c)の電流不連続モード(DCM；Discontinuous Conduction Mode/Discontinuous Current Mode)のPFCは，普通は固定周波数で使用します．周波数を変えることもできますが，変えたぶんだけ休止期間が増えてピーク電流が増えるため，制御回路は非常に簡単ですが，効率の低下とメイン素子のコストアップをもたらします．

＊　　　　＊

PLC810PGでは，動作周波数を自由に決めることのできる電流連続モード(CCM)方式の昇圧コンバータを使い，周波数を制御して出力電圧を制御するLLC回路の周波数と同じ周波数で，CCMのPFCを使って

同期させています．これによって，二つのコンバータのビートが出て不安定になることを避けています．

● 特徴

このコントローラICの特徴を以下に示します．
(1) 周波数と位相はPFCとLLCが同期して動作する
(2) 同期しているので伝導ノイズ，輻射ノイズが少なくなる（ビートが出ない）
(3) 昇圧型PFCは大電力に適している電流連続モード(CCM)を採用
(4) PFCとLLCの組み合わせの包括的な電流制限回路
(5) 50/60 Hzの基準電圧を使わない電流連続モードのPFC制御方式
(6) ZVS(Zero Voltage Switching)を使った高性能なLLC回路を採用
(7) 正確なデッド・タイム制御
(8) MOSFETがハード・スイッチングで切り替わるのを防ぐ

● 基本回路

図4は，このコントローラICを使った基本的な回路です．

このコントローラICは，LLC回路のハーフ・ブリッジのドライバとLLC回路のコントローラ，およびPFCのコントローラが入ったコントローラICです．

LLCのメイン・スイッチは，二つのMOSFET(Q_{10}, Q_{11})でハーフ・ブリッジ構成になっています．この二つのMOSFETのドライブはコントローラICから直接ドライブでき，ハイ・サイド側のMOSFET(Q_{10})のドライバもコントローラICの中に組み込まれています．

LLCの共振コンデンサはコンデンサ(C_{39})で，共振インダクタは変圧器(T_2)の中に励磁インダクタンス(L_P)，漏洩インダクタンス(L_S)として巻き込まれています．LLC回路は部分共振で動作し，Q_{10}もQ_{11}もソフト・スイッチング(ZVS)で動作し，スイッチング・ロスがほとんどない理想的なスイッチング回路です．

PFCは電流連続モード(CCM)の方式です．電流連続モードは周波数の縛りがなく，自由な周波数で動作させることができます．そこで，このPFC部の変換周波数を後段のLLC回路の周波数に同期して動作させて，PFCとLLCを同じ周波数で動作させています．

PFC回路のメイン・スイッチはMOSFET(Q_2)で，そのドライブの制御はコントローラICの中に組み込まれていますが，外部にドライバが必要です．昇圧コンバータのインダクタはインダクタ(L_4)になり，その制御方法は内部のコンパレータの入力電圧を基準として入力電流を正弦波にする方式で，商用電圧を抵抗分割して基準正弦波を作る必要がなく，部品点数が少ない方式となっています．

コントローラICのピンの説明

図5に，このコントロールICのピン配置を示します．内部ブロックは図6のようになっています．以下に各ピンの説明をします．

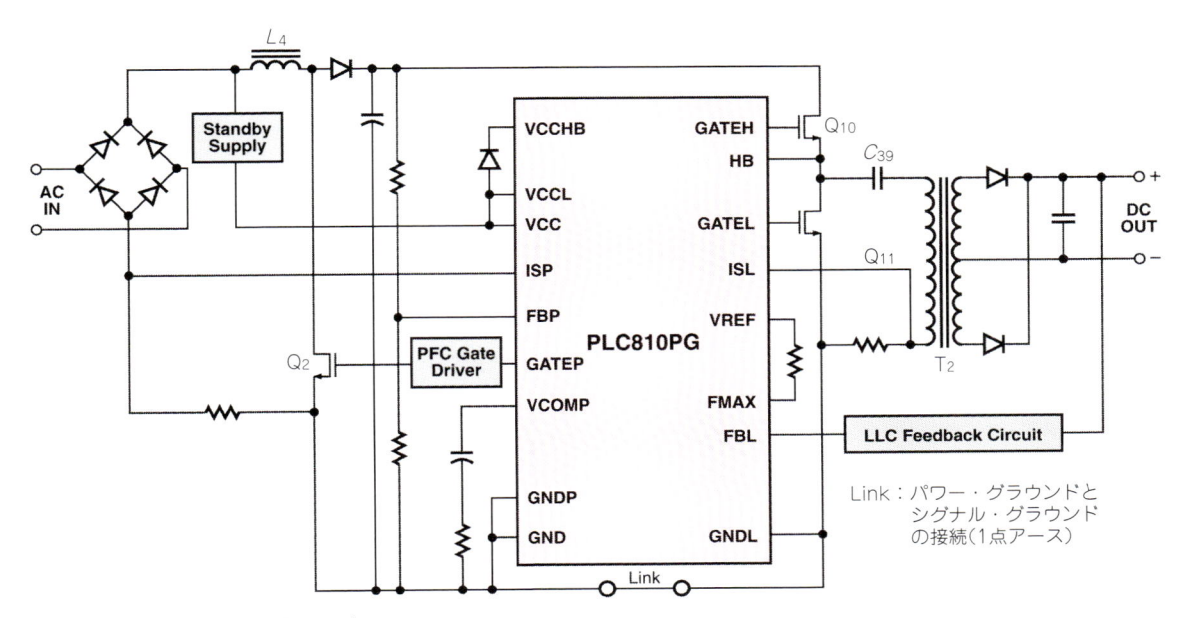

図4[(4)]　PLC810PGの基本応用回路

● VCC ピン

VCC ピンは，このICの電源です．電源の起動電圧(V_{UVLO+})は約9.1 V以上で起動し始めます．そして，電源のシャットダウン電圧(V_{UVLO-})が約8.1 V以下になるとコントローラICをシャットダウンします．最大定格電圧は15 V_{max}なので，動作中は8.1～15 Vの範囲の電源電圧を与えておかなくてはなりません．

また，ICの制御回路を動かしているので，VCCピンとGNDピンの間にノイズが乗らないように，バイパス・コンデンサを接続しなければなりません．このコンデンサは，10 μFのセラミック・コンデンサ，または10 μFの電解コンデンサと0.1 μFのセラミック・コンデンサを並列に接続することを推薦します．

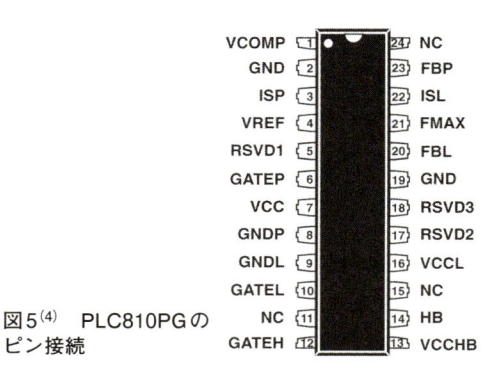

● VCCL ピン

VCCL ピンは，LLCのロー・サイド・ドライバ(Q_{11}のドライバ)のための補助電源ピンです．このピンは

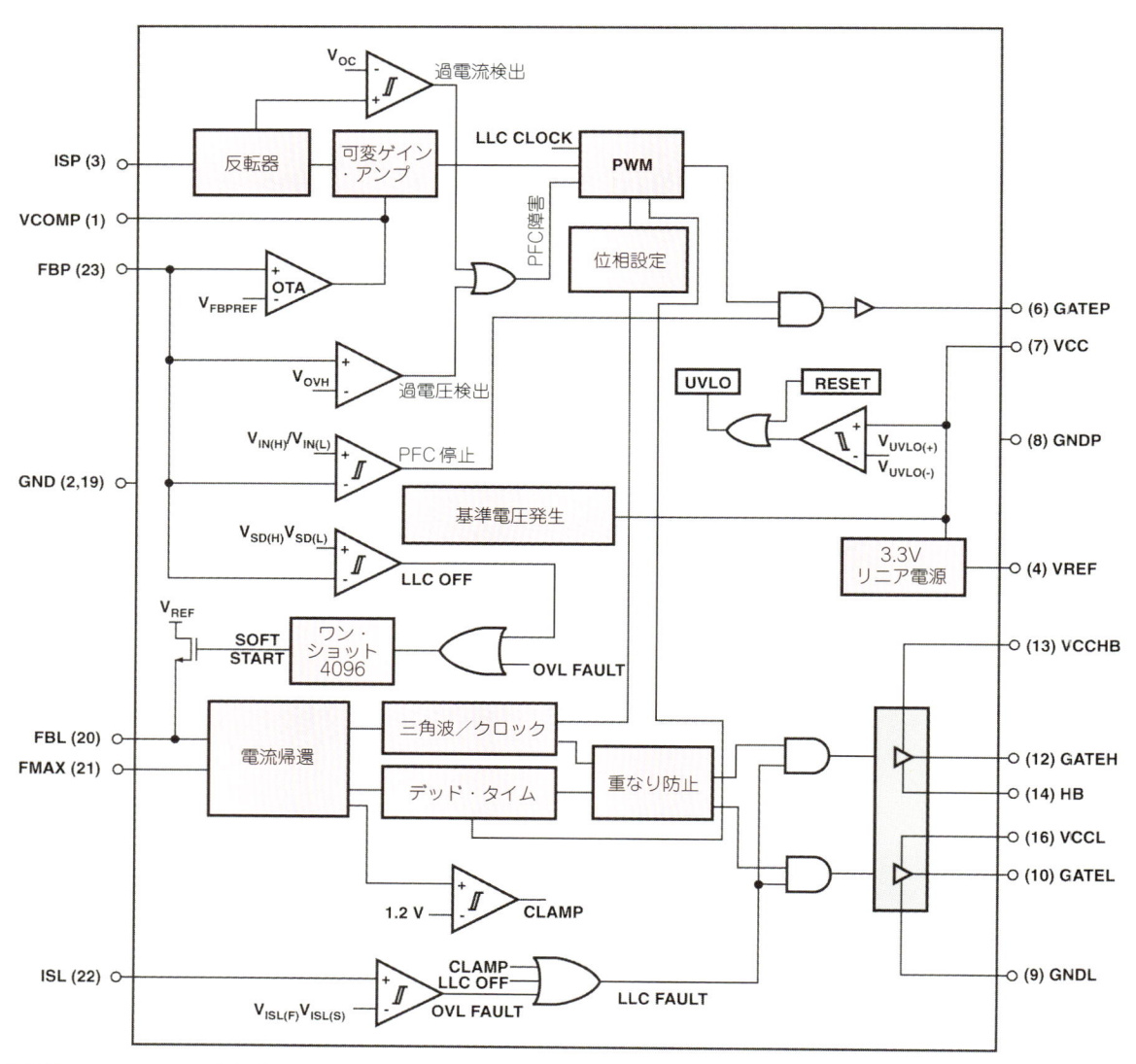

図5[4] PLC810PGのピン接続

図6[4] PLC810PGの内部ブロック

LLCのロー・サイドMOSFETドライバ関連の回路を動かします．

VCCLピンからGNDLピン間にノイズが乗らないように，セラミックの1μFのバイパス・コンデンサを並列に接続することを推薦しています．このコンデンサは，LLCのロー・サイドMOSFETがONするときに流れるゲート電流の瞬時のゲート充電電流を供給します．

● VCCHBピン

VCCHBピンは，LLCハイ・サイド・ドライバ（Q_{10}のドライバ）のためのフローテイング電源用のピンです．ハイ・サイドの電源はVCCHBピンとHBピンの間に補助電源を供給します．この電源から，ハイ・サイドのMOSFET（Q_{10}）がONするときに流れる瞬時のMOSFETのゲート充電電流を供給するので，VCCHBピンとHBピン間にノイズが乗らないようにセラミックの1μFのバイパス・コンデンサを並列に接続することを推薦しています．

このハイ・サイドの補助電源を作るために，ロー・サイドのMOSFET（Q_{11}）がONしているときにロー・サイドの補助電源からダイオードと抵抗を通して1μFのコンデンサを充電します．ロー・サイドのMOSFET（Q_{11}）がOFFしている期間は，この1μFのコンデンサの充電電圧で，ハイ・サイドのMOSFET（Q_{10}）のドライブ用の電源を保持しています．

1μFのコンデンサを充電するときにダイオードだけだと充電電流のピークが大きくなり，ノイズの発生が大きくなるので，4.7～10Ω程度の抵抗を直列に接続して，ピーク電流を抑えるとともにダイオードのリカバリ電流を抑えます．ダイオードの逆電圧は電源電圧までかかるので，500V～600V以上の耐圧がある高速ダイオードを使います．

● GNDピン

GNDピンは，コントローラICのすべての信号の戻り端子です．すべてのバイパス・コンデンサは，できるだけインピーダンスをもたないように最短距離で接続されなければなりません．PFCのMOSFET（Q_1）のソースに接続される電流検出抵抗との中点につながります．

● GNDPピン

GNDPピンは，PFCゲート・ドライブ信号だけのためのグラウンドです．直接GNDピンと接続されます．

● GNDLピン

GNDLピンは，LLCのロー・サイド・ゲート・ドライバだけのグラウンドです．LLCのロー・サイドMOSFET（Q_3）のソースとGNDLピンの間に，小さいフェライト・ビーズを入れると安定に動作します．

また，雑音余裕をとるために1Ωの抵抗をこのピンとPFCのコントローラのGNDピンの間に接続します．さらに，VCCLピンのバイパス・コンデンサのグラウンドをこのピンに接続しなければなりません．

● HBピン

ハーフ・ブリッジの二つのMOSFETによって形成されたセンタに接続します．このピンは，LLCのハイ・サイドMOSFETドライバの戻りで，ハイ・サイド・ドライバの電源のVCCHBピンに接続されたバイパス・コンデンサをこのピンに戻します．

● ISPピン

PFCの電流検出端子です．PFCのインダクタの電流検出抵抗に検出された負の電圧を検出します．この電流検出抵抗は，PFCのMOSFETのソースとブリッジ整流のマイナス端子の間に接続されます．

ISPピンは時定数100～200 nsのCRローパス・フィルタを通して接続されます．CRローパス・フィルタの抵抗はISPピンから流れ出る電流のため，150Ω以下の抵抗にします．CRフィルタによってスイッチング周波数を除去したインダクタの平均電流によってパルス・バイ・パルスで電流値を設定します．

ISPピンの電流検出抵抗の電圧は，ヒステリシス特性をもった過電流検出にも使われています．これはMOSFETを過電流から保護するためにパルス・バイ・パルスでの（パルスごとに）電流検出をします．

● ISLピン

ISLピンは，LLCの過負荷を検出するためにトランスの1次電流を検出するピンです．トランスの1次電流を検出するためにLLCのロー・サイドのMOSFETのソースに接続された抵抗とトランスの1次巻き線と共振コンデンサ（C_{39}）をループになるように直列に接続します．

電流検出抵抗で検出された過電流信号は0.2～1μsの時定数のCRローパス・フィルタを通してISLピンに接続します．電流検出レベルには，速い過電流検出レベル（V_{ISLF}）と遅い過電流検出レベル（V_{ISLS}）の二つの検出レベルがあります．

速い過電流検出レベルは検出レベルが高くなっていて，ISLピンにおける検出レベルがこのレベルを越えているなら，すぐにLLCはシャットダウンします．遅い過電流検出レベルは速い過電流レベルより低くなっています．ISLピンにおける検出レベルが8周期間このレベルを越えているなら，LLCはシャットダウンします．

CR ローパス・フィルタの抵抗は，ISLピンの電流を制限するために1kΩ以上にします．

通常，速い過電流検出レベル(V_{ISLF})は，部品がショートなどの突発故障を検出するのに使用されます．過電流検出レベルは遅い検出レベル(V_{ISLS})が，過負荷条件を検出するのに使用されますが，この過電流検出回路は，LLCコンバータがLLCの容量性の領域で作動するのを防ぎます．その結果，オーバーヒートからコンバータの部品を守り破損を防ぎます．

● GATEP ピン

PFCのMOSFETのゲートをドライブする出力です．PFCのMOSFET(Q_2)をドライブするには，図7のような回路が推薦です．PFCのMOSFETのゲート信号をドライブするとき，MOSFET(Q_2)のゲートの充放電電流が流れるので，この充放電電流をコントローラICに流さないようにするための回路です．

そして，この回路はPFCのMOSFETの充電電流がICのほうに流れ込まないように，PFCのMOSFET(Q_2)の近くに置く必要があります．

● GATEL ピン

LLCのロー・サイドのMOSFETをドライブするゲート信号です．

● GATEH ピン

LLCのハイ・サイドのMOSFETをドライブするゲート信号です．

● VREF ピン

3.3 V基準電圧ピンは，LLCのフィードバック回路のためにあります．VREFピンからGNDピンまで，1μFのセラミックのデカップリング・コンデンサを接続しなければなりません．

● FBP ピン

FBPピンは，PFCの出力電圧を検出する外部の抵抗に接続されます．このピンは増幅器への非反転入力です．増幅器出力はVCOMPピンに接続されます（フィードバック補償も接続されている）．

FBPピンからGNDピンまでに，10 nFのデカップリング・コンデンサを接続しなければなりません．FBPピンの帰還電圧を使用して，PFCとLLC回路保護をしています．

▶ PFC過電圧保護

FBPピンの電圧がV_{OVH}を越えると過電圧が働きます．FBPピンの電圧がV_{OVH}より高くなると，PFCのMOSFETゲート信号は，すぐにOFFにされて，少なくとも1サイクルの間，停止します．FBPピンの電圧がV_{OVH}以下に低下するとき，スイッチングが再開されます．

▶ PFC出力低下検出

FBPピンの電圧はPFC出力電圧が(V_{INH}/V_{INL})以下であることを検出します．FBPピンの電圧がV_{INL}より低いなら，PFCのMOSFETは停止します．V_{INH}以上の電圧ならMOSFETはスイッチングを始めます．商用電源が低下している間に，PFCは始動しません．

▶ LLC回路が動作するPFCの最低出力電圧

FBPピンの電圧はLLC停止電圧(V_{SDH}/V_{SDL})で決められます．PFCの出力電圧が規定電圧以上になるまで，LLC回路の始動を抑えます．V_{SDL}の目的はPFCの出力電圧が低いときに（公称電圧の～64 %），LLC回路の動作を停止することです（交流電圧の低下，停止，または過負荷条件のときに動作する）．

● VCOMP ピン

このピンは，PFCフィードバック・ループの部品のための接続拠点です．このピンの電圧は入力としてPFCコントローラ乗数に使用されます．

このピンのための直線的な電圧範囲は，0.5 V～2.5 Vの範囲です．VCOMPピンには外部の位相調整の部品が接続され，フィードバック・ループでの応答を商用周波数以下にします．

● FBL ピン

このピンの入力電流が，LLCのスイッチング周波数を決めます．電流が多くなると周波数が高くなります．その特性は内部の起電圧が0.65 Vで，内部抵抗が3.3 kΩの等価回路になります．FBLピンは1000 pFコンデンサでGNDピンに接続されています．また，このコンデンサが入力抵抗でポールを形成することに注意してください．

スイッチング周波数が高くなってもZVSを確実にできるように，FMAXピンで上限の周波数を決めて

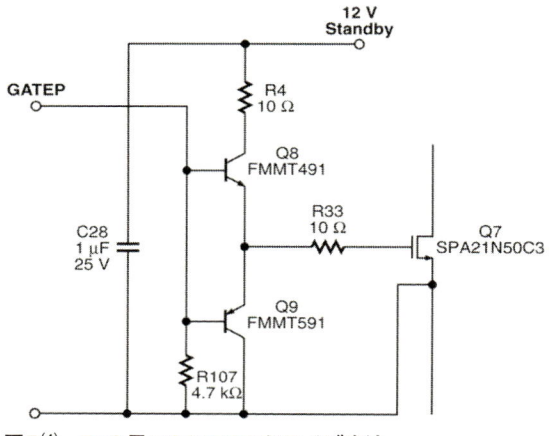

図7[(4)] **PFC用MOSFETのドライブ方法**

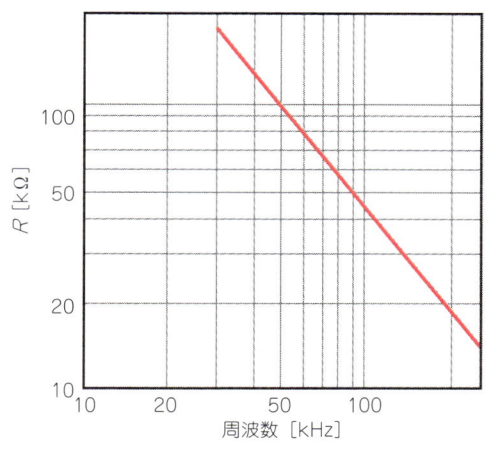

図8⁽⁴⁾　FBLピンとVREFピン間の抵抗と最低周波数の特性

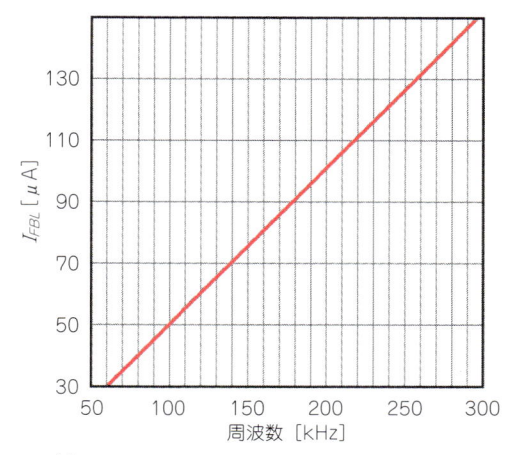

図9⁽⁴⁾　FBLピンの電流対周波数の特性

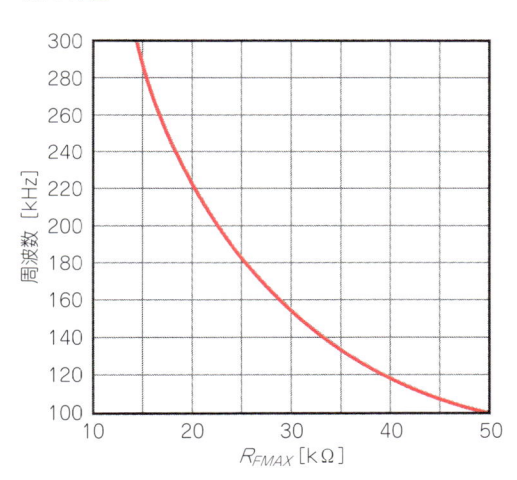

図10⁽⁴⁾　FMAXピンとVREFピン間の抵抗と周波数の特性

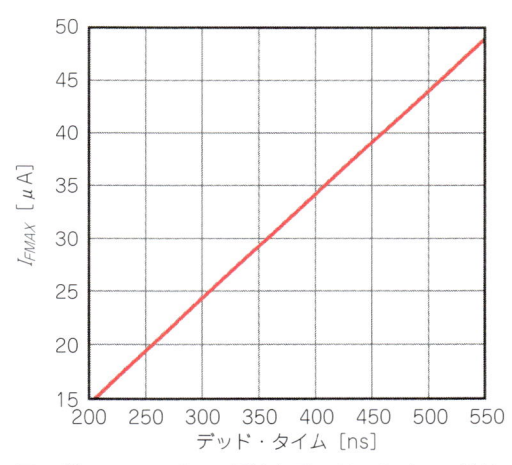

図11⁽⁴⁾　FMAXピンの電流とデッド・タイムの特性

います．最低の周波数はFBLピンに接続された抵抗によって決められます．FBLピンとVREFピン間の抵抗と最低周波数の特性を図8に，FBLピンの電流対周波数を図9に示します．

FBLピンでフィードバック回路が，FMAXピンで決められた最大周波数より高い周波数に上げようとすると，MOSFETのゲートを停止します．

● FMAXピン

このピンは，VREFとの間の抵抗でLLCの最大周波数をプログラムします．FBLピンの電流によって決められた周波数が，プログラムされた最大周波数の95％を越えたなら，LLCのハイ・サイドとロー・サイド・ドライバは両方のMOSFETをOFFにします．

このピンは1000 pFコンデンサでGNDと接続します．FMAXピンとVREFピン間の抵抗と周波数の特性を図10に，FMAXピンの電流と周波数の特性を図11に示します．

● RSVD1，RSVD2，およびRSVD3ピン

これらは予約ピンで，メーカ・テスト用のピンです．RSVD1ピンはVREFピンに，RSVD2とRSVD3ピンはGNDピンに接続します．

ブロック・ダイアグラム

図6に，PLC810PGの機能要素のブロック図を示しました．PLC810PGのPFC制御ブロックはブロック図の上半分にあり，LLCコントローラ・ブロックが下半分に示されています．いくつかの機能ブロックが共有されます．

● PLC810PGの電源

PLC810PGは，VCCピンから供給する電源とVCCLピンから供給する電源の二つが必要です．VCCLピンから供給する電源はLLCドライバに供給しますが，そのほかはVCCピンから供給します．

VCCピンの電圧は，V_{UVLO+}と15 Vの間の電圧を供給しなければなりません．そしてV_{UVLO+}以上の電圧で起動し，V_{UVLO-}以下の電圧になると停止します．

VCCがV_{UVLO+}の閾値を越えると，PLC810PGは低電圧ロックアウト(UVLO)信号を止め，VCCがV_{UVLO-}以下の電圧に下がるとPLC810PGを止めて，UVLO信号を出します．

VCCLピンはLLCドライバの電源です．そして，VCCHBはハイ・サイドのゲート・ドライブのための電源で，エネルギーはVCCLピンからダイオードを通して供給されます．

内部のリニア・レギュレータは，VREFピンに出ている3.3 Vの基準電圧を作って，内部の定電圧回路を動かすのにも使われています．

● PFC制御ブロック

PFC制御は，入力電流を入力電圧と相似にしながら昇圧するコンバータです．そうすると，電圧も正弦波に，入力電流も正弦波に制御します．このPFC制御は通常負荷では，連続電流モード(CCM)で作動し，軽負荷においては，PFCのインダクタ(L_4)の値によって，不連続電流モード(DCM)になります．

このPFC制御は，入力電圧を検出する必要のない正弦波基準電圧が不要の制御方式を採用しています．この原理は，電流連続モード(CCM)で動作しているとき，入力電圧(V_{in})と出力電圧(V_{out})との関係は，入力電流が正弦波になっているかいないかにかかわらず，ブースト・コンバータのOFFの時比率をD_{OFF}とすると，

$$D_{OFF} = (1-D) = \frac{V_{in}}{V_{out}}$$

となります．この式から，PFCがCCMで動作しているときは出力電圧(V_{out})を一定とすると，OFF時比率(D_{OFF})が入力電圧(V_{in})に比例しているので，同じ正弦波になることがわかります．このOFF時比率(D_{OFF})を基準電圧にして，PWM(Pulse Width Modulation；パルス幅変調)を検出器として動作増幅すると，うまく負帰還がかかり，検出電流(I_{sense})はOFF時比率(D_{OFF})に比例して制御することができます．すなわち入力電流(I_{in})はOFF時比率(D_{OFF})と同じ相似形の正弦波になります．

ここでD_{OFF}とI_{in}が比例するので，その比例定数をKとすると，

$$D_{OFF} = K\,I_{in}$$

となり，入力電圧を最大値V_pの正弦波，角周波数をωとすると，入力電流I_{in}は，

$$I_{in} = I_{sence} = \frac{V_{in}}{V_{out}\,K} = \frac{V_p \sin\omega t}{V_{out}\,K}$$

で表されます．

これで入力電圧(V_{in})が正弦波だとOFF時比率(D_{OFF})も正弦波になります．電流(I_{in})×比例乗数(K)が，時比率(D_{OFF})が等しくなるように負帰還をかけ，かつOFF時比率(D_{OFF})と普通のON時比率(D)の関係は，

$$D_{OFF} = 1 - D$$

であるので，負期間をかけると上式のような関係になります．ここで，比例定数(K)を変えることによって，入力電流(I_{in})を正弦波のまま，大きさを変えることができるので，出力電圧を変えることができます．言いかえると，ブロック図の可変ゲイン・アンプ(DVGA)で比例定数(K)を変えることによって，負荷や入力電圧が変わっても出力電圧を一定にすることができます．

また，ここでは出力電圧(V_{out})は一定として扱っていますが，実際には商用電源周波数の2倍の周波数のリプルが乗っているため，PFCの出力平滑コンデンサ(C_1)の容量が小さいと，入力電流の波形歪みが出てきます．コンデンサ(C_1)のリプルを含んだ直流電圧(V_{outR})はPFC回路の負荷電流をiとすると，

$$V_{outR} = V_{out} - \frac{i}{2C_1\omega}\cos 2\omega t$$

なので，入力電流の波形は，

$$I_{in} = I_{sence} = \frac{V_{in}}{V_{outR}\,K}$$
$$= \frac{V_p}{V_{out} - i/(2C_1\omega)\cos 2\omega t}\frac{\sin\omega t}{K}$$

となり，入力電流(I_{in})は，ほんの少し歪んだ波形になります．この平滑コンデンサ(C_1)の容量が大きいほどリプルも小さくなり，入力電流(I_{in})の波形は正弦波に近づきます．

以上の動作により，このPFC制御には，入力電流検出と出力電圧検出の二つの検出が必要です．

PFCの出力電圧(通常385 V)を検出するFBPピンは，出力電圧を抵抗分割した電圧と，基準電圧(V_{fbpref}：2.2 V)をアンプ(OTA；Operational Transconductance Amplifier)に入力して比較/増幅します．

PFCのインダクタの電流を検出するISPピンは，ここで検出した電流の信号を反転器(INVERSION)で時比率をD_{OFF}から$1-D$に変換して，可変ゲイン・アンプ(DVGA；Discrete Variable Gain Amplifier)でゲイン(Kの値)を変えてパルス幅変調器(PWM)に入力し，パルス幅変調されます．ゲインの大きさ(Kの値)はVCOMPピンの電圧で決まります．

● LLC制御ブロック

　LLC回路は，共振回路とトランスをドライブするハーフ・ブリッジ2個のMOSFETを交互にON/OFFします．LLC回路には，二つの共振周波数があります．その周波数はインダクタンス(L_S)とコンデンサ(C_R)によって決まるシリーズ共振周波数(f_o)と，その下の周波数での高い共振電圧が出るインダクタンス($L_S + L_P$)とコンデンサ(C_R)によって決まるパラレル共振周波数(f_s)です．

$$f_o = \frac{1}{2\pi\sqrt{L_S C_R}}$$

$$f_s = \frac{1}{2\pi\sqrt{(L_S + L_P)C_R}}$$

　通常の入力電圧のとき，LLCコンバータは，シリーズ共振周波数よりわずかに高いスイッチング周波数で動作するように設計されます．この領域では，MOSFETはスイッチング損失を抑えたZVS(ゼロ電圧スイッチ)でスイッチングができます．この動作領域では，小幅な周波数変化で，出力電圧を定電圧にすることができます．

● フィードバックと最大周波数の限界

　公称周波数は100 kHzです．電圧制御のために，入力電圧と負荷変動に応じて動作周波数は変わり，250 kHzを越える場合もあります．FMAXピンの抵抗によって設定された最大周波数は，公称周波数の2～3倍になるように通常は選ばれます．

　最大周波数は，VREFピンとFMAXピンの間に接続された抵抗で図10のカーブのようになります．また，デッド・タイムは図11のような特性になります．

● LLCソフト・スタート

　LLCコントローラは，起動のとき，過電流を防ぐためにソフト・スタートをします．そしてオーバーシュートも防ぎます．ソフト・スタートの時間は，FBLピンの外部につながれた部品定数で決まった周波数をカウンタでカウントしながらソフト・スタートします(図8参照)．

　LLC回路をOFFにすると出力電圧は放電して，ソフト・スタートを開始します．

　LLC回路が異常で止まった場合，LLC回路は放電し，再度ソフト・スタートを開始します．

　ソフト・スタートが開始のとき，FBLピンはV_{ref}(3.3 V)まで上昇し，スタートすると，発振周波数は最大周波数から負荷に合った周波数までゆっくりと下がっていきます(図9参照)．

● 他のLLC制御ブロック

　デッド・タイム・ジェネレータと非オーバーラップ・ジェネレータは，LLCの二つのMOSFET(Q_2, Q_3)のドライブ信号とデッド・タイムを作成します．

　2個のMOSFETのドライブ信号は50%弱のデューティ・サイクルで対称に動作します．また，デッド・タイム・ジェネレータは，PFCのOFF時間の一部にも使用されています．

　PLC810PGのデッド・タイムはFMAXピンを通して設定が可能です．デッド・タイムによって，ゼロ電圧のスイッチングができ，MOSFETのボディ・ダイオードの損失を抑えて，ボディ・ダイオードのリカバリ・タイムを最小にします．

● スタートアップ

　電源が入るとPLC810PGのV_{CC}電圧が上昇して，一度，始動電圧(V_{UVLO+})に達します．そして，PFCのMOSFET(Q_1)をスイッチングし始めます．PFC出力は通常電圧に上昇します．

　PFCの出力電圧が上昇して，FBPピンの電圧がLLCスタート電圧(V_{SDH})以上になると，LLCコンバータが動き出し，LLCのソフト・スタートが始まります．

PLC810PGのLCDテレビへの応用例

　図12，図13，図14は，PLC810PGとTiny Switch-3を使用した280 W出力の，37～47型程度のLCDテレビに使えるスイッチング電源の回路を示しています[5]．写真1に基板の外観を示します．このスイッチング電源は，補助電源にTNY275PNを使用し，パワー出力にはPFCとLLC回路が入っているPLC810PGを使用しています．

　この電源は四つの出力があり，12 V，24 V，5 Vメイン，および5 Vのスタンバイ電源です．5 Vメインと5 Vのスタンバイ電源はTiny Switch-3のフライバック・コンバータによって供給されています．スイッチング電源には，待機入力信号があります．

● EMIフィルタと商用電源整流

　コンデンサC_{42}，C_1，C_5，C_3，C_4，C_2，C_6と，コモンモード・チョークのL_1，L_2は，EMI用のフィルタです．ダイオード・ブリッジ(BR_1)のところのD_{14}とD_{15}は，LLC回路の入力電源電圧異常での動作停止(brown-out)検出のためのダイオードです．

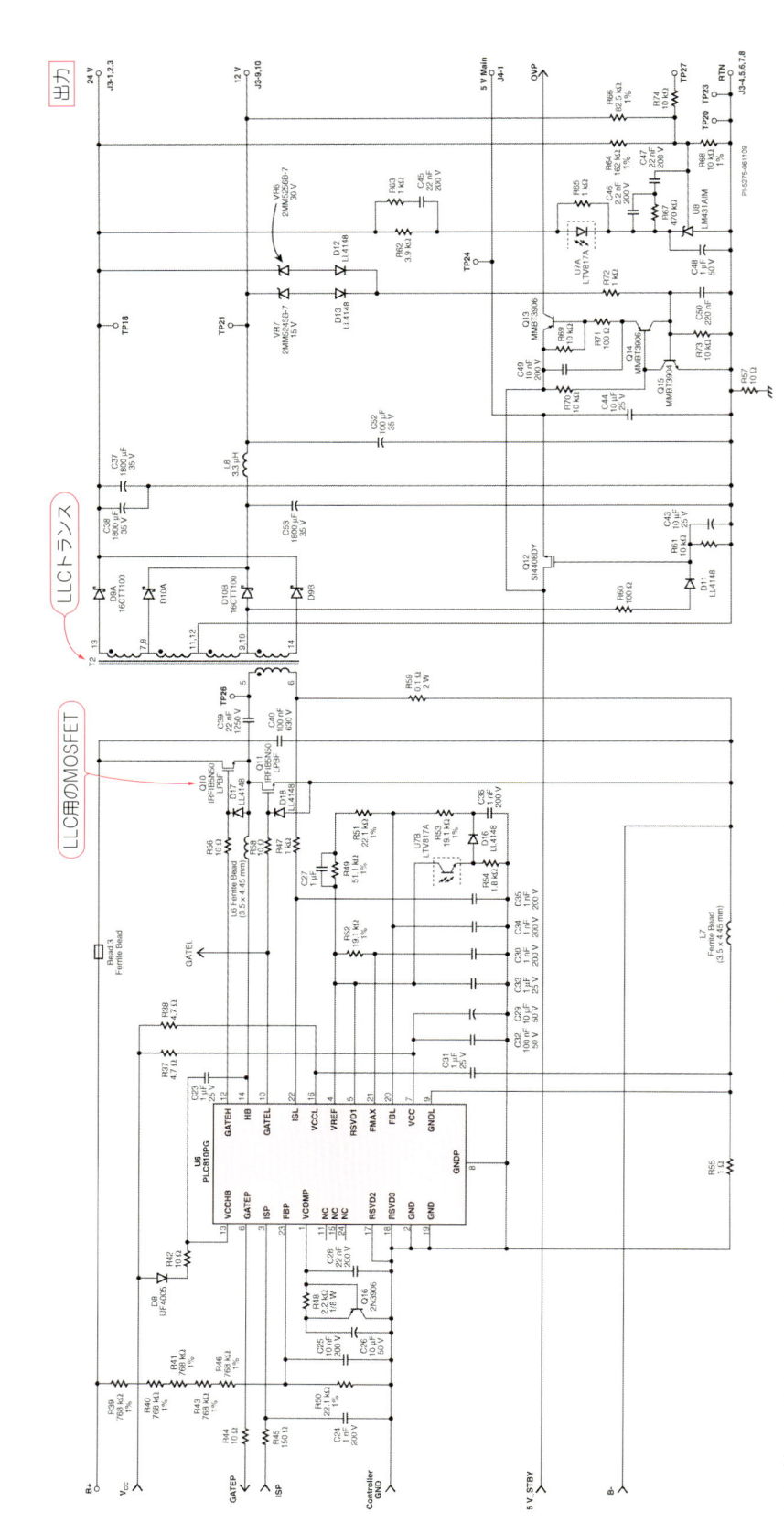

図12(5) 280 W出力の37〜47型程度のLCDテレビに使えるスイッチング電源の回路(1/3：PFCの制御入力部とLLCの部分)

78　PFC機能を備えたLLCコントローラIC PLC810PG

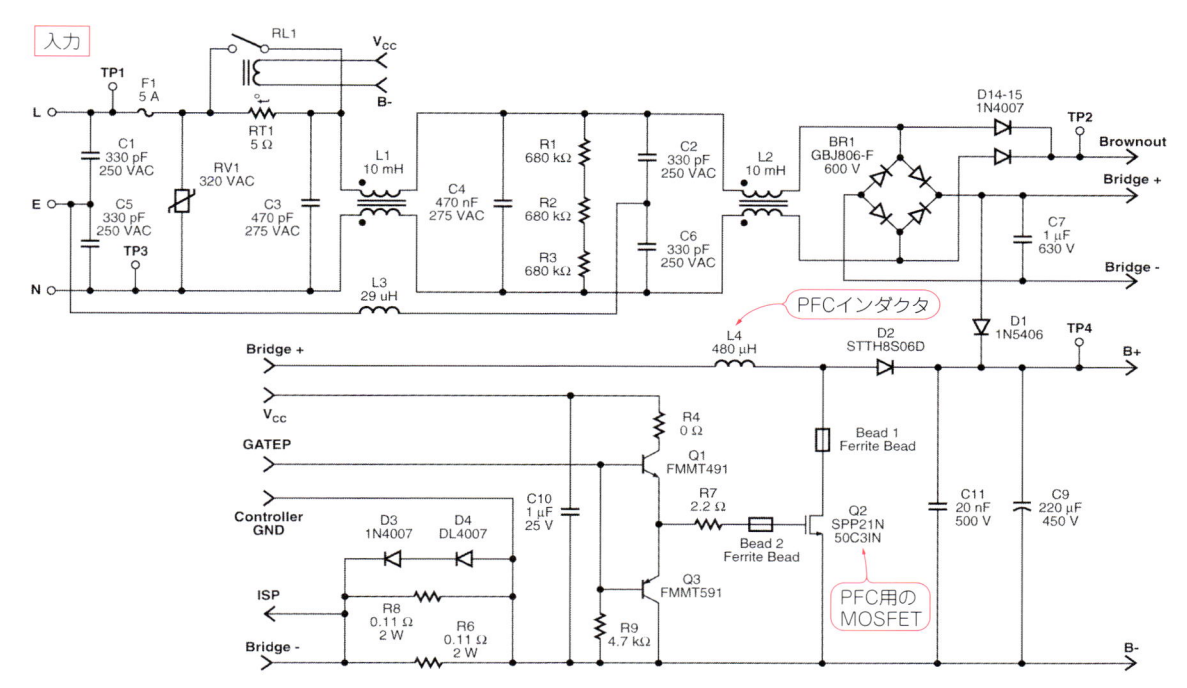

図13[(5)] 280W出力の37〜47型程度のLCDテレビに使えるスイッチング電源の回路（2/3；入力部とPFCのパワー部）

● 突入電流制限

パワー・サーミスタ（RT_1）によって突入電流制限をしています．突入電流の期間が終了するとリモート・オン信号によって動くリレー（RL_1）でパワー・サーミスタを短絡します．リレーの使用は効率を約1％向上させます．

電流検出抵抗（R_6）に並列に接続されているダイオード（D_3，D_4）は電源投入時に突入電流で，ICに過大信号が入るのを防いでいます．ダイオード（D_1）は，同じく電源投入時にPFCのインダクタ（L_4）が飽和状態になるのを防いでいます．商用電源平滑コンデンサ（C_9+C_{11}）の充電電流をダイオード（D_1）で迂回させます．場合によっては，力率改善用インダクタ（L_4）と平滑コンデンサ（C_9+C_{11}）が共振して，平滑コンデンサの電圧が定格電圧を越えて過電圧まで充電されてしまうことがあるからです．

● PFCステージ

PFCのメイン回路のインダクタL_4，MOSFET Q_2，昇圧整流ダイオードD_2，および大容量のコンデンサC_9はPFC昇圧コンバータを形成します．コンデンサC_8とR_5はダイオードD_2の逆回復時の振動を吸収します．インダクタL_4は，小型で低価格のセンダスト・コアを使用します．

この電流連続モードPFCのおもな特徴は，インダクタの低リプル電流によって下記のメリットが出ることです．

(1) 銅の少ない，小形で巻き数の少ない磁束飽和密度（B_{sat}）の高い材料（安価なセンダスト・コアなど）
(2) リッツ線より安価な単銅線
(3) ダイオード（D_2）は安価なシリコン超高速のPFC昇圧整流ダイオード

トランジスタ（Q_1，Q_3），コンデンサ（C_{10}），およびゲート抵抗（R_7）は，PFC回路のMOSFETのゲート駆動回路を形成します．コンデンサC_{11}は，MOSFET（Q_2），ダイオード（D_2），およびコンデンサ（C_9）のループで一周する距離を短くするために，PFCのMOSFET（Q_2）とダイオードの近くに配置されます．これによってEMIを減少させます．

低損失フィルム・コンデンサ（C_7）は入力容量として働き，PFC昇圧コンバータの入力コンデンサとして，そしてEMIフィルタとしても働きます．

● LLC回路

LLCのメイン・スイッチMOSFET Q_{10}，Q_{11}は，LLCのハーフ・ブリッジを構成します．それらはゲート抵抗のR_{56}とR_{58}を通して直接PLC810によってドライブされます．

コンデンサ（C_{39}）は1次側の共振コンデンサであり，最大負荷で最も高い実効電流が流れるので，許容電流がこの値以上の低損失のコンデンサ（普通ポリプロピレン・コンデンサ）を使います．

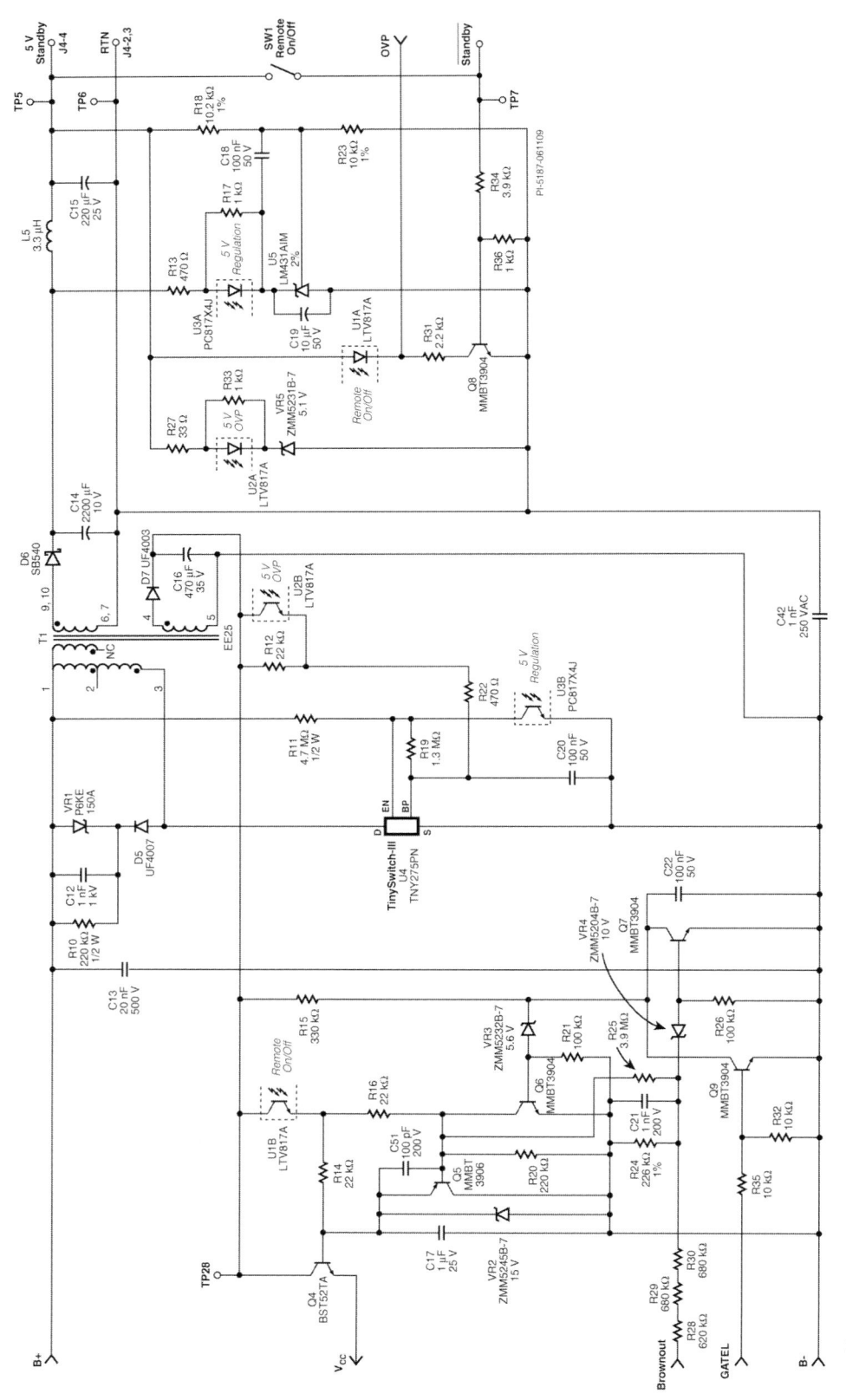

図14(5) 280 W出力の37〜47型程度のLCDテレビに使えるスイッチング電源の回路(3/3：待機電源部)

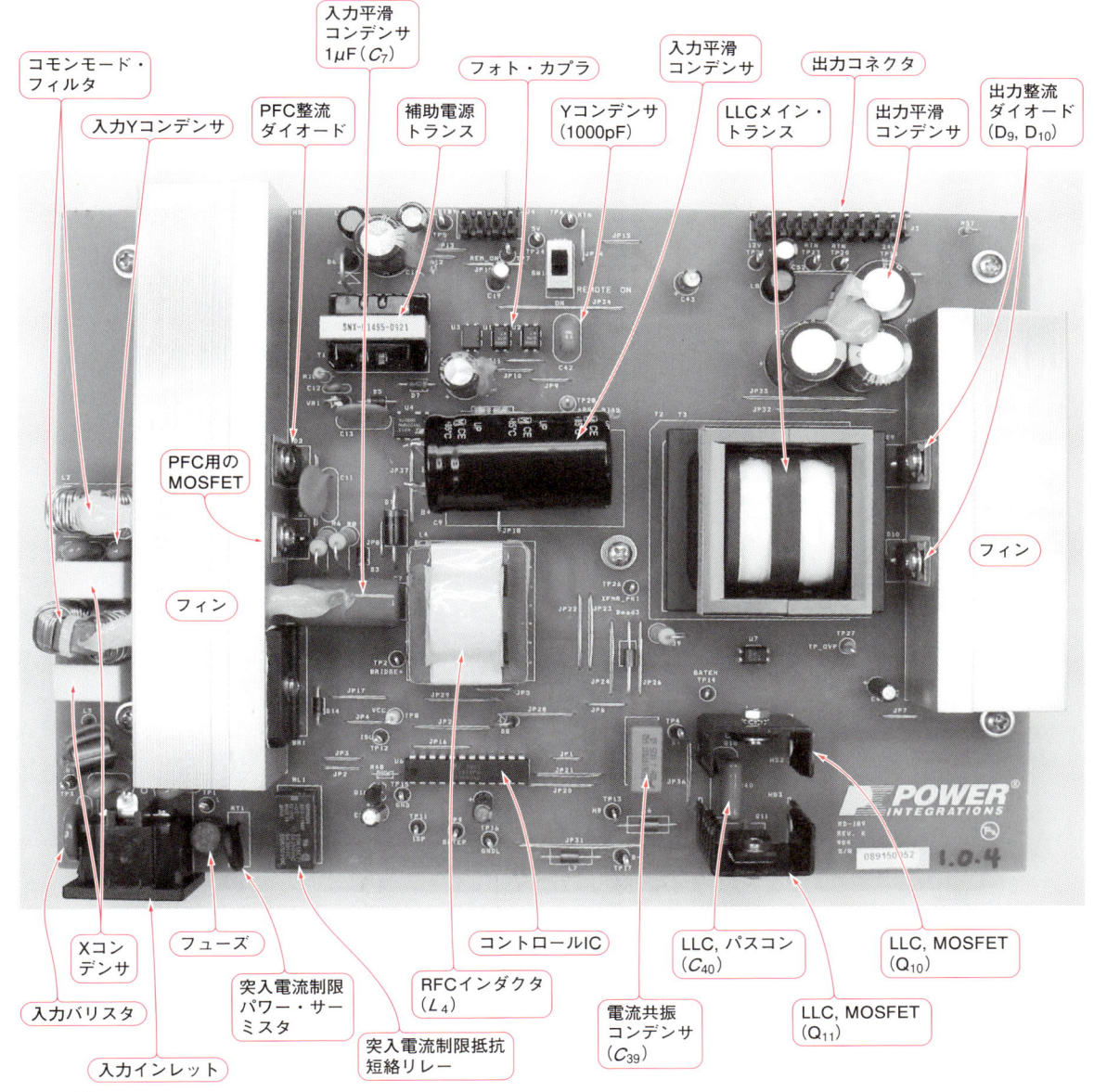

写真1[5]　基板の外観

ラベル（画像内）:
- コモンモード・フィルタ
- 入力Yコンデンサ
- PFC整流ダイオード
- 補助電源トランス
- 入力平滑コンデンサ 1μF（C_7）
- フォト・カプラ
- Yコンデンサ（1000pF）
- 入力平滑コンデンサ
- LLCメイン・トランス
- 出力コネクタ
- 出力平滑コンデンサ
- 出力整流ダイオード（D_9, D_{10}）
- PFC用のMOSFET
- フィン
- フィン
- Xコンデンサ
- 入力バリスタ
- フューズ
- 入力インレット
- 突入電流制限パワー・サーミスタ
- 突入電流制限抵抗短絡リレー
- RFCインダクタ（L_4）
- コントロールIC
- 電流共振コンデンサ（C_{39}）
- LLC，パスコン（C_{40}）
- LLC，MOSFET（Q_{11}）
- LLC，MOSFET（Q_{10}）

　トランスT_2は，シリーズ共振用の漏れインダクタンスと励磁インダクタンスが巻き込まれています．コンデンサ（C_{40}）はループの長さを迂回するために，直接Q_{10}とQ_{11}に隣接して接続されます．抵抗（R_{59}）は，過負荷防止のために第一の電流検出をコントローラに供給します．

● LLC出力

　トランスT_2の2次整流出力は，+12Vと+24Vの2出力で，D_{10}，C_{38}，C_{39}，およびC_{53}によって整流／平滑されます．

● +5Vメイン出力の切り換え

　MOSFET（Q_{12}）は，+5Vのロジック電源をON/OFFするのに使用されます．12Vの出力整流器の一端から，D_{11}で整流し，R_{60}，R_{61}，およびC_{43}を通してQ_{12}をON/OFFするのに使用されます．

　コンデンサ（C_{44}）は，出力コネクタの近くのフィルタになります．

● バイアス・レギュレータ，リモートON/OFF，ブラウンアウト・シャットダウン回路

　ダーリントン・トランジスタ（Q_4），フォト・カプ

ラ(U_1)，コンデンサ(C_{17})，ツェナー・ダイオード(VR_2)および関連部品は，フォト・カプラ(U_1)を通して切り替えられる簡単なエミッタ・フォロワのバイアス・レギュレータを構成して，PLC810PGに電源を供給します．このバイアス・レギュレータをON/OFFすることによって，リモートON/OFFの機能になります．

また，コンデンサ(C_{17})はバイアス電圧の上昇の速度を制限します．フォト・カプラ(U_1)がOFFにされるとき，トランジスタ(Q_5)と抵抗(R_{20})はすぐにC_{17}を放電します．

リモート信号が"H"のときに，2次側のフォト・カプラ(U_1)はトランジスタ(Q_8)を通して点灯し，PFCとLLCを動作させます．

ブラウンアウト・シャットダウン回路は，入力電源異常などのブラウンアウト状態のときに電源を停止します．この回路は，GATEL信号の存在とともに，交流入力電圧を検出することによって作動します．ブラウンアウト状態の間，LLCコンバータをOFFにして，FBPピンの電圧がV_{INH}の電圧に下がるまで，PFC出力電圧は低下します．ここで交流入力電圧が82 V_{AC}未満であれば，ブラウンアウト・シャットダウン回路はPLC810PGをOFFにします．82 V以上ならば，PFCに過電流が流れるのを防ぎながらLLCコンバータを動作させます．

抵抗(R_{24}, R_{26}, R_{28}〜R_{30})，コンデンサ(C_{21})，ツェナー・ダイオード(VR_4)，およびトランジスタ(Q_7)は，交流入力電圧を検出するのに使用されます．この回路の電圧閾値は，1次側のV_{CC}電圧の安定化する電圧値以下に設定されています．交流電圧が十分なときはQ_7をONにして，R_{15}で充電されているコンデンサ(C_{22})を放電します．

R_{32}, R_{35}, およびQ_9はスイッチングしているGATEL信号を検出します．切り替え信号が出ているとき，トランジスタQ_9はコンデンサC_{22}を放電します．

商用交流入力電圧が低いときに，C_{22}は充電されて，Q_7とQ_9はOFFしています．トランジスタQ_6, R_{21}, およびツェナー・ダイオード(VR_3)はC_{22}に充電された電圧を検出します．C_{22}が十分に充電されたとき，Q_6はONします．Q_5を通して1次側のバイアス供給をOFFにして，PLC810，PFC，およびLLCコンバータをシャットダウンします．

● PFCコントロール

昇圧型PFCの出力電圧は，抵抗R_{39}〜R_{41}, R_{43}, R_{46}, およびR_{50}を通して，10000 pFのコンデンサ(C_{25})でノイズをとってPLC810PGのFBPピンに入力されます．コンデンサC_{26}, C_{28}, およびR_{48}はPFCの周波数を補正しています．抵抗R_6とR_8からのPFCの電流検出抵抗は，R_{45}とC_{24}によってCRフィルタを通って入力されます．

PFCドライブ信号は，抵抗R_{44}を通してメイン素子のMOSFETに送られます．R_{44}は，配線の長さによってPLC810PGからPFCゲート・ドライブ回路までのインダクタンスによって起こる振動を減衰させます．

● LLCコントロール

LLC出力検出の誤差増幅器からのフィードバックはフォト・カプラU_7によって帰還されます．抵抗R_{54}はフォト・カプラの負荷です．

ダイオードD_{16}はLLCフィードバック・ピン(FBL)にプルアップします．抵抗R_{59}からのLLCの電流検出信号は，R_{47}とC_{35}によるCRフィルタを通します．

コンデンサC_{23}, R_{42}, およびD_8は，LLCのハイ・サイドMOSFETドライバにブートストラップ回路で電源を供給します．

● 電圧フィードバック

LLCコンバータの12 Vと24 V出力は，抵抗R_{64}, R_{66}, およびR_{68}によって重みを加えられて検出されます．抵抗R_{62}はゲインを決める抵抗です．抵抗R_{63}とコンデンサC_{45}は，フィードバック・ループの位相余裕を増加させるフェーズ・リードの位相補償を形成します．

R_{68}に関連した抵抗体R_{67}, C_{46}, およびC_{47}は低周波補償を設定します．コンデンサC_{48}は出力立ち上がり時間の間，オーバーシュートを減らす役目をします．

● OVP

ツェナー・ダイオードのVR_6, VR_7とD_{12}, D_{13}は，12 Vか24 V出力の過電圧を検出します．出力からの過電圧信号は，トランジスタのラッチ回路(Q_{14}, Q_{15}, R_{70}, R_{73})を点弧します．ラッチ回路はトランジスタQ_{13}をONにします．このトランジスタは，フォト・カプラ(U_1)をOFFにしてPLC810PGをOFFにします．

基板の説明

写真1に基板と部品配置を示しました．この基板のおもな仕様は，下記のとおりです．

● 基板仕様
- AC入力電圧：AC 90〜265 V
- 無負荷時入力電力：0.2 W (@ AC 230 V)，0.08 W (@ AC 100〜115 V)
- スタンバイ出力：5 V/1 A
- ロジック出力：5 V/2 A
- オーディオ出力：12 V/4 A (ピーク5 A)

- バックライト電源：24 V/7 A（ピーク 5 A）
- 合計出力電力：225 W（ピーク 286 W）
- その他規格類：ノイズ規格（CISPR22B），安全規格（IEC60950），周囲温度：0〜50℃

● LLC用トランス

　トランスは，LLC回路のなかでも最も重要な部品です．トランスの巻き線仕様の巻き数と電線は，図15のようになっています．1次2次ともリッツ線を使っています．リッツ線の表記で100/0.1 mmφは，銅の直径0.1 mmφのエナメル線を100パラにして，1本のリッツ線として構成した線です．2次側の巻き線を例にとると，0.1 mmφのエナメル線を100本撚って1本のリッツ線として構成し，それを2パラで巻いているということです．

　このLLC回路で，漏洩インダクタンス，励磁インダクタンスを一つのトランスで構成するときは，漏洩フラックスが多く巻き線から発生するロスが非常に多くなります．そのため，トランスの巻き線にはリッツ線は必需品となります．リッツ線には0.05〜0.3 mmφ程度の種類がありますが，細い線のほうが効率が上がります．ここでは0.1 mmφを使っています．

　トランスの構造は，**写真2**，**図16**のようになっていて，ボビンで1次-2次間を絶縁する分割ボビン方式を採用しており，1次-2次間の絶縁が不要になります．巻き幅は1次と2次でほぼ同じ幅のボビンを使い，1次巻き線と2次巻き線の量は1次のほうが少し多くなっています．また，エアー・ギャップはコア研磨によるセンタ・コアだけで作っています．

　トランスの特性では，漏洩インダクタンス，励磁インダクタンスは図15の表のようになっています．

　同じ仕様で作る場合，同じコアとボビンがない場合は，トランスの励磁インダクタンスはギャップの幅を変えて調整することができますが，漏洩インダクタンスは調整ができません．ここがLLCのトランスを作るときの問題点です．

(1) 巻き数，巻き方法を変える
(2) コア，ボビンの形状を変える
(3) 漏洩インダクタンスをそのままにしてほかの定数を変える

ということになります．

● 共振用コンデンサ（C_{39}）

　共振用コンデンサは，EPCOS社製のメタライズド・ポリプロピレン・コンデンサ1250 V_{AC}/500 V_{DC}の0.022 μF（型名 B32652A7223J）を使っています．このコンデンサのtan δ は100 kHzで0.2 %以下です．

　この共振用のコンデンサには実効値で2.0 A程度の電流が流れるので，損失の小さなコンデンサを使わないと発熱してしまいます．他のメーカ品でも，この共

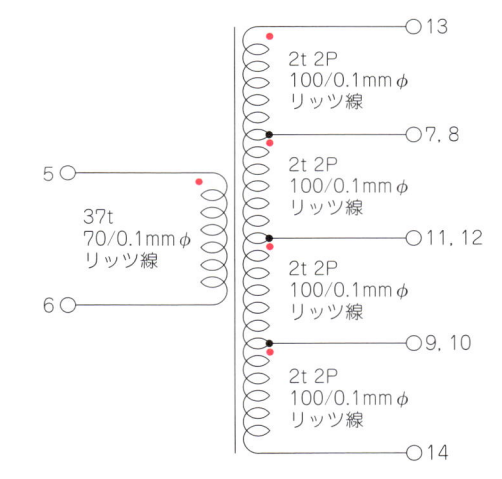

1次励磁インダクタンス	350μH, 5-6ピン間（その他のピンは開放）
2次巻き線	100μH, 5-6ピン間（7〜4ピンは短絡）
自己共振周波数	5-6ピン間の自己共振周波数：1MHz以上

図15　トランスの巻き線仕様の巻き数と電線

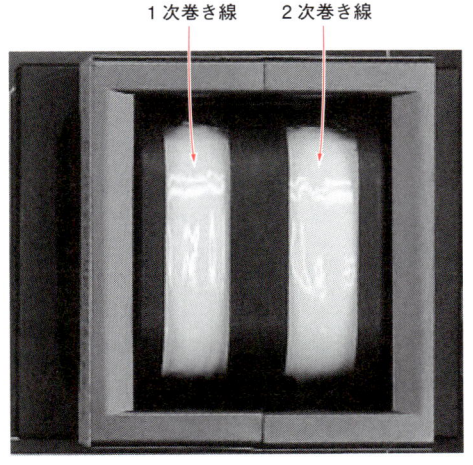

写真2　トランスの外観

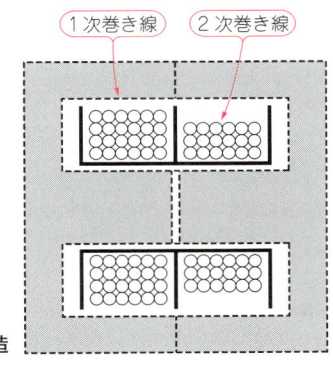

図16　トランスの構造

振用コンデンサの種類は電流容量が一番取れるポリプロピレン・コンデンサが適しています．

● **LLC用MOSFET**（Q_{10}，Q_{11}）

LLCのメインのMOSFETは，IRVishay社のIRFIB5N50LPBF（500 V/4.7 A，オン抵抗670 mΩ）です．

流れる電流は共振用コンデンサ（C_{39}）の電流が最大約2.0 Aなので，$\sqrt{2}$で割って1.4 Aになります．ロスは$R_{ON}I^2 = 2.0$ Wになります．フィンの熱抵抗が13.4 W/℃なので，最大で27 ℃の温度上昇になります．

● **PFC用のMOSFET**（Q_2）

Infineon社のCoolMOSで，PP21N50C31N（560 V/21 A，オン抵抗190 mΩ）です．入力電流は最大はAC 90 Vのときで実効値で約2.8 A，ロスは2.8@2×0.19 = 1.49 Wです．MOSFETのロスをこの65 %として，0.89 Wとなります．

● **PFC整流ダイオード**（D_2）

STmicroのUltra-fast Recovery Diode，STTH8S06D（600 V/8 A，，リカバリ・タイム12 ns，TO-220）です．超高速ダイオードです．

このダイオードはMOSFET（Q_2）がターン・オンしたとき，リカバリ・タイムの間，出力平滑コンデンサ（C_{11}）に充電されている電荷でダイオード（D_2）のリカバリを通して，MOSFET（Q_2）でデッド・ショートされてしまいます．

このときのエネルギーはリカバリ・タイムの2乗で効いてきて，そのほとんどがロスになります．リカバリ終了時のノイズの発生を抑えるために，MOSFETのドレインにフェライト・ビーズ（$Bead_1$）を入れています．

● **LLC出力整流ダイオード**（D_9，D_{10}）

出力整流ダイオードは100 V，2×8 A，デュアル・ショットキー・バリア・ダイオード16CTT100（Vishay，TO-220AB）を使っていて，だいぶ耐圧の高いショットキー・バリア・ダイオードを使っています．

順方向電圧は0.58 V（@125 ℃/8 A）です．このダイオードには出力電圧の2倍の電圧とサージ電圧ぶんがかかり，特別に高速の必要はありませんが，順方向ドロップが小さいダイオードが必要です．

基板の測定結果

AC 100 VとAC 230 Vで測った効率と力率のグラフを**図17**に示します．負荷は−24 V/228 W単独で取っています．LLCコンバータの効率は，AC 100 VでもAC 230 Vでも入力電圧がどちらも386.5 Vで一定なので，一つのグラフにしてあります．

力率は入力電流が大きいAC 100 Vのほうが良くなり，効率はAC 230 Vのほうが良くなっています．また，AC 100 VとAC 230 VではPFC回路の効率が昇圧比の大きいAC 100 Vのほうが効率が悪くなっていますが，力率は良くなっています．

このコンバータは力率改善回路もLLCの回路も昇圧タイプなので，どちらも入力電圧が低いほうが効率が悪くなっています．しかし，全体としてはかなり高

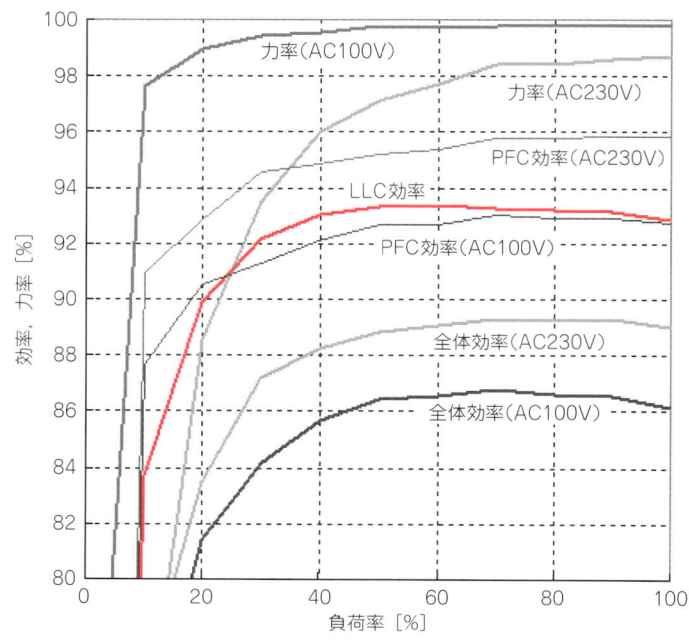

図17　負荷率と効率/力率の特性

効率を示しています．

● **各部の波形**

以下に各部の動作波形を示します．負荷は5 V，12 V出力の負荷はゼロとして，24 V出力だけの負荷としています．24 Vの負荷を24 V/9.5 A（228 W）としたオシロスコープの波形のうち，高電圧波形は100：1のプローブを使って測定しています．

▶ MOSFETの電流/電圧波形

図18にMOSFET（Q_2）の電流/電圧波形を示します．発振周波数は無負荷で195 kHz，半負荷で101 kHz，全負荷で99.9 kHzになっています．無負荷のときの周波数がだいぶ上がっていますが，これは無負荷のときに出力電圧が巻き線比以下の電圧になっていることが原因です．このため，LLCの入力電圧がさらに上昇した場合，出力電圧が上昇してしまうぎりぎりの設定になっています．

図18（a）で，無負荷のときの電流は−から＋極性に直線的に流れています．−のピーク電流と＋のピーク電流が同じなら，＋極性で電源からMOSFETを通って供給されたエネルギーが−極性で電源に戻り，損失がないことになりますが，大きさが違うのでそのぶんロスになっています．

▶ MOSFETの切り替え時間の波形

図19に，全負荷時と無負荷時のMOSFETの切り替え時間の波形を示します．MOSFETに並列に外部コンデンサは特に入れてなく，MOSFETのC_{oss}とトランスの浮遊容量などを共振要素として使っています．

そのため，立ち上がり立ち下がり時間は非常に速くなっています．この波形の立ち上がり時間は全負荷で約30 nsで，無負荷で約100 nsで切り替わっています．非常に速い速度で，きれいな切り替わり波形になっています．

▶ 出力整流ダイオードの電圧/電流波形

図20に出力整流ダイオード（D_9）の電圧波形と電流波形を示します．ダイオードの逆電圧は出力電圧の約2倍の50 Vがかかっています．電流は正弦波に近い電流波形が流れています．全負荷の出力電流が9.5 Aな

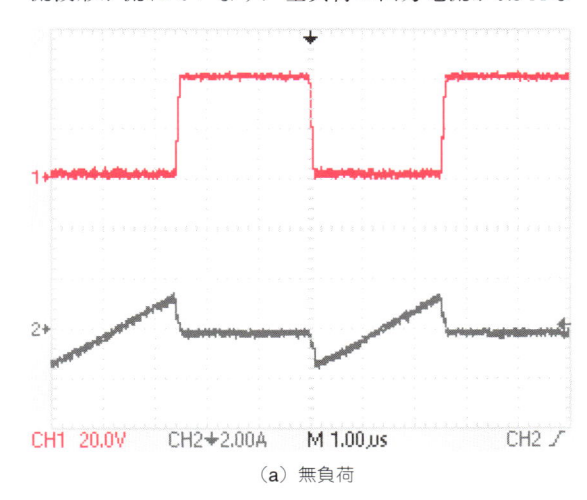

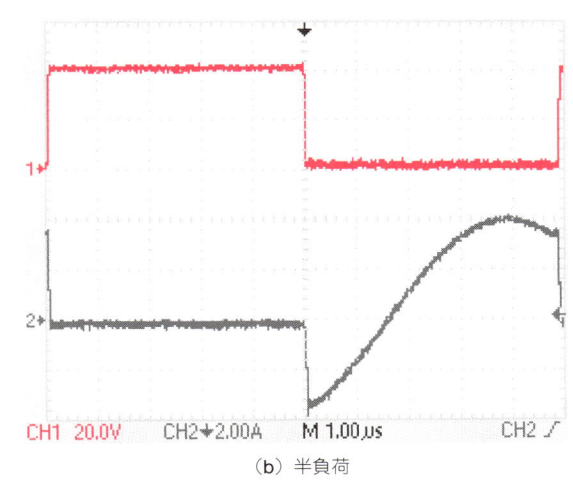

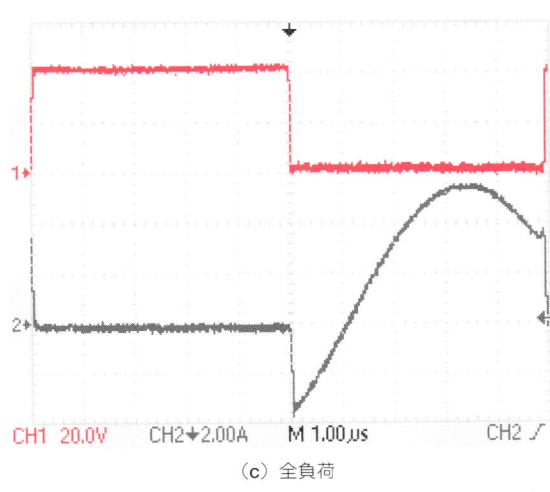

(a) 無負荷

(b) 半負荷

(c) 全負荷

図18 MOSFETの電圧/電流波形（上：電圧，下：電流）

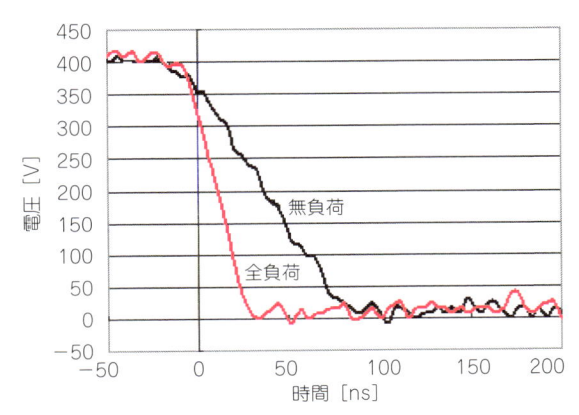

図19 全負荷と無負荷の部分共振

(a) 無負荷

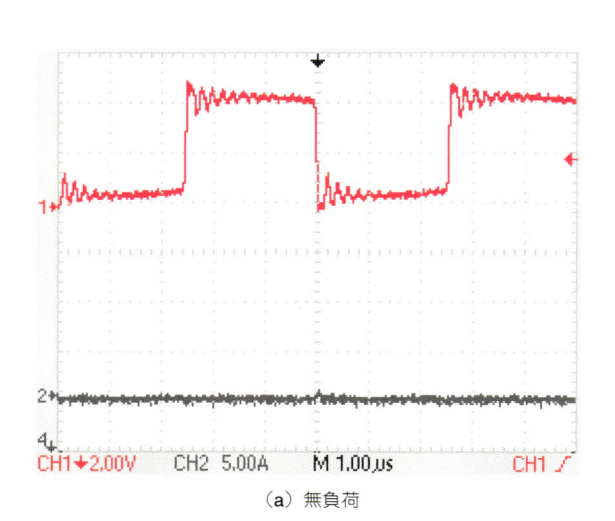

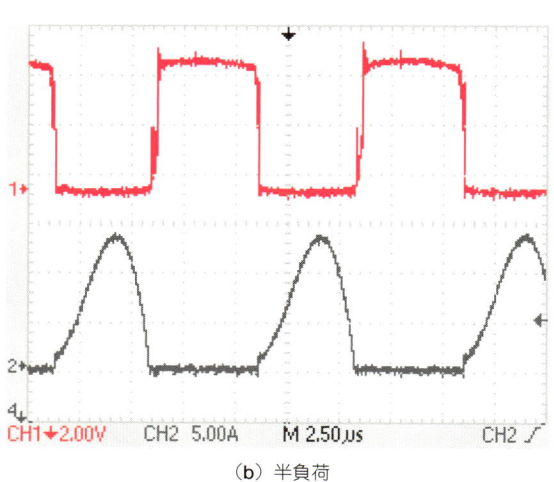

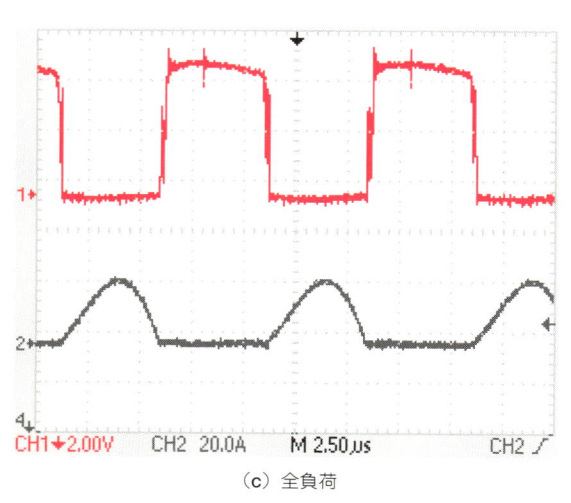

(b) 半負荷

(c) 全負荷

図20 出力整流ダイオードの電圧/電流波形(上：電圧，下：電流)

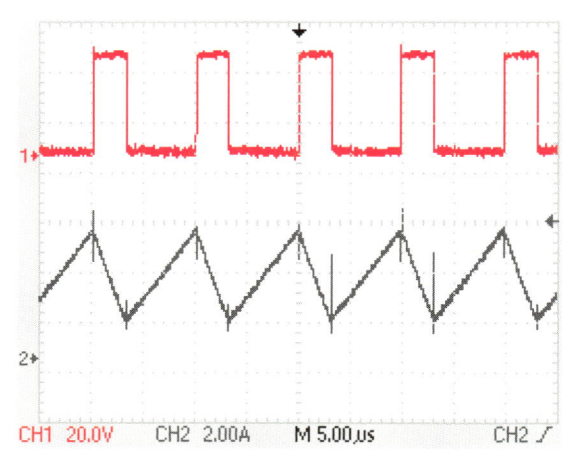

図21 PFCのMOSFETの電圧と昇圧インダクタの電流波形(上：電圧，下：電流)
AC 100 V入力，全負荷

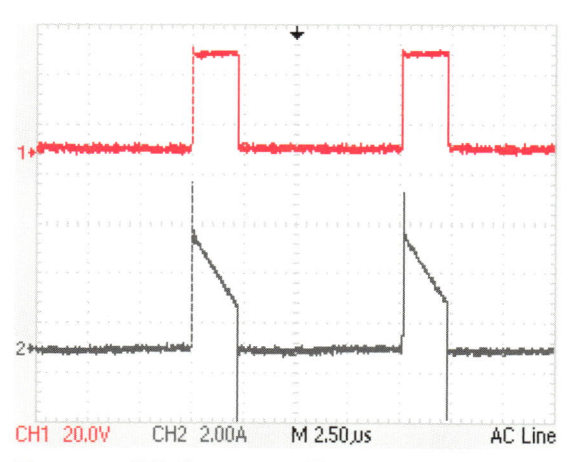

図22 PFC整流ダイオードの電圧/電流波形(上：電圧，下：電流)
AC 100 V入力，全負荷

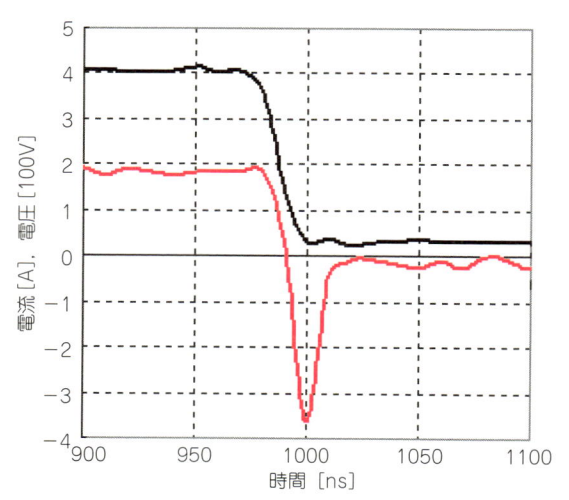

図23 拡大したリカバリ波形(上：電圧，下：電流)

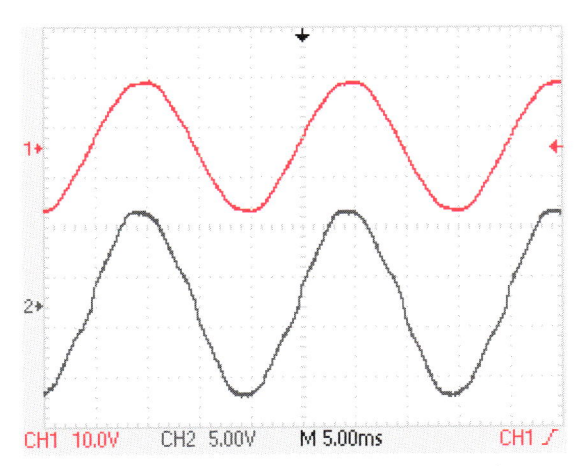

図24 AC 100 Vの全負荷時の商用電源入力波形(上：入力電圧，下：入力電流)

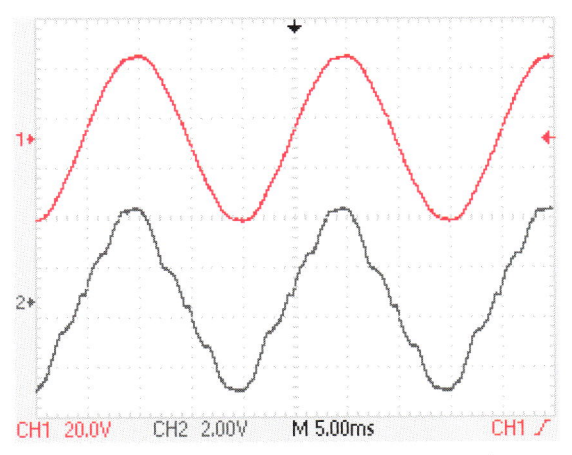

図25 AC 230 Vの全負荷時の商用電源入力波形(上：入力電圧，下：入力電流)

ので，このダイオードの平均電流は全負荷時には4.75 A，半負荷時には2.37 A，無負荷では0 Aになります．

無負荷の波形は励磁電流で昇圧していない高いほうの共振周波数以上で使っているので，共振による昇圧はされていません．そのため，ほとんど波形は矩形波に近くなっています．

▶PFCのMOSFETの電圧と昇圧インダクタの電流波形

図21に，PFCのMOSFET(Q_2)の電圧と昇圧インダクタ(L_4)の電流波形を示します．この波形は50 Hzで変調されているので，商用周波数の半サイクルの一部です．50 Hzのなかのどのあたりの波形かで，ピーク電流や時比率が変わってきます．

また，インダクタ(L_4)の電流が電流連続モード(CCM)になっていることがわかります．

▶MOSFETの電圧とPFC整流ダイオードの波形

図22に，PFC整流ダイオード(D_2)の波形を示します．インダクタ(L_4)電流の勾配が，マイナスになっているところだけを取り出したような波形になっています．

図23に，拡大したリカバリの波形を示します．リカバリ電流はかなり大きく，－3.5 A流れています．リカバリ・タイムは20 nsくらいに読めます．リカバリの傾斜は0.25 A/nsあるので，配線の浮遊インダク

タンスは小さくできています．

▶全負荷時の入力電流

図24にAC 100 Vの全負荷時の入力電流を，図25にAC 230 Vの全負荷時の入力電流を示します．

AC 230 Vのほうが，入力電流が少ないので歪率が悪くなっています．

◆参考・引用＊文献◆

(1) LLC共振コンバータの設計，電源回路設計2009，CQ出版社．
(2) PFC＋LLC共振コンバータの設計，電源回路設計2009，CQ出版社．
(3) JISC61000-3-2 電磁両立性-第3-2部：限度値-高調波電流発生限度値．
(4)＊ PLC810PGデーターシート，Continuous Mode PFC & LLC Controller with Integrated Half-Bridge Drivers, Power Integrations.
(5)＊ Document Number RDR-189 LCDTV, Power Integrations.
(6) 森田 浩一；正弦波電圧検出を使わない力率改善制御回路，信学技報，EE2005-46, pp.43～46, 2005年11月．
(7) AN-46 Application Note Hiper PLC Family Design Guide, Power Integrations.
(8) Design Example Report 150W Power Factor Corrected LLC Power Supply Using Hiper PLC (PLC810PG), Power Integrations.
(9) RDR189, 225W 40Inch LCD TV Power Supply Using PLC810PG, Power Integrations.

Appendix-A
オン・セミコンダクターのLLC電源

　写真A-1に，電源ボードの写真を示します．昇圧型のPFCとLLCコンバータが組になったスイッチング電源です．

　フラット・テレビ用の電源ボードです．出力電圧もフラット・テレビにそのまま使えるようなスイッチング電源で，CCFL（冷陰極管）用の24 V/6 A，ディジタル関係の12 V/3 A，オーディオ関係の30 V/1 A，その他ディジタル用の5 V/2.5 Aの出力で，合計222.5 Wの出力電力の基板です．入力電圧はAC 90～265 Vのワイド入力です．

● 仕様
- 入力電圧：AC 90～265 V
- 出力（＊印がLLCコンバータ出力）
  24 V/6 A　144 W（＊）
  12 V/3 A　36 W（＊）
  30 V/1 A　30 W（＊）
  5 V/2.5 A　12.5 W（スタンバイ出力）
  合計：222.5 W
- スタンバイ電力：5 V/0.1 A負荷で入力1 W以下

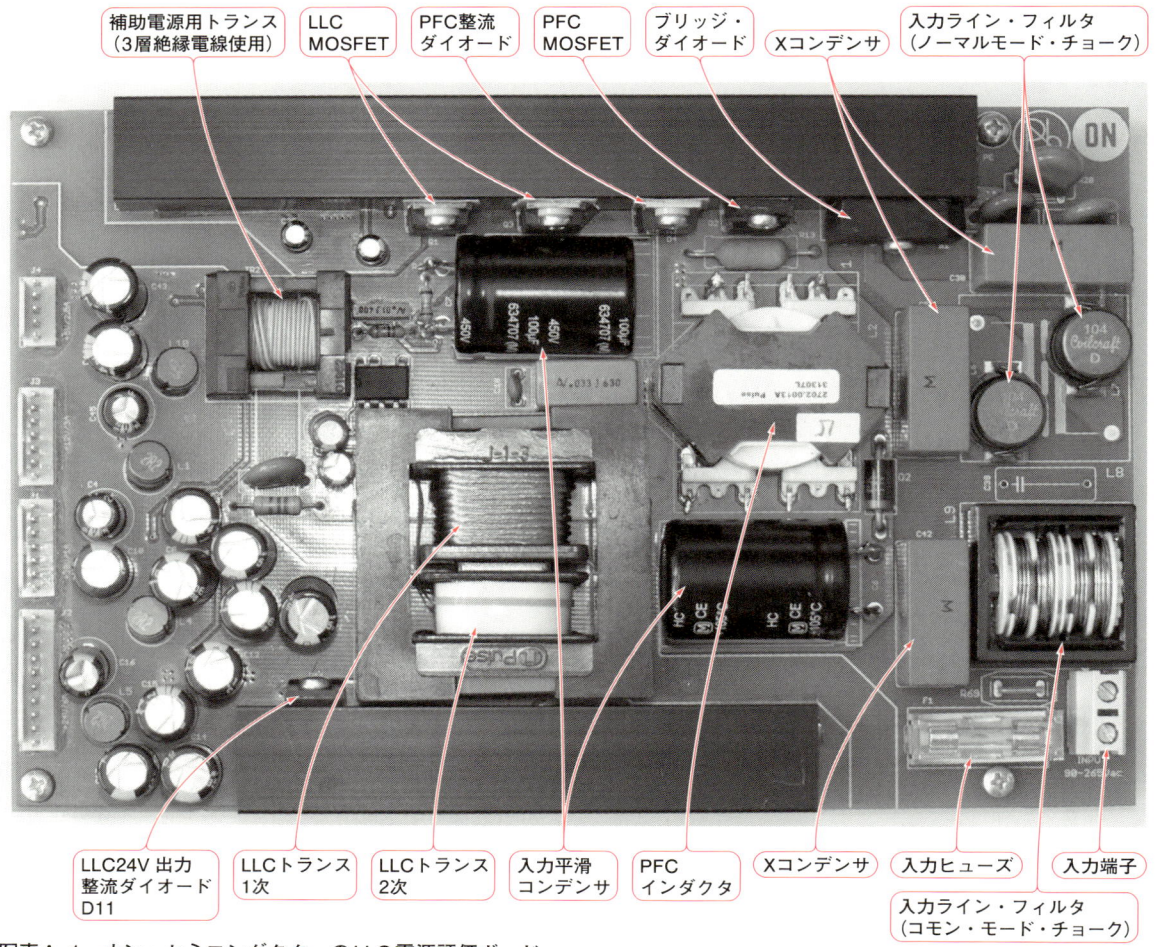

写真A-1　オン・セミコンダクターのLLC電源評価ボード

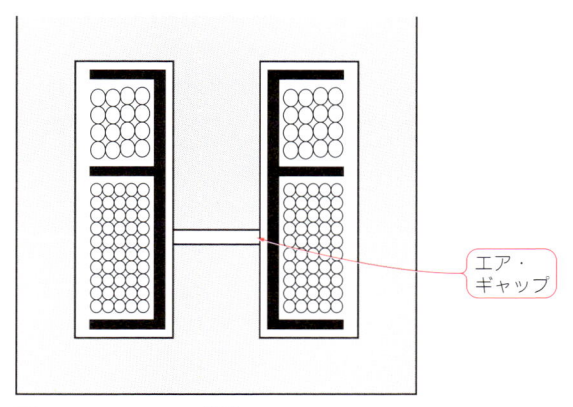

図A-1 トランスの構造

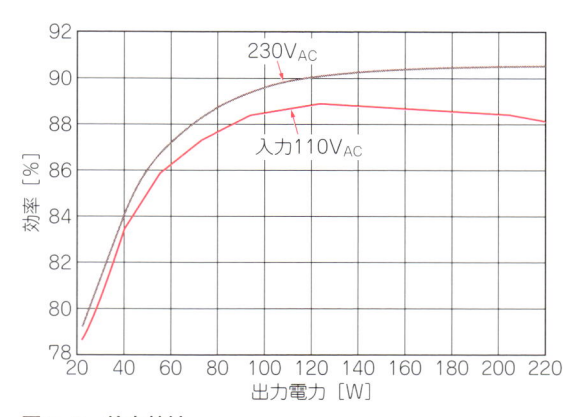

図A-2 効率特性

● 使用部品

　LLCの制御にはオン・セミコンダクターのNCP1396Aを使っています．

　LLCの共振コンデンサにはポリプロピレンMKPタイプ630 V/0.003 μF（Arcotronics：R73-0.033_F15 630 V）を使っています．

　PFCにはオン・セミコンダクターのNCP1605を使っています．このICは電流不連続モード（DCM）のPFC用ICです．電流不連続モード（DCM）は整流ダイオードのリカバリ・ノイズは出にくいけど，ピーク電流が大きくなります．PFC整流ダイオードにはMSR860（オン・セミコンダクター，600 V，8 A，t_{rr} = 100 ns）を使っています．

　NCP1605の12番ピンにpfcOK信号があり，PFCがOKかどうかの出力が出ているので，この信号をLLCのBO（BrownOut）信号としています．

　トランスは図A-1のような構造になっています．巻き数は，1次巻き線が38ターン，24 V出力が4ターン，12 V出力が2ターン，30 V出力が5ターン，L_P = 450 μH，L_S = 115 μH，L_P/L_S = 3.9です．

　コアは長さの違うものを組み合わせています．センタ・ギャップで，ギャップの位置が巻き数が多く細い線を巻いている1次側の下に位置しているので，トランスの構造は効率が良い構造になっています．

　補助電源にはオン・セミコンダクターのNCP1027によるフライバック・コンバータを使っています．トランスは3層絶縁線を使っています．

　LLC用のMOSFETにはSTマイクロエレクトロニクスのSTP12NM50FP（500 V，12 A，0.3 Ω，TO-220FP）を使っています．また，PFC用のMOSFETにはSTマイクロエレクトロニクスのSTP20NM60FP（600 V，20 A，0.25 Ω，TO-220FP）を使っています．

● 効率

　電源全体の効率は，図A-2のようにかなり良い効率になっています．負荷が増えると効率が少し悪くなり，入力電圧が高くなると効率が良くなります．AC 230 VとAC 115 Vでは約2%効率が違います．

　オン・セミコンダクターのLLCコントローラICには，このNCP1396A/Bのほかに，少し違うNCP1397A/Bや8ピンで保護回路の少ないNCP1392Bがあります．また，ハイサイド・ドライバの入っていないNCP1395A/Bなどもあります．

◆ 参考文献 ◆

(1) AND8293/D，アプリケーションノート，Implementing an LCD TV Power Supply with the NCP1396A, NCP1605, and NCP1027，オン・セミコンダクター．
(2) NCP1396Aデーターシート，オン・セミコンダクター．
(3) NCP1605データーシート，オン・セミコンダクター．
(4) NCP1027データーシート，オン・セミコンダクター．
(5) AND8296/Dアプリケーションノート，Implementing an LCD TV Power Supply with the NCP1396A, NCP1605, and NCP1027，オン・セミコンダクター．
(6) TND316D，220W LCD TV Power Suply Reference Design Featuring NCP1396 and NCP1605 Documentation，オン・セミコンダクター．
(7) AND8255/Dアプリケーションノート，A Simple DC SPICE Model for the LLC Converter，オン・セミコンダクター．
(8) Implementing an LCD TV Power Supply with the NCP1392B, NCP1606 and NCP1351B，オン・セミコンダクター．
(9) AND8257/Dアプリケーションノート，オン・セミコンダクター．
(10) AND8311/D，Understanding the LLC Structure in Resonant Applications，オン・セミコンダクター．

Appendix-B
フェアチャイルドのLLC電源

　フェアチャイルド・セミコンダクターのLLCのコントローラICには，メインのMOSFETが内蔵されたRSFR1700～2100というシリーズがあります．このICは，出力電力によって内部のMOSFETを変えています．内蔵のMOSFETのオン抵抗によって表B-1のようなシリーズ構成になっています．

　このICの内蔵のコントローラはすべて共通で，FAN7621というICが入っていて，FSFR1700～2100はオン抵抗の違ったMOSFETが図B-1のよう組み込まれています．

　写真B-1の評価ボードは，24 V/8 A単出力の電源です．

● 仕様
・入力電圧：DC 390 V（340～400 V）
・補助電源：18 V（16～20 V）
・出力：24 V/8 A，192 W

　この基板はAC入力ではなくDC入力になっていて，補助電源も外部から入力する方法です．そのため，効率特性など，補助電源も含めない純粋にDC-DCコン

表B-1　FSFRシリーズの種類

型　番	パッケージ	ジャンクション温度	$R_{DS(ON\_MAX)}$	最大出力電力（放熱器なし）（V_{in} = 350～400 V）	最大出力電力（放熱器あり）（V_{in} = 350～400 V）
FSFR2100	9ピンSIP	−40～+130℃	0.38 Ω	200 W	450 W
FSFR2000			0.67 Ω	160 W	350 W
FSFR1900			0.85 Ω	140 W	300 W
FSFR1800			0.95 Ω	120 W	260 W
FSFR1700			1.25 Ω	100 W	200 W

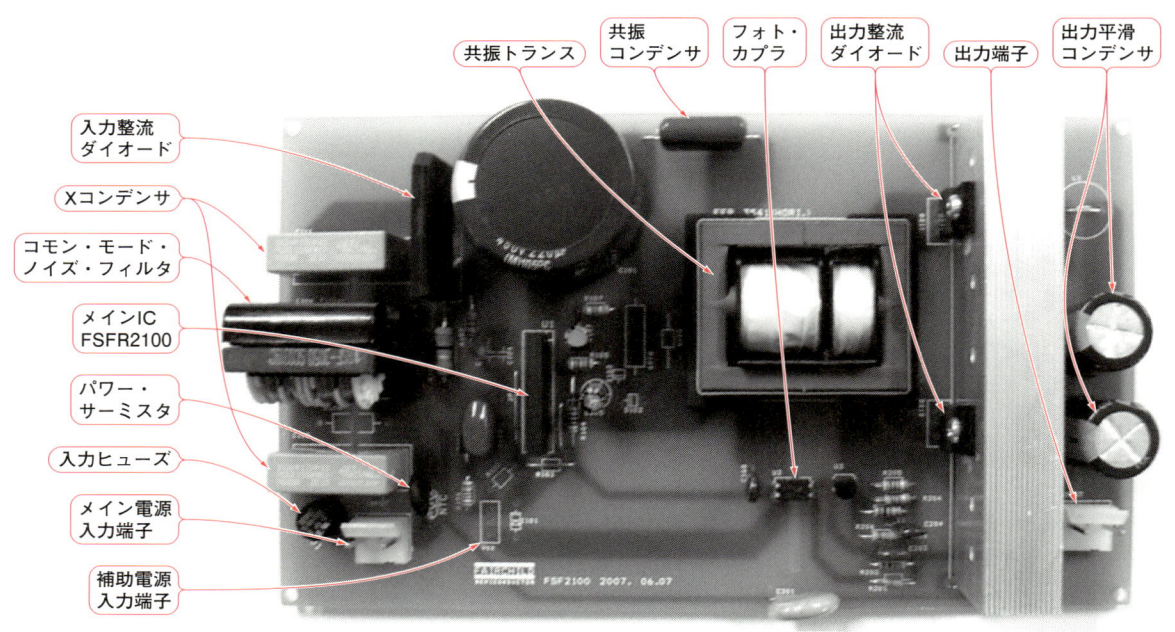

写真B-1　フェアチャイルドのLLC電源評価ボード

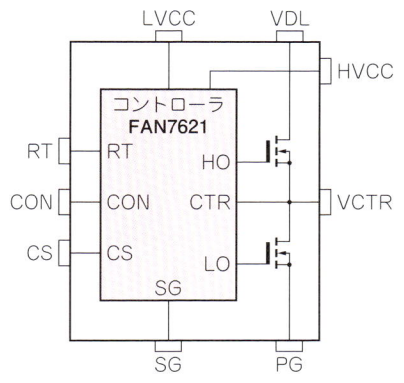

図B-1　FSFRシリーズとFAN7621

表B-2　インダクタンスと巻き数

巻き線	ピン	電線	ターン	備考
N_P	8-1	30/0.12 mmφリッツ線	36	—
N_{S1}	12-9	100/0.1 mmφリッツ線	4	バイファイラ巻き
N_{S2}	16-13	100/0.1 mmφリッツ線	4	バイファイラ巻き

L_P	1-8	630 μH	2次開放
L_S	1-8	135 μH	2次短絡

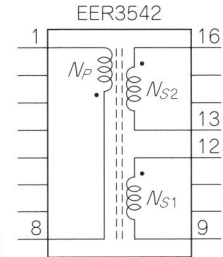

図B-2　トランスの構造

・コア：EER3542（Ae＝107mm²）
・ボビン：EER3542（Horizontal）

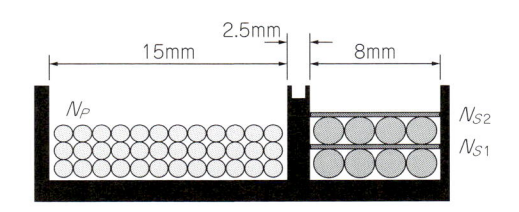

表B-3　トランス励磁と漏洩インダクタンスの関係

ギャップ長 [mm]	L_P [μH]	L_R [μH]
0.0	2295	123
0.05	943	122
0.10	630	118
0.15	488	117
0.20	419	115
0.25	366	114

図B-3　効率特性

バータのみの効率になっているので効率は94％を越して，他社の評価ボードよりも効率が高くなっています．

● トランス

図B-2のような構造になっています．コアはEER3542，ボビンはEER3542（横置き）を使っています．インダクタンスと巻き数は表B-2のようになっています．

トランスのエアー・ギャップを変更したときのLP，LSの関係が出ていたので，参考までに表B-3に示します．

● 効率

効率特性を図B-3に示します．DC-DCコンバータ部だけの効率なのですが，最大94％を越えています．かなり効率も良いといえるでしょう．

◆ 参考文献 ◆

(1) FSFR2100データーシート，フェアチャイルド・セミコンダクター．
(2) AN-4151アプリケーションノート，HalfBridge LLC Resonant Convereter Design Using FSFR-series Fairchild Power Switch，フェアチャイルド・セミコンダクター．
(3) FAN7621，PFM Controller for Half-Bridge Resonant Converters，フェアチャイルド・セミコンダクター．
(4) FEB212-004 User Guide FSFR2100 Evaluation Board Test Report Application for LCD TV Power Supply，フェアチャイルド・セミコンダクター．
(5) Desingn Considerations for an LLC Resonant Converter，フェアチャイルド・セミコンダクター．

Appendix-C
NXPセミコンダクターズのLLC電源

　NXPセミコンダクターズ（旧フィリップス）のLLCコンバータの評価ボードの外形図を**図C-1**に示します．

● **仕様**
　　・入力電圧：AC 85～276 V
　　・出力：190 V/250 mA
　　　　　　80 V/250 mA
　　　　　　+13 V/1 A
　　　　　　+5 V/50 mA
　　　　　　-6.2 V/650 mA
　　　　　　-13 V/1 A
　　　合計：90 W

● **使用部品**
　LLC制御はTEA1610です．LLCのメインMOSFETはPHP8N50E（500 V/8.5 A，0.85 Ω）を使っています．
　共振コンデンサはVISHAYの1000 V/22 nF，メタライズド・ポリプロピレン・コンデンサです．
　トランスのコアはETD35です．

● **効率**
　効率は下記のとおりです．

87％（AC 90 V）
88％（AC 230 V）
89％（AC 276 V）

　図C-2に効率特性を示します．これはPFC回路がないときのワイド入力です．

◆ 参考文献 ◆
(1) AN99011 アプリケーション・ノート，90W Resonant SMPS with TEA1610 SwingChip，NXPセミコンダクターズ．
(2) TEA1610Pデータシート，Zero-voltage-switching resonant converter controller，NXPセミコンダクターズ．

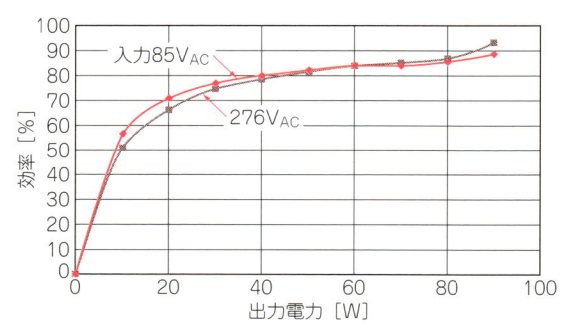

図C-2　効率特性

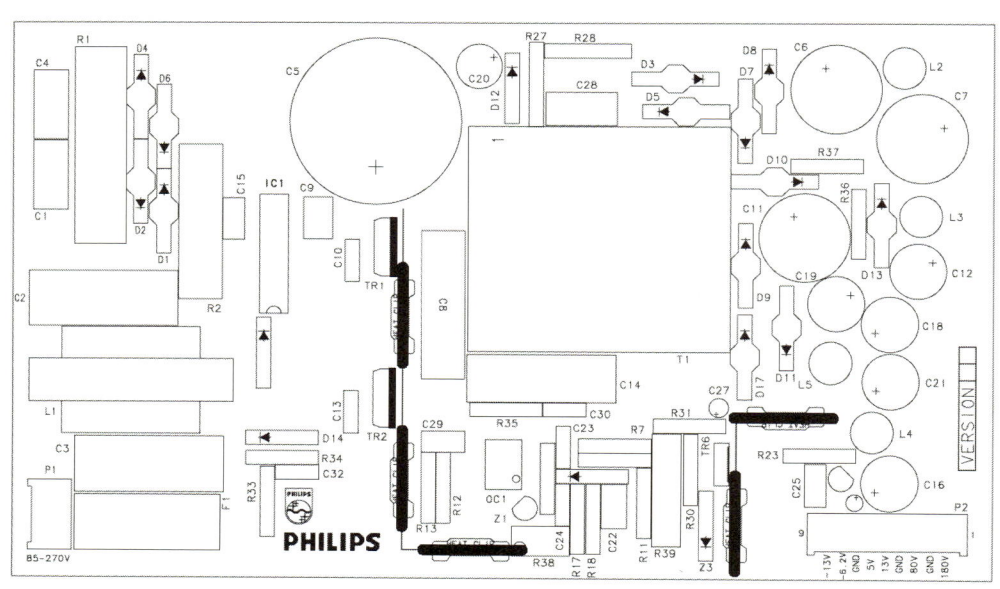

図C-1　NXPセミコンダクターズのLLC電源評価ボードの外形図

Appendix-D
STマイクロエレクトロニクスのLLC電源

　STマイクロエレクトロニクスのLLC評価ボードの外観を**写真D-1**に示します．PFCには昇圧型電流不連続モードのPFCを使っています．

● 仕様
　・入力電圧：AC 90～264 V
　・出力（＊印がLLC出力）
　　200 V/2.0 A（＊）
　　3.3 V/0.7 A
　　5 V/1 A
　　合計：407 W

● 使用部品
　LLCトランスは図D-1のような2分割の構造と巻き線です．

　最低動作周波数：75 kHz
　励磁インダクタンス：240 μH
　漏洩インダクタンス：40 μH
　1次巻き線：19ターン（20/0.2 mmϕリッツ線）
　2次巻き線：2×18ターン（20/0.2 mmϕリッツ線）
　巻きかた：ボビンによる分割巻き

　コアはER49，PC44を使っていて，同じ形状のコアを2個組み合わせています．
　LLCコントローラにはSTマイクロエレクトロニクスのL6599を使っています．
　PFCコントローラにはSTマイクロエレクトロニクスのL6563を使っています．このICは電流不連続モード（DCM）の力率改善回路（PFC）で，このICとLLCコントローラの間はPWMLatchなどの信号をやりとりしています．

写真D-1　STマイクロエレクトロニクスのLLC電源評価ボード

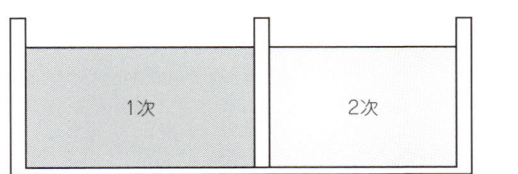

図D-1　トランスの構造と巻き数

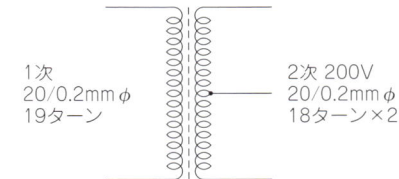

電流不連続モード（DCM）は整流ダイオードのリカバリ・ノイズは出にくいけれど，ピーク電流が大きくなります．PFC整流ダイオードにはSTTH8R06（STマイクロエレクトロニクス，600 V，8 A，t_{rr} = 25 ns）を使っています．

電流共振コンデンサは600 V/47 nF，ポリプロピレン・コンデンサを使っています．

LLCのMOSFETにはSTマイクロエレクトロニクスのSTP14NK50Z（500 V，14 A，0.34 Ω，TO-220），PFCのMOSFETにはSTマイクロエレクトロニクスのSTP12NM50FP（500 V，12 A，0.3 Ω，TO-220FP）を2パラで使っています．

● 効率

効率は図D-2のような特性になっています．最高で約93％になっています．

◆ 参考文献 ◆
(1) AN2492アプリケーション・マニュアル，Widerange 400W L6599-based HB LLC resonant converter for PDP application，STマイクロエレクトロニクス．
(2) L6599データシート，STマイクロエレクトロニクス．
(3) 6563データーシート，STマイクロエレクトロニクス．

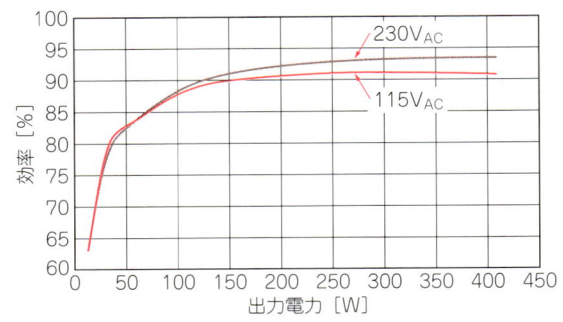

（a）対出力電力

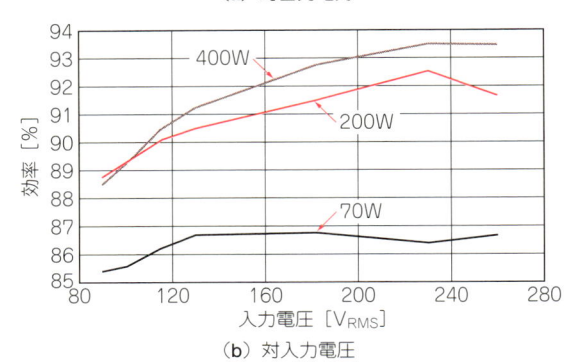

（b）対入力電圧

図D-2 効率特性

グリーン・エレクトロニクス No.8　　好評発売中

特集 付属デバイス"PrestoMOS"を実際に使いながら学ぶ…

高速&高耐圧！パワーMOSFETの活用法

B5判 112ページ
デバイス3個付き
定価 3,780円（税込）

パワー・エレクトロニクスの分野では，スイッチング・ロスの低減や高温度環境下での動作特性に優れるデバイスが期待されています．産業機器やエアコン向けのインバータ，プラグイン・ハイブリッド・カーや電気自動車などに用いる充電器，さらに太陽光/風力発電などのDC-ACコンバータなど，多くの用途に向けた省電力化のキー・パーツとして，高速で高耐圧のパワー・デバイスが注目されているからです．本書に付属するPrestoMOS R5009FNX（ローム）は，低オン抵抗，低入力容量に加えて，内部ダイオードの高速化を実現したスーパージャンクションMOSFETです．内部ダイオードの高速化によって，外付けのファスト・リカバリ・ダイオードを削減することができ，回路動作の高速化と相まって機器の小型/軽量化が可能となります．本書では，付属のPrestoMOSを利用した回路を設計し，実際に動作させながら高速/高耐圧パワーMOSFETの活用法を解説します．

Appendix-E
テキサス・インスツルメンツのLLC電源

　テキサス・インスツルメンツのLLCコントローラの評価ボードは，高圧がDC 375～405 Vで，別に補助電源が必要です．補助電源は12 Vです．DC入力のDC-DCコンバータです．評価基板の外形図を図E-1に示します．

　回路は12 V単出力で，ATXのパソコン電源を想定したLLC電源です．入力にはPFCで安定化されたDC 375～405 Vを入力します．

● 仕様
・入力電圧：DC 375～405 V
・出力：単出力（LLCコンバータ出力）
　12 V/25 A，300 W

● 使用部品
　LLCの制御にはテキサス・インスツルメンツのUCC 25600Dを使っています．このICは，保護が過電流垂下だけであとは何もないLLC制御ICです．

　メインMOSFETのドライブは，ハイ・サイド・ドライブにICを使わないで一つのトランスでドライブしています．

　公称周波数は110 kHz（V_{in} = 390 V，全負荷）です．
　LLCのMOSFETには，IPP60R099CP（650 V，31 A，0.099 Ω，TO-220）を使っています．

● 効率
　図E-2に効率特性を示します（V_{in} = 390 V，E_{out} = 12 V）．
　効率：91 %（I_{out} = 25 A）
　　　　92.5 %（I_{out} = 15 A）

◆ 参考文献 ◆
(1) LLC Resonant Half-Bridge Converter, 300-W Evaluation Module, User's Guide SLUU361, April 2009, テキサス・インスツルメンツ．

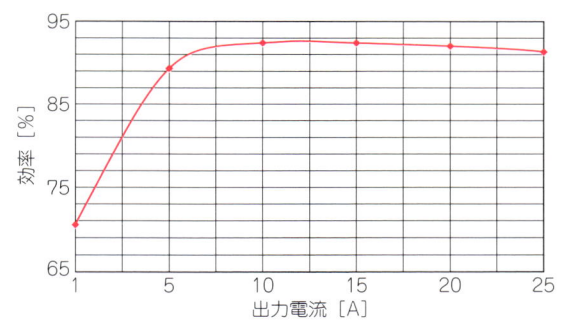

図E-2　効率特性

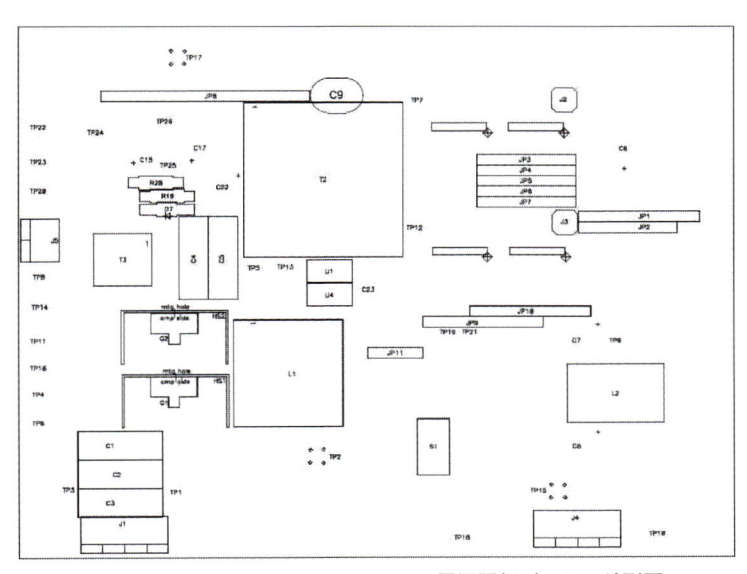

図E-1　テキサス・インスツルメンツのLLC電源評価ボードの外形図

製作事例

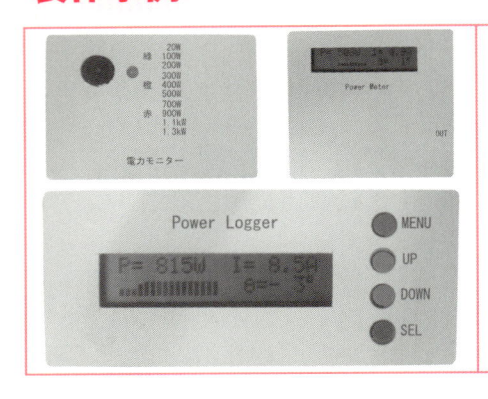

切り忘れ防止，タコ足による過電流検出，
待機電力チェック

無駄減らし効果が目に見える三つの消費電力メータ

渡辺 明禎
Akiyoshi Watanabe

「CO_2による地球温暖化を防ぎ，限りある資源を無駄に消費しないエコを実現するためには，電気を効率良く使って，その使用量を減らすことが重要…」とはいうものの，文明社会で生活している私たちの電気の使用量は減るどころか増える一方です．

私は，電気の無駄使いを減らすことがエコを実現するための第一歩だと考えています．身の回りには，廊下やトイレの電気の切り忘れやテレビのつけっぱなしなど，さまざまな無駄があります．

無駄を減らす努力の結果は，翌月の電気料金の請求書からなんとなく感じるだけです．そこで，家庭内の電気の消費状況がリアルタイムに表示される3種類の消費電力メータを作りました．いつもより電気の消費が多ければ，就寝時に電源を切り忘れた電気機器があったことがすぐに分かります．

3種類の電力メータを製作

本稿では3種類の電力メータを製作します．仕様を表1に示します．

(1) **電力メータA**：切り忘れやタコ足による過電流を監視するテーブル・タップ型

写真1に外観を示します．

テーブル・タップのケーブルの途中に取り付けるタイプです．テーブル・タップに接続した電気機器の消費電力を知ることができます．大電力消費機器の接続やタコ足配線による過電流（12 A）の警告，消費電力モニタ用LEDによる切り忘れ対策などにも使えます．

また，測定電力のホールド機能により，瞬間的な大電力消費を知ることができます．このことによって，トラッキング現象をとらえることも可能だと思います．トラッキングとは，コンセントとプラグとの隙間に

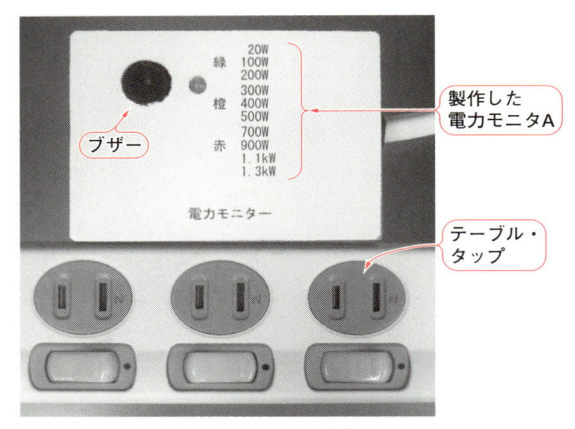

写真1 製作したテーブル・タップ用電力メータA

表1 本稿で製作する電力計の仕様

名称	電力メータA	電力メータB	電力メータC
用途	大電力消費機器のモニタ（テーブル・タップ用）	待機電力測定など	家庭全体の消費電力モニタ
最大測定電力	1500 W	1500 W	5000 W
最小測定電力	1 W	1 W	10 W
表示単位	−	0.1 W	10 W
測定精度	−	5 %	5 %
電流センサ	CT	CT	ICセンサ
特徴	過電流の検出 タコ足配線監視 切り忘れ監視	LCDによる電力表示 消費電力の時間推移表示	ロギング機能（1カ月） 消費電力の時間推移表示 無線データ通信機能パソコンによるデータ解析

無駄減らし効果が目に見える三つの消費電力メータ

写真2 1W以下の待機電力も測定できるLCD付きの高精度型電力メータB

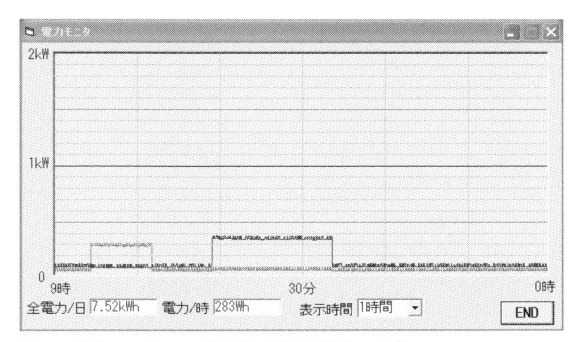

図1 電力メータCで観測した消費電力の変化
パソコンでの電力監視/管理のようす

溜まったほこりが湿気を吸って，絶縁状態が悪くなり，プラグ両極間に電気が流れて発熱して発火する現象です．

ここでは，この消費電力メータAのハードウェアの作り方を説明します．ソフトウェアは，Supplement (p.114)で説明します．

(2) 電力メータB：1W以下の待機電力も測定できるLCD付きの高精度型

写真2に外観を示します．

LCDによる消費電力表示で個別の機器の電力を正確に測定します．電流はカレント・トランスで測定するので，1W以下まで測定できます．見逃しがちな，電気機器の待機電力などを測定することによって，きめ細かい電力管理ができるようになります．

(3) 電力メータC：測定値を無線で飛ばしてパソコンでロギングする大電力型

写真3に外観を示します．

配電盤内にICタイプの電流センサを取り付けることによって，家庭内で消費されている電力を時々刻々と知ることができます．大容量のデータ・ロギング機能をもち，無線データ通信機能により，図1に示すようにパソコンでの電力監視，管理が容易にできます．従って，家庭内での省エネ対策に強力な装置となります．

備えつけの電力メータのしくみ

■ 電力の測定方法

電力は，電圧×電流で求めることができます．従って，いかに正確に電流，電圧を測定できるかが，電力メータの性能に直接影響します．

● 直流電力

単に電圧×電流で簡単に求めることができます．

● 正弦波交流電力

図2に示すように，電圧波形と電流波形の位相θにはずれがあるため，単純に電圧×電流で求めることはできません．図において，皮相電力は電圧の実効値と電流の実効値との積で求められ，単位はボルト・アンペア［VA］で記号はSです．

有効電力は，負荷で実際に消費される電力で，単位はワット［W］，記号はPです．製作する電力メータ

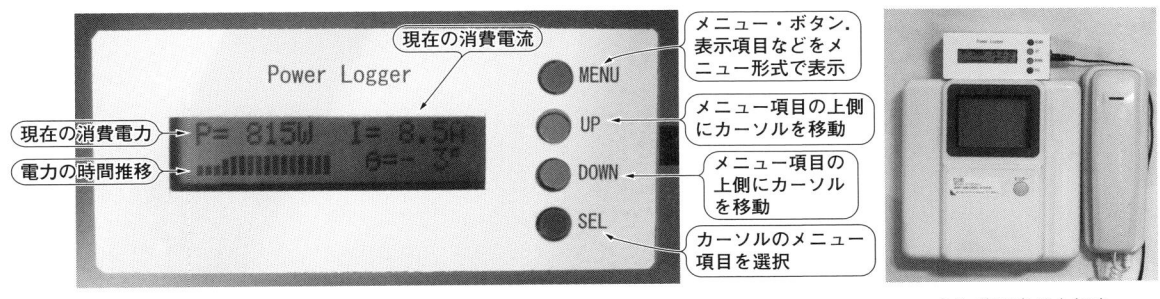

写真3 ロガー機能をもつ電力メータC
(a) 外観
(b) 使用中のようす

現在の消費電力
電力の時間推移
現在の消費電流

メニュー・ボタン．表示項目などをメニュー形式で表示
メニュー項目の上側にカーソルを移動
メニュー項目の上側にカーソルを移動
カーソルのメニュー項目を選択

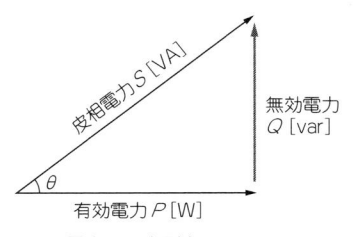

図2 電力の三角形（パワー・トライアングル）

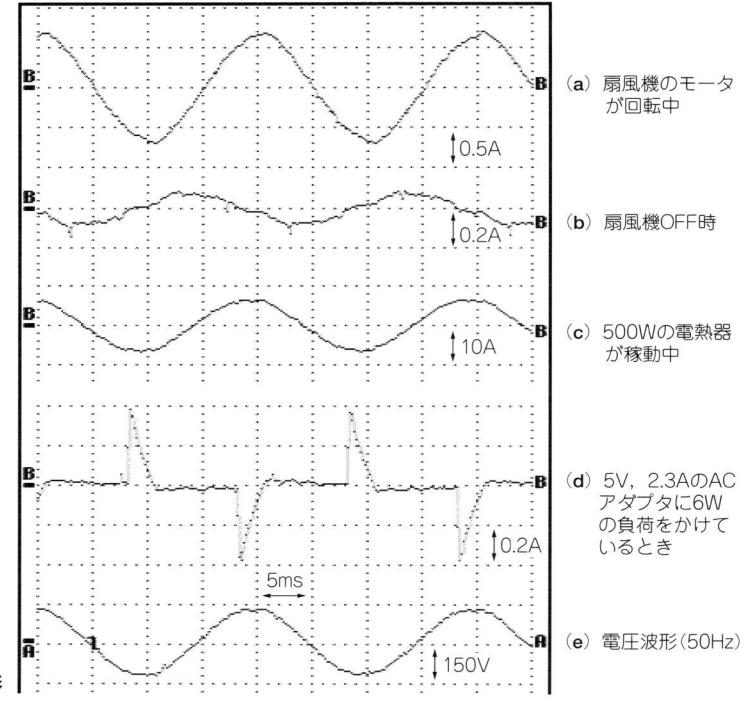

図3 商用電源ラインの電圧と電流の波形

(a) 扇風機のモータが回転中
(b) 扇風機OFF時
(c) 500Wの電熱器が稼動中
(d) 5V, 2.3AのACアダプタに6Wの負荷をかけているとき
(e) 電圧波形（50Hz）

では，この電力料金請求の対象量を求めます．皮相電力と位相差のコサイン（$\cos\theta$）の積で求めます．この$\cos\theta$は力率と呼ばれ，位相差がゼロ，負荷の力率が1に近い（$\cos\theta \fallingdotseq 1$）ほど力率が良いといいます．

無効電力は，負荷と電源の間を往復するだけで，消費されません．単位はバール［var］，記号はQです．皮相電力と$\sin\theta$の積で求めます．誘導負荷（インダクタンス），容量負荷（静電容量）から生じ，誘導負荷の場合「遅れ無効電力」，容量負荷の場合「進み無効電力」と呼びます．ベクトルとしてはおのおの逆成分なので誘導負荷（モータなど）に容量を付け，この無効成分を打ち消すことができ，力率が改善されます．このコンデンサのことを力率改善（進相）コンデンサと呼びます．

● **任意波形の交流電力**

交流波形が正弦波の場合，電圧と電流の実効値，位相差を測定すれば，電力を求めることができます．実際に商用電源の電圧と電流の波形を測定すると，**図3**のように，電圧，電流とも綺麗な正弦波ではないことがわかります．このような場合は，次式のように電圧，電流の瞬時値を積分し，平均化して，電力を求めます．

$$P = \frac{1}{T}\int V(t)I(t)\,dt$$

ただし，$V(t)$：電圧の瞬時値［V］，$I(t)$：電流の瞬時値［A］，T：積分期間［s］

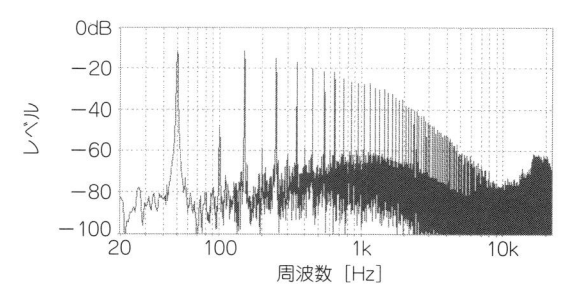

図4 5V, 2.3AのACアダプタの電流波形の周波数スペクトラム（6W負荷時）

▶ワンチップ・マイコンを使うのが一番

このように，任意波形の電力を測定するためには，電圧，電流の時間変化をA-Dコンバータでサンプリングして，マイコンでその積の積分値を求めてやればよいことになります．

最近では高速，高分解能（14ビット以上）の逐次比較型A-Dコンバータも出ていますが，比較的高価など課題も多くあります．一方，$\Delta\Sigma$型A-D変換器は，中速ですが，容易に高分解能（16ビット以上）が得られ，低消費電力なので，今回の用途には最適です．

図3で示したように，5V, 2.3AのACアダプタの電流波形はパルス状のものです（下から2番目の波形）．これは，AC電源から，ダイオードとコンデンサによる整流回路でDC電圧を得る装置では，一般的な電流

無駄減らし効果が目に見える三つの消費電力メータ

(a) 抵抗を使う方法

$I_X = \dfrac{V_S}{R_S}$

$P_R = I_X^2 R_S$

ただし，P_R：抵抗での電力消費 [W]

(b) カレント・トランス (CT) を使う方法

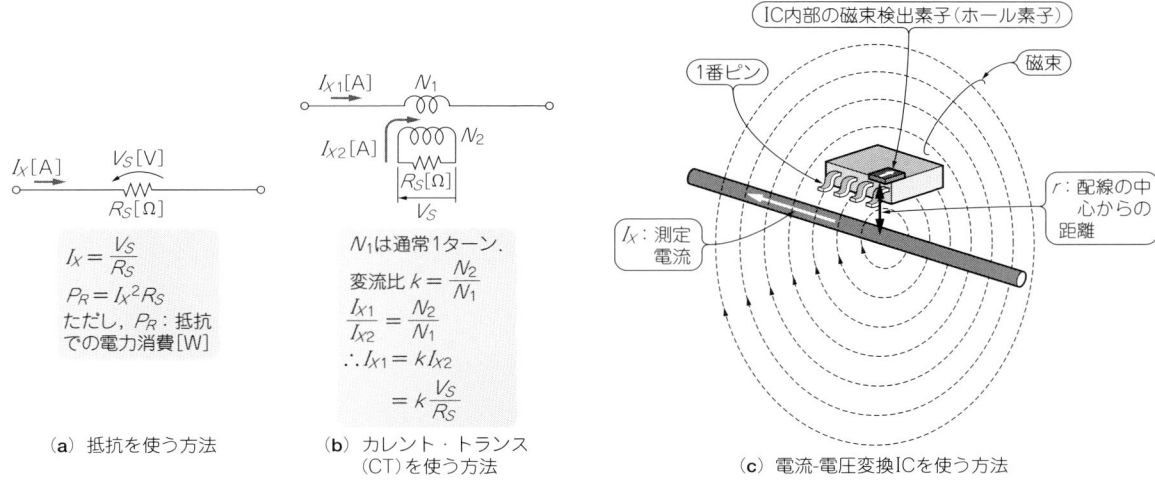

N_1は通常1ターン．

変流比 $k = \dfrac{N_2}{N_1}$

$\dfrac{I_{X1}}{I_{X2}} = \dfrac{N_2}{N_1}$

$\therefore I_{X1} = k I_{X2} = k \dfrac{V_S}{R_S}$

(c) 電流-電圧変換ICを使う方法

図5 電流の測定方法

波形です．図4は，その電流波形の周波数スペクトラムです．周波数1 kHzでも大きな高調波成分があります．理想としては2 kHzまではサンプリングしたいところです．

電力の計算は，電圧と電流の瞬時値の積の積分なので，瞬時値を正確に得るためには，これらを同時にサンプリングすることが極めて重要です．従って，電力測定に適しているマイコンの多くは，複数のA-D変換モジュールを実装しています．例えば単相3線式の電力を測定したい場合，電流用に3個，電圧用に2個，計5個のA-D変換モジュールが必要となります．

一つのA-D変換器で，マルチプレクサによりチャネルを変えて，電流と電圧をサンプリングする場合，極めて高速なA-D変換器を使って，極力同じタイミングで電流，電圧をサンプリングするか，電圧波形からトリガ信号を取り出し，同じタイミングでA-Dサンプリングできるようにしなければ，正確に電力値を求めることはできません．

電流を検出する部品

● 低抵抗

図5(a)に示すように，電流が流れる経路に検出抵抗を挿入して，その両端電圧から電流を求めるのが最も簡単な方法です．しかし，検出抵抗での消費電力は電流の2乗に比例するので，電流が大きくなると消費電力はとても大きな値となります．従って，大電流測定の場合は，検出抵抗の値を小さくしなければなりません．

20 Aを測定したい場合，検出抵抗での消費電力を1 Wに抑えるためには，抵抗値は2.5 mΩとなります．すると1 Aあたりの出力電圧は2.5 mVと小さく，低

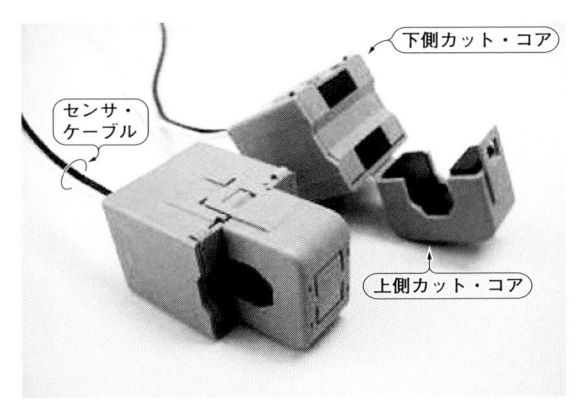

写真4 ケーブルをはさんで電流を検出するクランプ型のカレント・トランス

電流を精度よく測定するのは極めて難しくなります．従って大電力測定では，検出抵抗による電流測定を使うことはできません．

● カレント・トランス (CT)

カレント・トランスCT (Current Transformer)は，交流電流の測定範囲拡大に使われる計器用変成器です．電流変成器はJISでは単に変成器と呼ばれます．トランスなので直流電流を測定することはできません．ただし，1次巻き線が発生する磁界をホール・センサによって測定するCTの場合，直流電流を測定できるものもあります．

図5(b)に示すように，電流が流れる経路(I_1)にCTを接続します．写真4に示すように，クランプ型は，単に電線をクランプするだけです．この場合，電線がCTを1回通過するだけなので，ターン数N_1は1となります．N_1とN_2の比Kを変流比と呼び，電流は図中

電流を検出する部品　99

の式で求めることができます.

Rを適切に選ぶと，検出電圧を測定しやすい電圧にできます．ただし，Rの値はCTで指定されている場合もありますし，検出電圧を大きくしようとして，あまり大きな値とすると直線性などが悪化する場合があります．

工業計器で使われるCT（特にクランプ型）は，一般的に高価です．ノイズ対策に使われるワンタッチ・クランプ型のフェライトに，2次巻き線を100〜200回巻いて自作することも可能です．また，回路にCTを

コラム1　警告！　電力測定は危険がいっぱい

● 電灯線に不用意に触ると命を落とすことも

電力を測定するためには，屋内の電灯線にセンサを取り付ける必要があります．**電灯線の電圧はAC100 VまたはAC200 Vと高圧で，大電流が流れるので，法律的にさまざまな規制があります．また，不用意に触ると感電して，最悪の場合は死に至ります．**

● 規制

屋内の電気工事は，壁コンセントまでは電気工事士の資格がないとできません．従って，配電盤内の電気配線を変更したり，そこに直接装置をつないだりするには電気工事士の資格が必要です．

電力メータCを製作するにあたり，電灯線に電流センサを取り付ける行為が，電気工事に当たるかどうかはよく分かりませんでした．活線部分の配線をいじくるわけではないので，電気工事とは思えないのですが，確証は得られなかったので，センサの取り付けだけは電気工事士の資格をもつ知人にお願いしました．

コンセントに差し込んで使う多くの市販機器は，絶縁検査を行いPSE法の認可を受けることが義務付けられています．個人で製作した機器は，個人の責任で自由に使えますが，販売したい場合は，PSE法の規制対象商品かどうかを調べる必要があります．

製作した電力メータは，すべてPSE法の規制対象品となります．絶縁検査をして，認可を取らなければ市販することはできません．

● 配電盤

写真Aに示すのは，我が家の配電盤の内部です．

配電盤の外枠の下部にあるロック用ボタンを押してパネル枠を外側に引っ張るとパネルが外れます．電力メータCは，最初の方針ではメイン・ブレーカの2次側にセンサを取り付ける予定でしたが，2次側に線の露出部分がなかったため，1次側に取り付けることにしました．線はCVT22（芯線22 mm²，外皮径φ11 mm）なので，線の中心からセンサまでの距離が長く，今回製作する電力メータCでは，小さい電流は測定できません．

図Aに配電盤の回路を示します．単相3線式で，AC100 VとAC200 Vが得られます．AC200 Vは主にエアコン用です．各ブレーカの2次側に電流センサを取り付ければ，きめ細やかな電力管理ができますが，数が多くなるので，メイン・ブレーカの所だけに電流センサを取り付ければ十分だと思います．

● 交流電圧の極性

図Bに電灯線の配線を示します．電灯線の片側は大地にアースされており，そちらの線をコールド，逆側をホットとも呼びます．今回のように，装置をトランスレスで使う場合，装置のアース側を電灯線のアース側に合わせる必要があります．逆に接続す

写真A　筆者宅の配電盤の内部

無駄減らし効果が目に見える三つの消費電力メータ

挿入できる場合は，**写真5**で示す廉価なトランス型を使うこともできます．電力メータA，Bの製作では，この1次巻き線をもつCTを採用しました．

カレント・トランスを使うと，活線を切断しないで電流を検出できます．また挿入損失が小さく，大電力から微小電力まで測定できます．

● 電流-電圧変換用ICによる方法

写真6に示す，磁界を測定できるホール素子を内蔵したICセンサで，**図5(c)**に示すように電流が流れて

ると，感電したり，その装置にデバッグ時などでパソコンを接続すると，パソコンが故障することがあります．

電灯線のアース側は，**写真B**に示す検電ドライバを使えば簡単にわかります．一般にコンセントの挿入口で幅の広いほうがアース側なので，そちらに検電ドライバを付けてもネオン電球は発光しません．一方，逆側に検電ドライバを付けると発光するので，そちら側がホット側と判断できます．ただし，逆になっているケースも多いようなので，トランスレス機器を使う場合は，必ず検電ドライバなどでコールド側を見つけてください．

写真Cに示すネオン・ランプを使っても，検電ドライバ同様に電灯線の極性が分かりますが，発光強度が弱く，よく見ないと発光しているかどうか分かりませんでした．

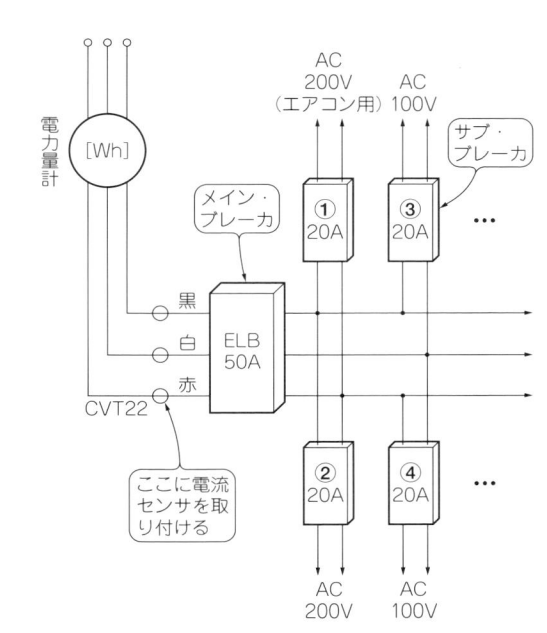

図A 配電盤の回路

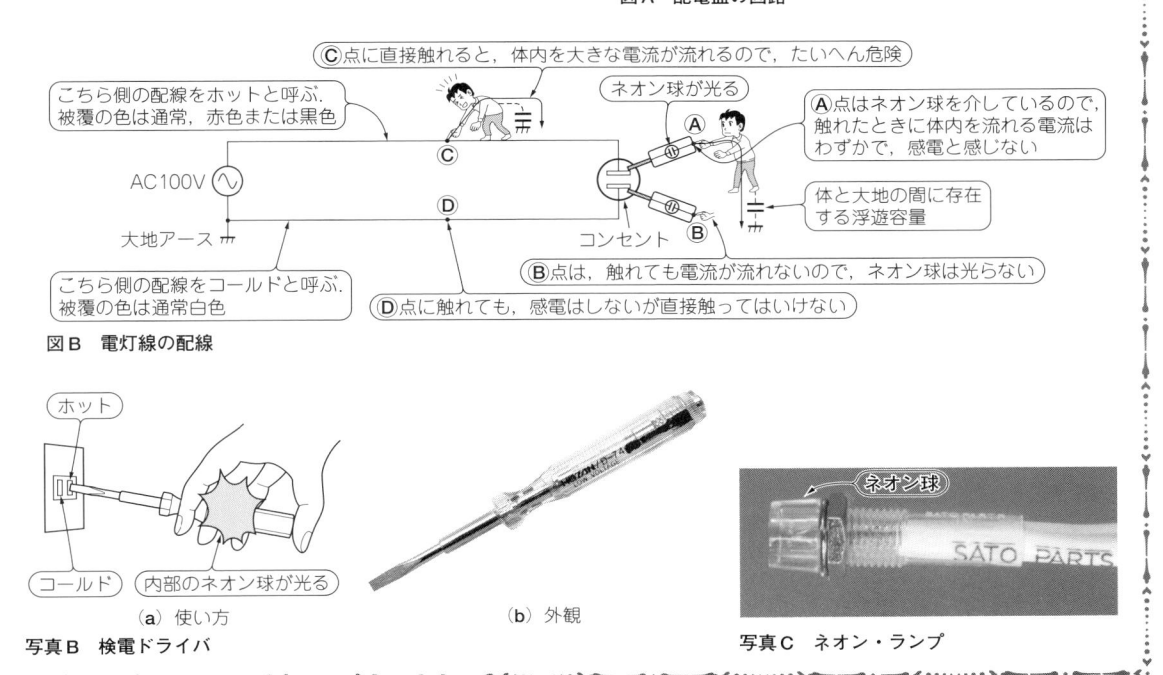

図B 電灯線の配線

写真B 検電ドライバ
(a) 使い方
(b) 外観

写真C ネオン・ランプ

電流を検出する部品

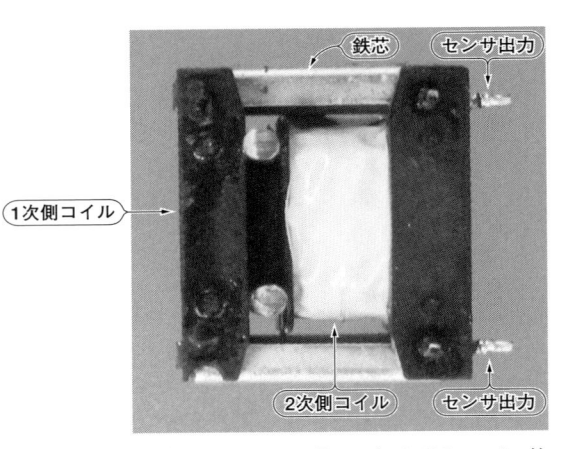

写真5 トランス型のカレント・トランス（TriadMagnetics社，CSE187L）

1次側コイル／鉄芯／センサ出力／2次側コイル／センサ出力

写真6 ホール素子を内蔵した電流-電圧変換IC

いる電線が作る磁界を測定し，出力します．配線を切らずに電力を測定できるので挿入損失が小さく，大電力測定に向いています．カレント・トランスほど微小な電流は測定することができません．

磁界の強さは電流に比例するので，結果として電流-電圧変換センサとなります．電力メータCの製作で採用したセンサで，詳しくは後述します．

■ 電圧の測定方法

抵抗分割によって測定電圧を小さくするだけです．ただし，分割抵抗の値を小さくすると，そこで消費する電力が大きくなるので注意します．AC100 Vの場合，100 kΩ（0.1 Wを消費）以上としてください．

テーブル・タップ用電力メータAの製作

■ ねらい

各家庭における壁コンセントの数は意外に少なく，一部屋に1～3カ所です．

壁コンセントは2口が多く，使う電気機器は2口以上あるのが実情です．そこで，コンセントの不足数を補うために，テーブル・タップを利用しますが，テーブル・タップを複数直列接続していくと，タコ足配線となり，壁のコンセントに予想以上の大きな電流が流れて，発火する危険性があります．

今回は，この壁コンセントに接続し，そこを流れる電流を測定して使用電力を表示できる，テーブル・タップ型電力メータを作りました．これで，壁コンセントから使用している電力を客観的に把握できるようになります．許容値以上の電流が流れると警告を発したり，切り忘れなどを防止したりできるので省エネに役立ちます．

■ 設計

● 電流センサ

写真5に示すTriadMagnetics社のカレント・トランスCSE187Lを使いました．50～400 Hzで，0.1～30 Aの交流電流測定に使うことができます．推奨負荷抵抗は60 Ωですが，今回の製作では出力電圧が大きすぎるので10 Ωとしました．1次巻き線のターン数は1で，巻き線比は500なので，変流比は500となります．

図6に負荷抵抗10 Ω時の周波数応答特性を，図7

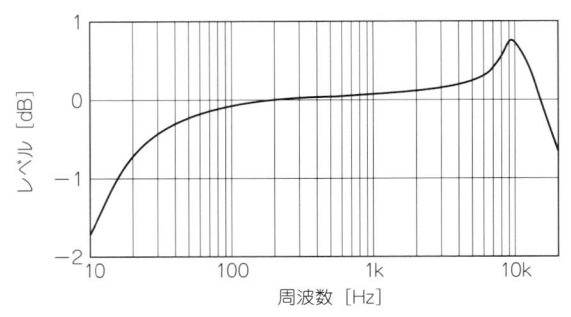

図6 カレント・トランスCSE187Lの周波数応答特性（負荷抵抗10 Ω時）

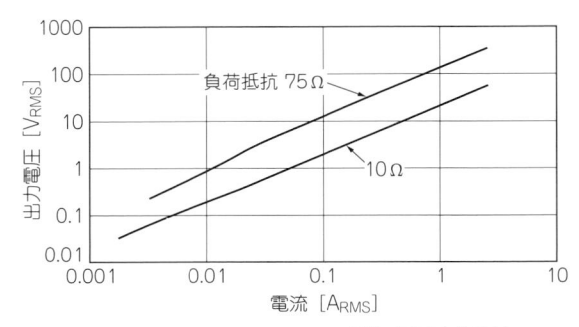

図7 カレント・トランスCSE187Lの電流-電圧変換特性

無駄減らし効果が目に見える三つの消費電力メータ

に負荷抵抗を変えた場合の電流-電圧変換特性をそれぞれ示します．負荷抵抗が10Ωの場合，周波数特性，直線性ともに改善されることが分かります．周波数帯域は10 kHzにも及ぶので，50 Hzの商用周波数の電流測定には十分です．

● 電源

電源は，一般に電源トランスによってAC100 Vをより小さな電圧に変換し，それを整流して直流電圧を得ます．電源トランスを使う利点は，電圧を変換するだけでなく，回路を商用電源から絶縁できることです．しかし，今回は電圧検出が必要なので，本質的に商用電源から回路を絶縁できません．

そこで，今回は商用電源から直接直流電圧を得られる，フェアチャイルドセミコンダクター社のトランスレス電源IC，FSD200B(**写真7**)を使いました．DC50～375 Vで動作し，出力電流は0.1 Aです．無負荷時の消費電力は0.1 W以下で，今回の用途には最適です．PWM発振器，ソフト・スタート回路，スイッチング用パワーMOSFET，過負荷/過温度などの保護回路を内蔵しています．

図8にブロック図を示します．SFET(Sense FET)のON/OFFによってPWM波のデューティ比を変え，出力電圧を制御できます．スイッチング周波数は134 kHzで，EMI対策のためにその周波数は変調されます．フィードバック端子V_{fb}によって出力電圧は一定に制御されますが，安定度はそれほど良くありません．より安定した電圧が必要な場合は3端子レギュレータICなどを使います．

■ 回路

図9(p.106)にテーブル・タップ用電力メータAの全回路を，**写真8**に内部を示します．大きく分けて，マイコンMSP430F2013による電力測定回路，電圧/電流検出回路，電源回路から構成されます．

写真7
トランスレス電源IC FSD200B
(フェアチャイルドセミコンダクター)

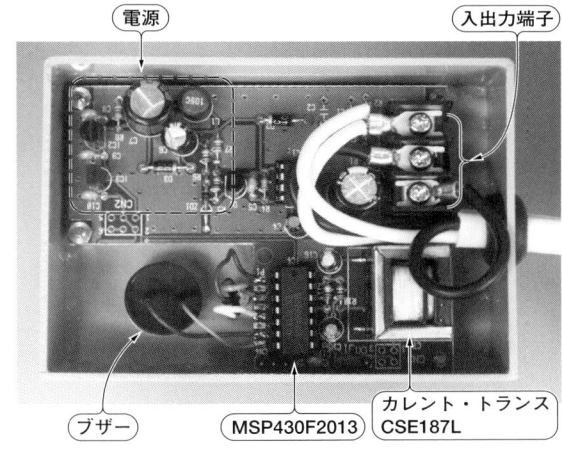

写真8 製作したテーブル・タップ用電力メータAの内部

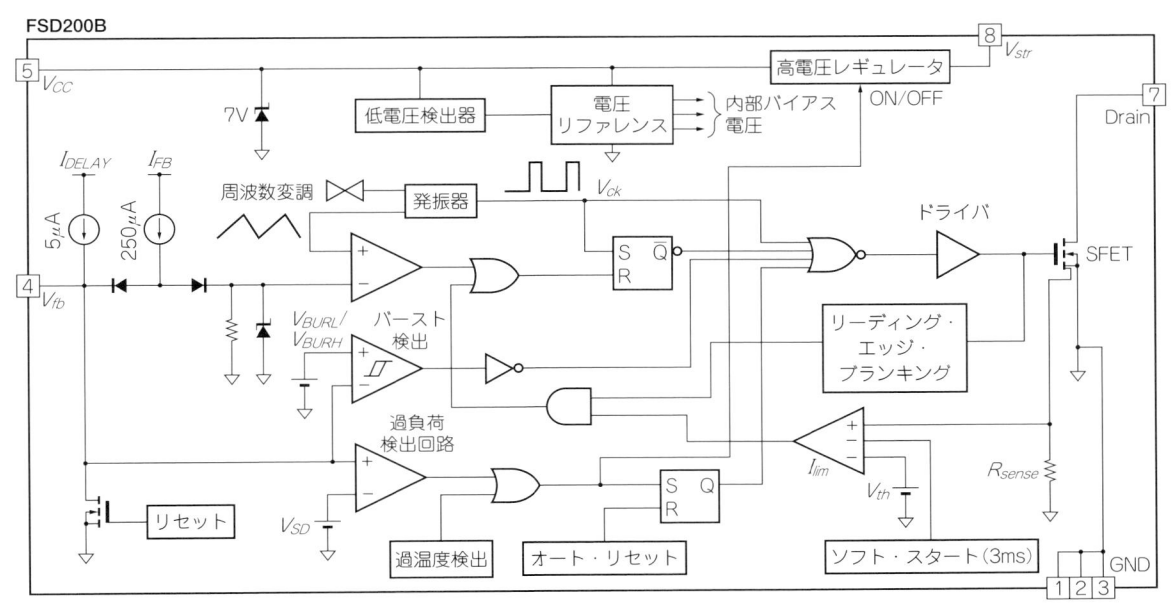

図8 トランスレス電源IC FSD200Bの内部ブロック

テーブル・タップ用電力メータAの製作

● 交流電圧/電流検出部

電圧検出回路は 680 kΩ と 2 kΩ のアッテネータです．これで，100 V_{RMS} が 293 mV_{RMS} となります．従って，ピーク電圧は $\sqrt{2}$ を掛けて 0.415 V となります．A-D コンバータは MSP430F2013 に内蔵の 16 ビット ΔΣ 型 A-D コンバータで，入力電圧範囲は ±0.6 V なので，余裕で変換範囲内にできます．

電流検出回路は CT の CSE187L です．2 次巻き線の負荷抵抗を 10 Ω と小さくしたので，入力電流 15 A_{RMS} に対して，出力電圧の実効値は 0.3 V_{RMS}，ピーク電圧は 0.424 V となります．

● 交流電力測定部

電力測定回路では MSP430F2013 で電力を計算しました．ΔΣ 型 A-D コンバータの入力端子の電圧は負にできないので，交流電圧をそのまま入力端子に加え

コラム 2　市販の消費電力メータ

● 機械式電力量計

写真 D は，現在日本で主流の電力メータです．電力を積算して表示します．機械式電力メータは電磁誘導の原理を利用したアラゴの円盤を応用したもので，計器の内部に電力に見合った速度で回転する円盤があります．

円盤はアルミニウム製で，円盤を挟み込むようにして電圧コイルと電流コイルが配置されており，電力に比例して円盤の回転速度が速くなります．円盤の回転数は減速歯車によって小さくなり，機械式計量装置に電力量を表示します．

● スマート・メータ

写真 E は，双方向の通信機能をもつ次世代型の電力メータで，電力会社から給電される電力量だけでなく，太陽光発電などで余った電力を電力会社に売電するときの逆方向の電力量も計測できます．

電力消費量は文明の進化に従って，さらに増えていくものと予想されています．このような電力増大に対応し，かつ地球温暖化対策を進めるため，太陽光発電，風力発電などが大量に導入されていくと考えられます．このように分散された発電地をネットワークによって有機的に接続し，制御する次世代型送電網をスマート・グリッドと呼びます．従って，太陽光発電など不安定で，かつ各家庭などに分散される電力をスマート・メータによってリアルタイムに測定し，広範囲に電力制御していくことが必要不可欠となっています．

スマート・メータは，通信機能によってリアルタイムに電力消費量が計測できるので，電力会社が各家庭に行かなくても検針できます．また，各家庭において電力消費量の時間推移のデータを見ることができるので，きめ細かな電気の節約などができます．また，通信機能を使って，各家庭の電気機器の遠隔操作もできるので，例えば出かけている先からエア

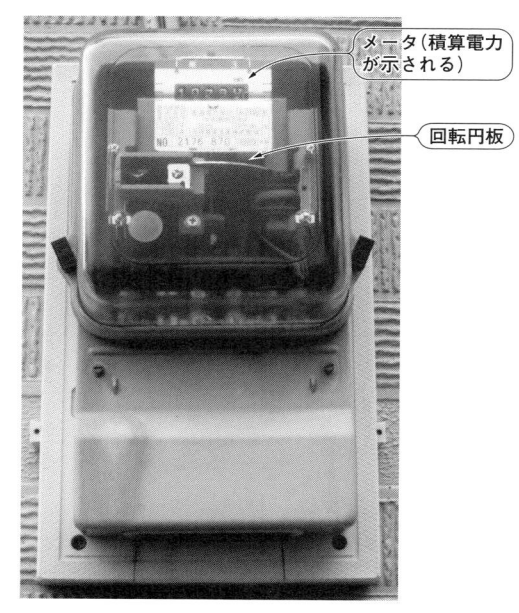

写真 D　一般的な積算電力計

写真 E　通信機能を持つ電力メータ「スマート・メータ」

無駄減らし効果が目に見える三つの消費電力メータ

られません．そこで，$V_{ref} = 1.2$ V により信号電圧をバイアスします．すると入力交流電圧が ± 0.4 V の場合，アナログ入力端子の電圧は 0.8 ～ 1.6 V となります．

電流測定部は，A0 + /A0 − の差動入力です．A0 − 端子は V_{ref} に接続されているので，1.2 V に固定です．A0 + 端子は，V_{ref} でバイアスされた最大で 0.776 ～ 1.624 V の交流信号が加えられるので，差動で入力電圧を求めると ± 0.424 V（15A 時）が測定できます．

電圧測定部は，A4 + と A4 − の差動入力で，V_{ref} のバイアス電圧 1.2 V を A4 + 端子に加えます．A4 + と A0 − は同じ端子です．

交流電力の測定方法の項で説明したように，A-D 変換タイミングを交流信号に合わせるトリガ検出回路が必要です．ここでは，単に定電圧ダイオード RD3.9E と 1 MΩ によるクランプ回路を使いました．定電圧ダイオードのツェナー電圧は電流が 20 mA の

コンのスイッチを入れるようなことも可能になります．さらに，例えば夏の冷房需要の増加により電力消費量が急激に増える場合に，電力会社が契約家庭のエアコンの設定温度を上げて電力消費量を抑えたり，各家庭では割安な電力料金契約をしたりもできるようになります．

ただし，電気の使用量や使用時間の情報から，その家庭の生活習慣，例えば食事時間や就寝時間などが電気事業者に把握できてしまいます．プライバシ

侵害の恐れが懸念され，法律の整備も必要といわれています．

図Cにルネサス エレクトロニクスのウェブ・サイトに掲載されている 3 相電力メータのブロック図を示します．電力は ΔΣ 型 A-D コンバータでサンプリング，計算され，電力量が LCD に表示されます．電力量のデータは，AMR（Automated Meter Reading）用の通信機能である RS-485 を使って電気事業社に送信されます．

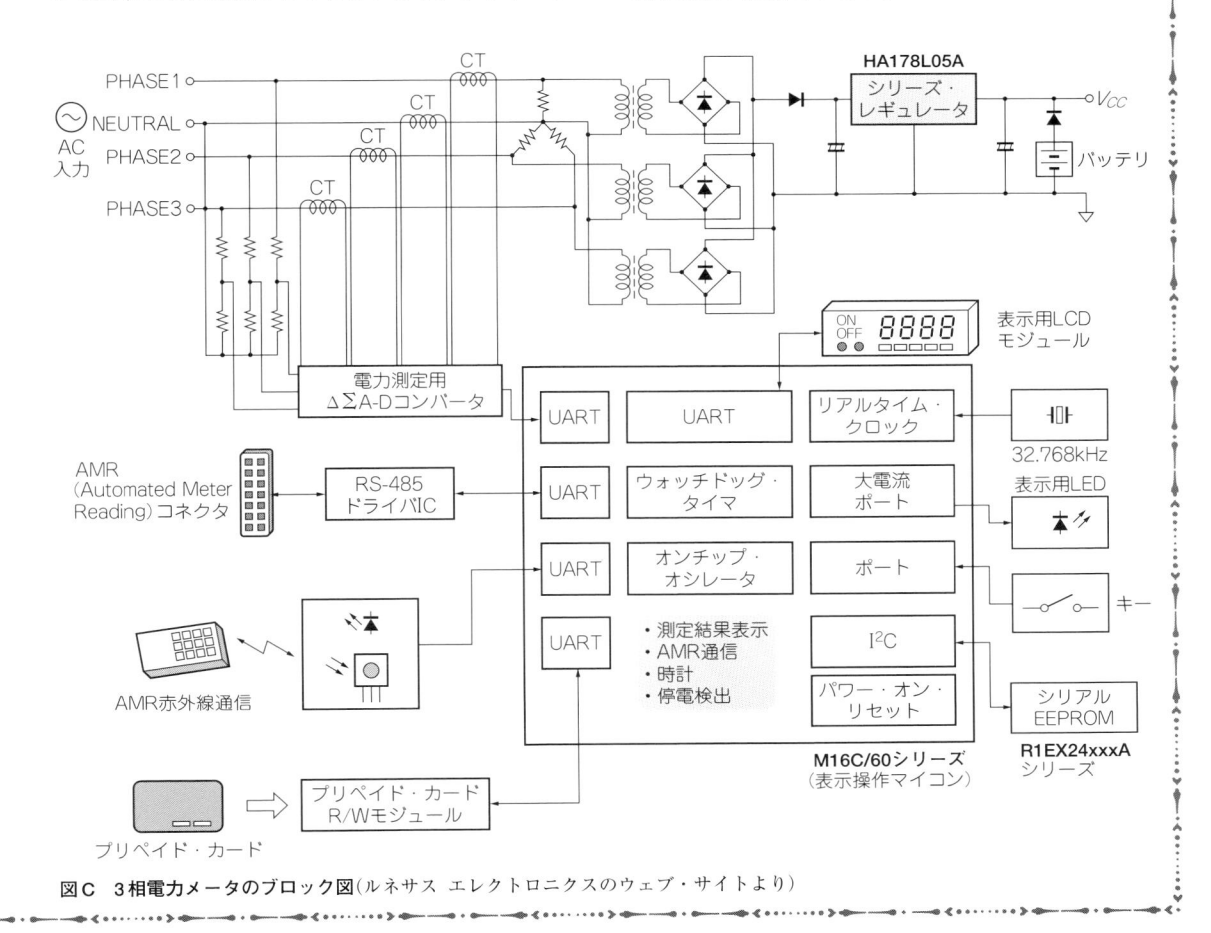

図C 3相電力メータのブロック図（ルネサス エレクトロニクスのウェブ・サイトより）

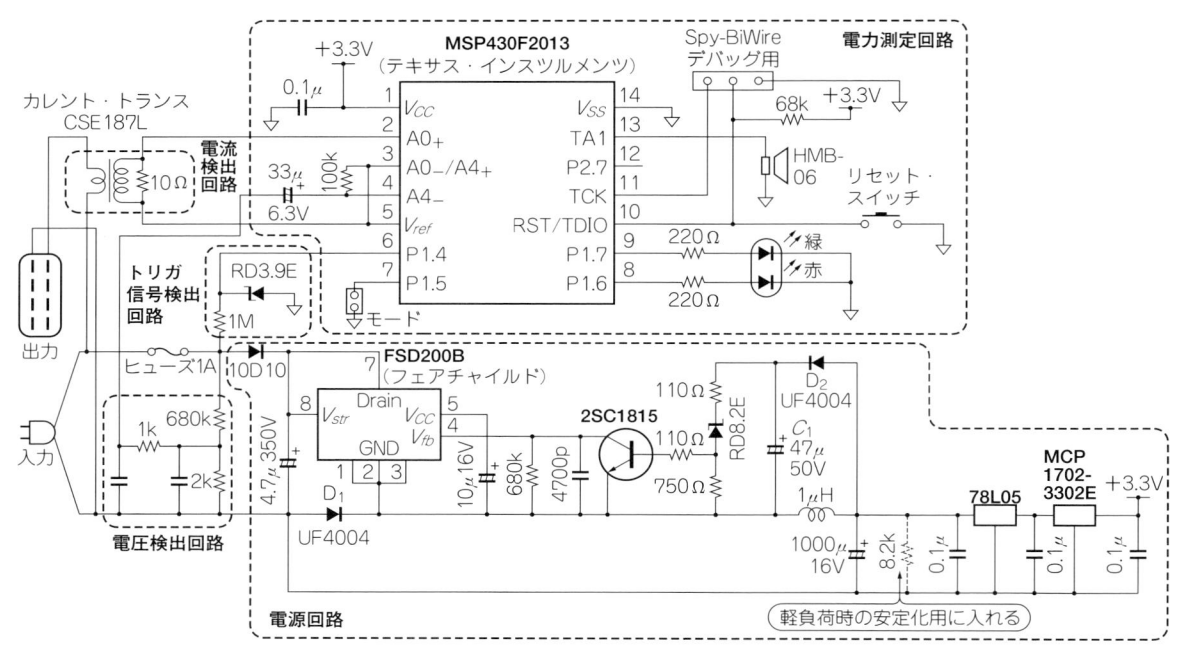

図9 製作したテーブル・タップ用電力メータAの回路

ときの値です．RD3.9Eに20mA流すと3.9Vの定電圧素子として機能します．流す電流を小さくすると，この電圧は小さくなっていきます．RD3.9Eには1MΩの抵抗が接続されているので，$V_p = 144$ Vのとき，約144μAの電流が流れます．このときのRD3.9Eの電圧はデータシートから2.2Vと分かるので，100 V_{RMS} の交流電圧が2.2Vにクランプされることになります．

測定した電力値は，緑と赤の2色LEDで**表2**のように表示します．電力値が増えるに従い，緑，橙，赤というように表示し，その点滅速度を変え，各3段階の表示とします．1200VA（12A）を越えたらMMB-06で警告を発します．この電流値は実効値としたので，力率が悪い装置を接続すると，消費電力が小さいときでもアラームが出ることがあります．MMB-06の動作電圧範囲は4Vからになっていますが，音量が小さくなりますが2Vから動作するので，TA1端子

表2 各LEDの点灯周期と消費電力

点灯周期	点灯色	消費電力
―		20 W 以下
2 s		20 〜 100 W
0.6 s	緑	100 〜 200 W
0.2 s		200 〜 300 W
2 s		300 〜 400 W
0.6 s	橙	400 〜 500 W
0.2 s		500 〜 700 W
2 s		700 〜 900 W
0.6 s	赤	900 〜 1100 W
0.2 s		1100 〜 1300 W
連続	赤	1300 W 以上

の出力電圧3.3Vによって余裕で駆動できます．

モードとリセット・スイッチはホールド機能を使うかどうかを設定できます．

● 電源部

トランスレス電源ICのFSD200Bを使いました．

電源ON時，2SC1815はOFFなので，V_{fb} 端子はプルアップ状態です．このとき，FSD200BのスイッチングSFETは134kHzでON/OFFを繰り返して，PWM波を出力します．この134kHzの成分は1mHによって除去され，直流出力電圧となります．SFETがOFFの期間，D_1，D_2 がONとなり，C_1 に出力電圧がチャージされます．その電圧がおおよそツェナー電圧以上となると，2SC1815はONとなり，V_{fb} 端子はプルダウンされ，PWM波のデューティは小さくなり，直流出力電圧は小さくなっていきます．そして2SC1815がOFFとなると，再びデューティは大きくなり，直流出力電圧は大きくなります．このようにして，直流出力電圧はほぼツェナー電圧に制御されます．

直流出力電圧は数百ms周期で100mV程度のディップ状のリプルが含まれていました．このリプルの周期は負荷電流によって変化します．このリプルを除去する目的と，出力電圧を安定化するという目的で3端子レギュレータを出力に接続しました．今回は，LCDを使わないので，5Vのレギュレータは不要で，3.3Vのレギュレータを付けるだけでも十分です．

（初出：「トランジスタ技術」2010年10月号）

0.1 W 精度で測れる液晶ディスプレイ付き電力メータ

ここでは，大電力消費機器の接続やタコ足配線による過電流（12 A）の警告，消費電力モニタ用LEDによる，切り忘れ対策などに使える電力メータを作りました．

測定器としても使える高精度な電力メータ（**写真1**，電力メータB）です．精度が0.1 Wなので，電子機器がスタンバイしている間の微小な消費電力（待機電力）も測れます．

電子機器のほとんどが，電源を切っている最中でも，0.数～数Wの電力を消費しています．一つでも待機電力が1Wを越えている電子機器があると，1日当たり，24 Wh以上の電力がむだに消費されます．今回作った電力メータを使えば，待機電力が大きい機器を見つけることができます．

使ってみる

● 液晶ディスプレイを使って電力/電圧/電流/位相を表示

写真9に示すように，本器は，次の項目を測定してすべて液晶ディスプレイに表示します．

（1）消費されている有効電力

負荷で実際に消費される電力です．単位はワット[W]で，電力料金請求の対象量です．

（2）商用電源電圧の実効値

ある抵抗負荷に交流電圧が加わっているときの抵抗の消費電力の平均値と，同じ抵抗に直流電圧を加えたときの抵抗の消費電力が等しくなったとき，その直流電圧が実効値です．

（3）消費電流の実効値

ある抵抗負荷に交流電流が加わっているときの抵抗の消費電力の平均値と，同じ抵抗に直流電圧を加えたときの抵抗の消費電力が等しくなったとき，その直流電流が実効値です．

（4）皮相電力と有効電力の位相差 θ

$\cos\theta$ を力率と呼び，1に近いほど，電力の使用効率が良くなります．

● 各種電子機器の待機電力

表3に示すのは，本器を使って実際に測定した待機電力です．測定が簡単なので，ついいろいろな機器の消費電力を測ってしまいました．

全体の傾向として，最近の機器は待機電力が0.2 W程度と小さく，いちいち主電源を切る必要はないようです．

古い機器，特にオーディオ・アンプ（R-SA7）は7.5Wと大きく，1日の待機電力は180 Whにもなります．100 W電球を2時間点けっぱなしにするのと同じです．

前節で製作したテーブルタップ型電力メータの消費電力は0.1 W以下でした．

キー・パーツ

図10に回路を，**写真10**に本器の内部を示します．

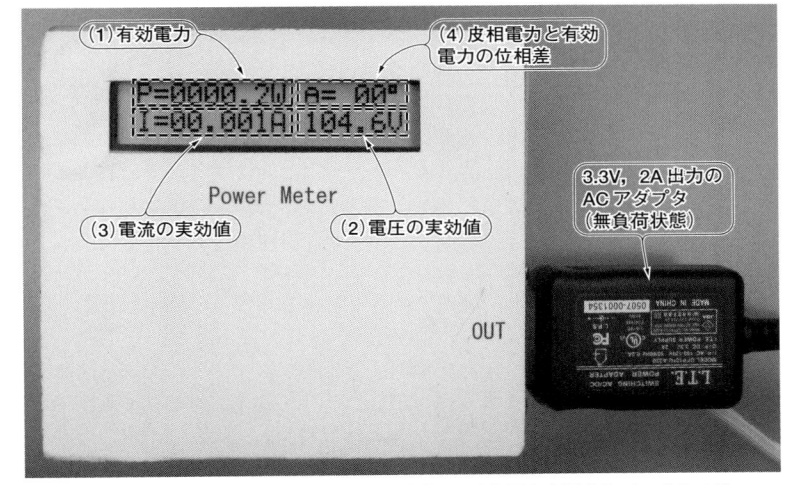

写真9 製作した電力メータを使ったACアダプタの消費電力を測定しているところ

表3 製作した電力メータを使って電子機器のスタンバイ電力を測定

機器名	待機電力
ACアダプタ（3.3 V，1 A）	0.2 W
ACアダプタ（12 V，3 A）	0.5 W
オーディオ・アンプ	7.5 W
DVDプレーヤ	0.5 W
テレビ1	0.2 W
テレビ2	0.2 W
LED常夜灯 0.5 W型	0.5 W
虫除け器	2.7 W
窓用エアコン	635 W
扇風機	36.6 W
製作したテーブルタップ型電力計	0.0 W

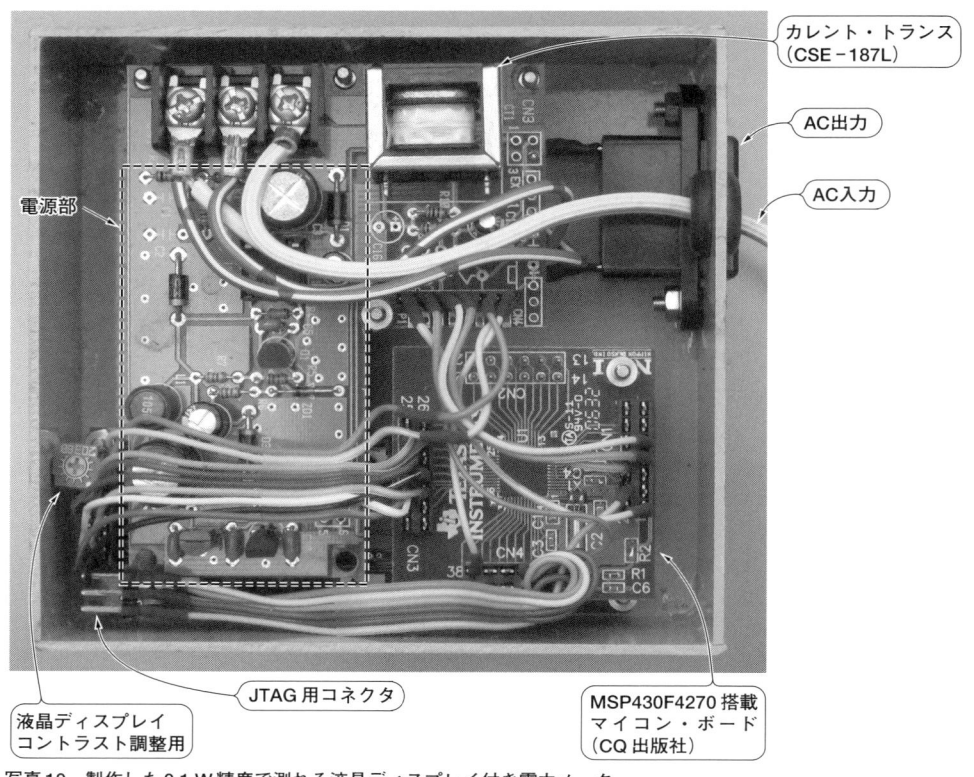

写真10 製作した0.1W精度で測れる液晶ディスプレイ付き電力メータ

(図中ラベル)
- カレント・トランス (CSE-187L)
- AC出力
- AC入力
- 電源部
- JTAG用コネクタ
- 液晶ディスプレイ コントラスト調整用
- MSP430F4270搭載 マイコン・ボード (CQ出版社)

● マイコン

　精度が少し悪くなりますが，マイコンの入手性を優先して，A-Dコンバータを一つ内蔵したMSP430F4270を使いました．マイコン・ボードは，CQ出版の「超低消費電力マイコンMSP430基板 2枚組み」[CD-R付き]（写真11）で入手できます．

▶一つのA-Dコンバータで瞬時電力を測定する

　コラム（p.110）に説明がある通り，瞬時電力を正確に測定するためには，電圧用と電流用の独立した二つのA-Dコンバータが必要です．このA-Dコンバータは，高精度，高ダイナミック・レンジが得られるΔΣ型なので，電力測定には最適です．

　A-Dコンバータが1チャネルしかないので，電圧と電流の同時サンプリングを諦めて，電圧と電流を2回に分けてサンプリングしました．

　具体的には，図11に示すように，AC電圧2波分の時間で，1波分の電圧データを得ます．続く，AC電圧2波分の時間をかけて，1波分の電流データを得ます．

　A-D変換値はサンプリングを開始して，4サンプリング後に確定します．サンプリング後の電圧波形は，図のように少し遅れた波形になり，次のトリガ点では，まだ電圧をサンプリング中です．よって次のトリガ点は無視します．

　定電圧ダイオードでAC100Vをクランプして，サンプリングを開始するためのスタート信号を作ります．トリガ信号は，F2013のP2.0端子に接続します．この端子の立ち下がりエッジ（図のトリガ点）で発生する割り込みにより，A-D変換を開始します．

　電灯線から検出した電圧は，極性を反転させてA-

写真11 本器に使ったマイコン・ボードと解説書が入った「超低消費電力マイコンMSP430基板 2枚組み」[CD-R付き]（CQ出版社，2,100円）
基板は「トランジスタ技術」2007年1月号の付録と同じものです

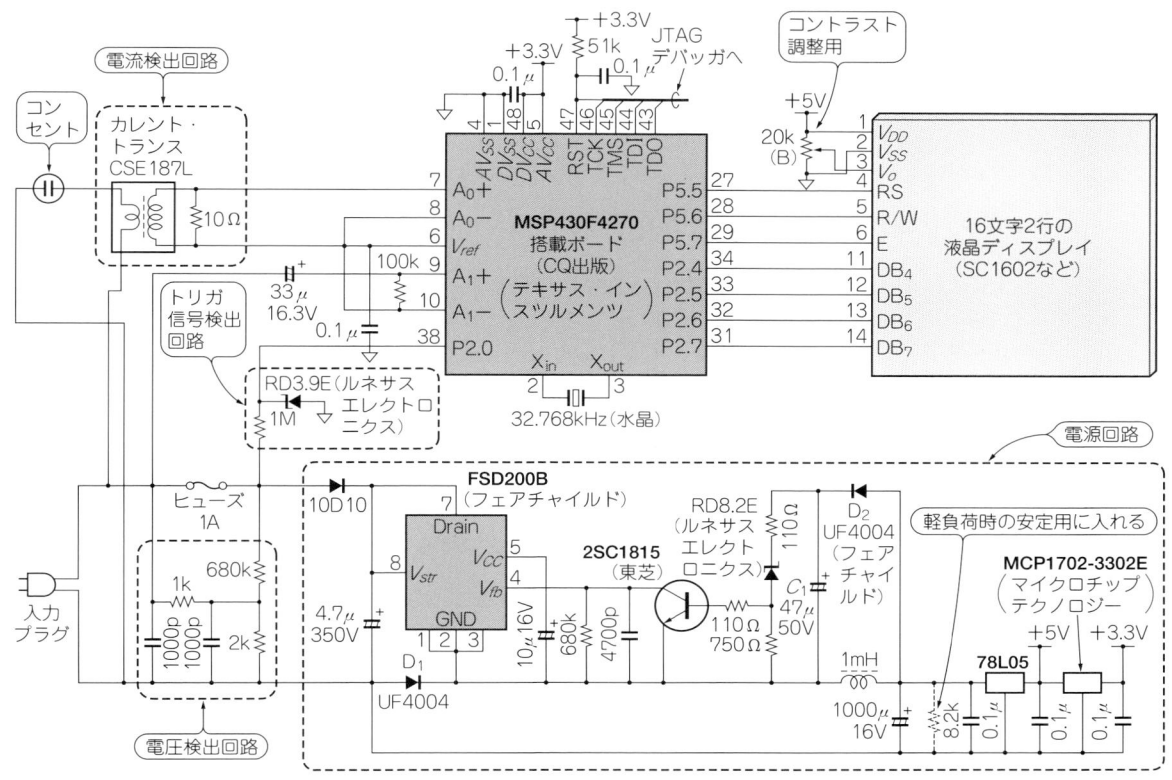

無駄減らす効果が目に見える三つの消費電力メータ

図10 製作した電力メータの回路

D変換端子入力されているので，得られるA-D変換データの波形は電灯線の電圧波形が反転したものです．同様に，電流もトリガ信号によりサンプリングを開始します．

● その他の部品
▶ 電源IC
前節で使ったトランスレス電源用IC FSD200Bを使

いました．この電源で，液晶ディスプレイ用の+5Vと，マイコン用の+3.3Vを生成します．

▶ 電圧検出回路
電灯線の電圧（$100 V_{RMS}$）を$680 k\Omega$と$2 k\Omega$で分圧します．減衰率は0.0029ですから，マイコンで計測した電圧の約341倍（= 1/0.0029）が，実際の電灯線の電圧です．

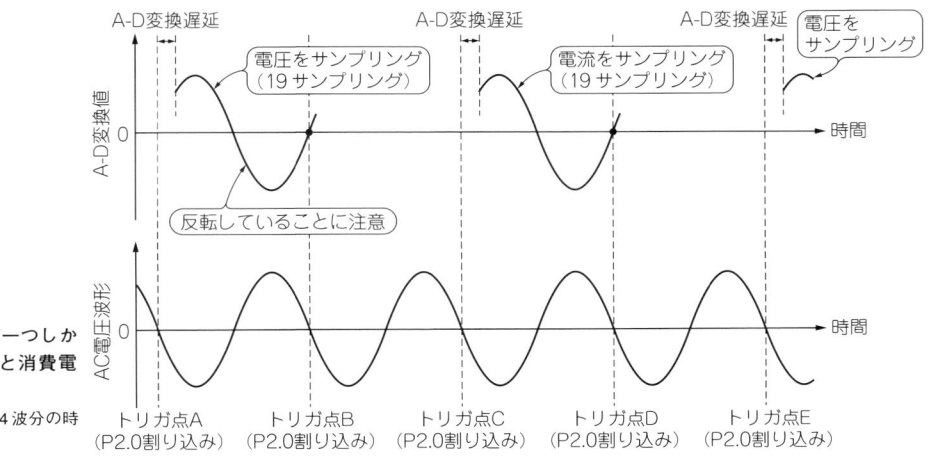

図11 A-Dコンバータが一つしかないので，電灯線の電圧と消費電流を順番に読み取る
電圧で2波，電流で2波の計4波分の時間がかかる

0.1W精度で測れる液晶ディスプレイ付き電力メータ

▶電流センサ

50～400 Hzで，0.1～30 Aの交流電流を測定できるカレント・トランス（CSE187L，Triad Magnetics社）を使いました．負荷抵抗10 Ω，消費電流1 mA$_{RMS}$のときの，電圧出力は18 μV$_{RMS}$です．CSE187Lの電流-電圧変換特性は，図7を参照してください．

コラム3　電力を高精度に測定できるA-Dコンバータとは

● 高速，高分解能なA-Dコンバータが2個要る

商用電源の電圧と電流波形は大きくひずんでいるため，基本周波数は50～60 Hzと低いのですが，細かく周波数分析すると，レベルの高い成分が数百Hzにわたって観測されます．

この数百Hzの電圧，電流周波数成分を高精度に測定するには，高速なA-Dコンバータが複数必要です．

● ΔΣ型A-Dコンバータが2個要る

瞬時電力は，瞬時電圧と瞬時電流の積ですから，瞬時電力をマイコンに計算させるには，独立した二つのA-Dコンバータで，電圧と電流を同時に取り込む必要があります．

図Dに示すのは，複数のアナログ入力をもつマイコンのA-D変換部のブロック図です．

図D(a)に示すのは，アナログ・スイッチ（アナログ・マルチプレクサ）を切り替えながら，一つのA-Dコンバータに複数チャネルの入力信号を順次取り込むタイプです．前回使ったMSP430F2013と今回使ったMSP430F4270がこのタイプです．この構成の場合，サンプリング周期を1 sとすると，nチャネルにおけるサンプリング周期はn倍に増加します．どんなにサンプリング速度を上げても，1サンプリング時間だけ，信号のサンプリング位置がずれてしまいます．

図D(b)に示すのは，独立して動くA-Dコンバータを複数内蔵するマイコンのA-D変換部のブロック図です．次回使うMSP430F4784がこのタイプです．このA-Dコンバータは，複数の信号を同時にサンプリングできます．A-Dコンバータのサンプリング速度がそのまま全体のサンプリング速度になり，かつ同時サンプリングが可能です．

● ΔΣ型特有の問題

MSP430F2013やMSP430F4270に搭載されているΔΣ型A-Dコンバータには，サンプリング速度の低下という変換方式特有の問題があります．

図Eに示すのは，ΔΣ型と逐次比較型のサンプリング特性です．

直流電圧を測定する場合，サンプリング開始から正しい変換結果が得られる時間は，
● 逐次比較型：1サンプリング
● ΔΣ型：4サンプリング

が必要です．アナログ・マルチプレクサを切り替えながら一つのΔΣ型A-Dコンバータへの入力ソースを選ぶ方法は，切り替えるたびに4サンプリング時間が必要です．4サンプリング時間以降は，1サンプリング時間で正しい結果が得られます．したがって，実質的なサンプリング速度は1/4に低下します．

(a) 一つのA-Dコンバータとマルチプレクサの組み合わせ

(b) 独立した複数のA-Dコンバータ

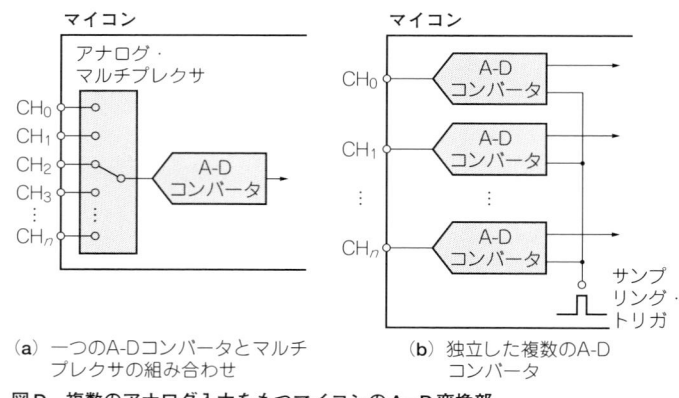

図D　複数のアナログ入力をもつマイコンのA-D変換部
正確に電力を測定できるのは，(b)の独立して動くA-Dコンバータを複数内蔵するタイプ

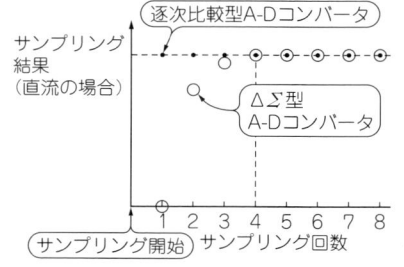

図E　ΔΣ型はサンプリング開始から正しい変換結果が得られるまで時間がかかる

▶ディスプレイ

入手しやすい16文字2行表示の液晶ディスプレイSC1602を使いました．データ・バスは4ビットとし，ニブル・モードで動かしました．制御線は7本です．

電流と電圧の測定精度

● 電流

カレント・トランスの負荷抵抗は10Ωで，消費電流I_{X_1}は次式で求まります．

$$I_{X_1} = NV_{out}/R_L = 50 \times V_{out} \cdots\cdots\cdots(1)$$

ただし，I_{X_1}：1次側に流れている電流［A］，N：CSE-187Lの巻き線比(500)，R_L：負荷抵抗(10)［Ω］，V_{out}：出力電圧［V］

消費電流が1mAのときの消費電力は0.1W（=0.001A×100V）です．負荷抵抗(10Ω)を大きくすれば，より小さい電流まで測定できます．大きくしすぎると，消費電流が大きいときにA-Dコンバータの入力電圧範囲を超えます．MSP430F4270に内蔵されたA-Dコンバータの入力電圧範囲は最大±0.6Vなので，式(1)から電流の測定レンジは±30Aです．

±0.6Vに相当するA-D変換値は-32768〜32767で，1LSBは約18μV，電流は0.92mAです．これでは1mAを正確に測定するためには精度が足りません．

MSP430F4270内のΔΣ A-D変換モジュール（SD_16A）がもつPGA（Programmable Gain Amplifier）のゲインを2倍以上に設定すれば精度を上げられますが，ドリフトなどさまざまな誤差要因を補正するソフトウェアが複雑になります．

今回は，PGAのゲインを1倍に設定しました．0.2〜1Wは，表示値+0.1Wとして読めば精度良く測定できます．

電流の実効値は，正弦波形の1周期分のA-D変換データ値の2乗を積算し，校正した係数を掛けることで求めます．

● 電圧

電灯線の電圧は変動が大きいので，あまり高精度に表示しても意味がありません．よって今回は0.1V単位としました．

抵抗で電圧を分圧して，MSP430F4270内蔵の16ビットΔΣ型A-Dコンバータで高分解能に測定します．抵抗分割比は前述のように0.00293です．A-Dコンバータの最大入力範囲（±0.6V）で測定できる電灯線電圧の最大値は，204.6V_{P-P}（=144V_{RMS}）です．

電圧の実効値は，正弦波形の1周期分のA-D変換データ値の2乗を積算し，校正した係数を掛けることで実効値を求めます．

電力の計算

● 有効電力

有効電力Pは次式で求まります．

$$P = \frac{1}{T} \int V(t) I(t) \, dt$$

ただし，$V(t)$：電圧の瞬時値［V］，$I(t)$：電流の瞬時値［A］，T：正弦波の1周期の時間［s］

有効電力は，$V(t)$と$I(t)$のA-D変換値を積算し，実際に測定した電力値から係数を求めて校正することで求めることができます．

● 有効電力と皮相電力の位相差

有効電力と皮相電力の位相差θは，パワー・トライアングル（図2）から次式で求まります．

$$\theta = \mathrm{acos} P/S \cdots\cdots\cdots\cdots\cdots\cdots(2)$$

ただし，P：有効電力［W］，S：皮相電力［VA］

皮相電力Sは，電灯線の電圧の実効値と消費電流の実効値を掛け合わせると求まります．

図12に示すのは，電流が電圧に対して45°遅れているときの，瞬時電力の変化のようすです．位相θが正（進み）か負（遅れ）かは，電力波形のピークの位置から求めます．式(2)からは求まりません．

電圧と電流の位相が同じ場合は，電圧，電流，そして瞬時電力のピークの位置は一致します．図12のように，電圧に対して電流の位相が進んでいる場合は，瞬時電力のピーク位置は，電圧のピークの位置より進んだ位置になります．

電圧がピークになるサンプリングの位置はちょうど14だったので，

- 瞬時電力のサンプリング位置＞14：位相が遅れている
- 瞬時電力のサンプリング位置＜14：位相が進ん

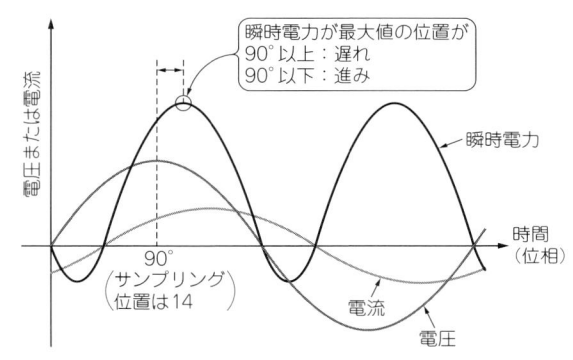

図12 電灯線の電圧，消費電流，瞬時電力の位相関係
電圧に対して電流の位相が進んでいる場合は，瞬時電力のピーク位置は電圧のピークの位置より進んだ位置になる

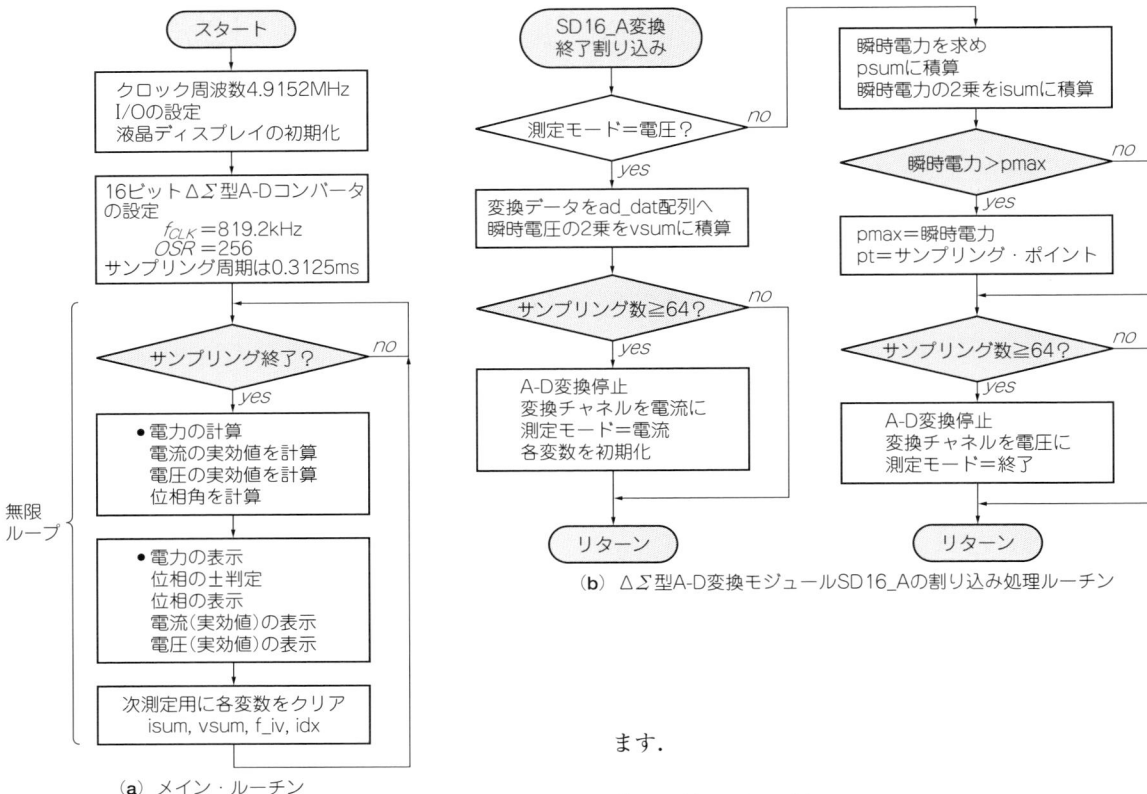

図13 本器に使ったMSP430マイコンの処理

(a) メイン・ルーチン

(b) ΔΣ型A-D変換モジュールSD16_Aの割り込み処理ルーチン

 says.

と判断します．瞬時電力の位相が遅れているときは，負の角度として，液晶ディスプレイに表示します．

MSP430F4270のソフトウェア

● フローチャートとプログラム

図13に示すのは，MSP430F4270のプログラムのフローチャートです．またリスト1にプログラムのメイン部を示します．無償で入手できる開発ソフトウェアIAR Embedded Workbench KickStartを使いました．アイエーアール・システムズ社のウェブサイトのダウンロードのページ (http://www.iar.com/website1/1.0.1.0/675/3/) からMSP430用コード・サイズ制限版をダウンロードしてください．

MSP430F4270のプログラム用フラッシュROMは32Kバイトですが，無償版でコンパイルできるコード・サイズは最大8Kバイトです．RAMは256バイトで，保存できるA-Dサンプリング値の数が少なく，A-Dのサンプリング周期を小さくできないので，パルス状の電流が流れる機器では測定精度が少し低下し

ます．

● メイン・ルーチン

システム・クロックは，FLL + モジュールで32.768 kHzの整数倍に設定できるので，150倍の4.9152 MHzとしました．

ΔΣ型A-D変換モジュール SD16_Aへの入力クロックは，このシステム・クロックを6分周した819.2 kHzです．OSR (Over Sampling Ratio) = 256としたので，SD16_Aのサンプリング周期は0.3125 msです．

商用周波数が50 Hz (20 ms) の場合，1周期当たりのサンプリング個数は64です．60 Hzに対応する場合は，FLL + モジュールで，32.768 kHzの180倍の5.89824 MHzとすればよいでしょう．

サンプリング数は，MSP430F4270のRAM容量256バイトで制限を受けます．RAM容量の大きいマイコンを使えば，さらに高精度の電力メータを製作できます．

P2.0の立ち下がりでエッジ割り込みが入ります．SD16_A割り込み処理の部分でA-Dサンプリングが終了するとf_iv = 2となるので，無限ループではこれでサンプリング終了を判断し，有効電力値，電流の実効値，電圧の実効値，位相角を計算し，液晶ディスプレイに表示します．

● SD16_A割り込み処理ルーチン

今回のサンプリング方式はトリガ方式なので，まず

無駄減らし効果が目に見える三つの消費電力メータ

リスト1　本器に使ったMSP430マイコンのプログラム(一部分)

```c
void main(void)
{
  WDTCTL = WDTPW + WDTHOLD;        // WDTの停止
  SCFQCTL = 75 - 1;
                // MCLK = 75 * ACLK * 2 = 4.9152MHz, D = 2
  FLL_CTL0 = DCOPLUS + XCAP18PF;
                // DCOPLUS = 1, 水晶容量負荷は18pF
  SCFI0 = FLLD_2 + FN_2;           // D = 2, fDCOCLK = 2.2-
                                       17Mhz

  BTCTL = BT_ADLY_2000;            // Basic Timerのクロック源は
                                       ACLK/256

  P5DIR |= 0xe0;                   // P5 出力 for LCD_E, RW, RS
  P2DIR |= 0xf0;                   // P2_7,6,5,4 出力 for LCD_DB
  P2IE |= 0x1;                     // P2.0 interrupt enabled
  P2IES = 0x1;                     // P2.0 Hi/lo edge
  P2IFG &= ~0x1;                   // P2.0 IFG cleared
  P2DIR |= 0x2;                    // P2.1 Output

  LCD_RW = 0;
  LCD_RS = 0;
  LCD_E = 0;
  LCD_INIT();                      // LCDの初期化

  P6SEL |= 0xf;                    // A0+-, A1+- の設定
  SD16CTL = SD16VMIDON + SD16REFON + SD16SSEL_1 +
    SD16DIV_1 + SD16XDIV_1; //
  // VMID オン, 1.2V refオン, SMCLK, /2, /3 fM = 4.9152MHz
                                   / 2 / 3 = 819.2kHz
  t1ms(1);                         // 1ms待ち：Vref端子のコンデンサ充
                                       電待ち
  SD16CCTL0 = SD16IE + SD16DF + SD16OSR_256; // OSR=1024,
                                       バイポーラ
  t1ms(100);                       // 安定するまで100ms待つ
  SD16INCTL0 = SD16INTDLY_0 + SD16GAIN_1 + SD16INCH_1;
      // 4回目から割込み, PGAの利得は1, チャンネルはA1

  _BIS_SR(GIE);                    // 割込み可

  while(1)
  {
    if (f_iv == 2)                 // ADサンプリング終了?
    {
    pow0 = psum / 1.071e7;         // 電力の計算
    irms = (sqrt(isum) - 120) / 8374;  // 電流実効値の計算
    if (irms < 0) irms = 0;        // 電流が負の場合はゼロ
    vrms = sqrt(vsum) / 1253;      // 電圧実効値の計算
    ptmp = pow0 / irms / vrms;     // 有効電力/皮相電力
    if (ptmp > 1) ptmp = 1;
    angle = acos(ptmp) * 180. / 3.1415;  // 位相角の計算

    各パラメータの表示
    }
  }
}
#pragma vector=SD16_VECTOR
__interrupt void SD16ISR(void)
{
  if (f_iv == 0)
  {
    tmp = - SD16MEM0;              // AD変換データをad_dat配列変数へ
    ad_dat[idx] = tmp;
    vsum += pow(tmp, 2);           // AD変換データの2乗をvsumに積算
    idx++;
    if (idx >= 64)                 // サンプリングが終了した?
    {
      SD16CCTL0 &= ~SD16SC;        // AD変換停止
          SD16INCTL0 = SD16INTDLY_0 + SD16GAIN_1 +
              SD16INCH_0;          // 入力チャネルを電流に
      idx = 0;
      f_iv = 1;                    // 測定モードはACI
      psum = 0;                    // psumをクリア
      pmax = 0;                    // pmaxをクリア
      P2IFG &= ~0x1;               // P2.0 IFG cleared
    }
  }
  else
  {

    tmp = SD16MEM0;                // AD変換データとad_datを乗算し瞬
                                       時電力を計算
    ptmp = (float)ad_dat[idx] * tmp;
    psum += ptmp;                  // 瞬時電力をpsumに積算
    isum += pow(tmp, 2);           // AD変換データの2乗をisumに積算
    if (ptmp > pmax)               // 最大瞬時電力が更新されたら
    {
      pmax = ptmp;                 // pmaxの更新
        if (idx <= 30) pt = idx;   // サンプリング位置が30を超えると
                                       次のピークなので無視
    }
    idx++;
//  P2OUT ^= 0x2;                  // マーカー用
    if (idx >= 64)
    {
      SD16CCTL0 &= ~SD16SC;        // AD変換停止
          SD16INCTL0 = SD16INTDLY_0 + SD16GAIN_1 +
              SD16INCH_1;          // 入力チャネルを電圧に
      f_iv = 2;                    // 測定終了フラグ
      P2IFG &= ~0x1;               // P2.0 IFG cleared
    }
  }
}
```

現在の測定モードが電圧なのか電流なのかを判断します．

電圧モードの場合，A-D変換データをad_dat配列変数に入れ，変換データの2乗をvsumに積算していきます．このvsumの積算値が電圧の実効値になります．

50Hzの1周期におけるA-Dサンプリング個数は64なので，この個数を超えたら，A-D変換を停止し，測定モードを電流とします．

測定モードが電流の場合，A-D変換データとad_dat配列変数(瞬時電圧が入っている)を掛け合わせて瞬時電力を求め，psum変数に積算していきます．さらに，変換データの2乗をisumに積算していきます．このisumの積算値が電流の実効値になります．

計算した瞬時電力の最大値が更新されたら，その時のサンプリング・ポイントidxをptに代入します．このpt値が14より大きいか小さいかで位相の進み遅れを判断します．

サンプリング数が64を超えたら，A-D変換を停止し，測定モードを電圧とします．最後にf_iv = 2とし，A-Dサンプリングが終了したことをメイン・ルーチンに知らせます．

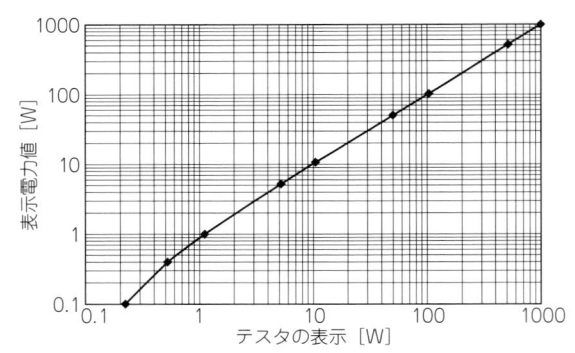

図14 テスタの読み値と製作した電力メータBの液晶ディスプレイの表示値

● P2.0立ち下がりエッジ割り込み処理ルーチン

P2.0はトリガ信号なので，SD16_Aがサンプリング中でなければ(idx = 0で判断)，A-D変換を開始します．

*

前述したように，感電防止のため，ソフトウェア開発時，製作する電力計のグラウンド側は，必ず電灯線のアース側に接続してください．

校　正

今回製作した電力メータBの測定範囲は，0.1〜1500 Wと広範囲です．精度良く測定するには，しっかりと校正する必要があり，専用の測定装置が必要です．今回は抵抗を負荷とし，電圧測定用と電流測定用に2台のテスタを使って簡易的に校正しました．

抵抗の場合，電圧と電流の位相差は0°なので，有効電力は，実効電圧×実効電流で求まります．抵抗での校正は100 Wまでとし，それ以上は500 Wと1000 Wの電熱器を使いました．電熱器の場合，ヒータの温度で消費電力が異なるので，ある程度消費電力が落ち着いてから校正しました．

テスタの読み値と製作した電力メータBの液晶ディスプレイの表示値の関係を図14に示します．1 W以上では，良好な直線性が得られたので，校正電力は1カ所で十分そうです．校正時の電力は1000 Wくらいがもっとも簡単で，全体の精度も良くなります．

前述のように，1 W以下をさらに精度良く測りたい場合は，SD16_AモジュールのPGAを2倍以上に設定するか，カレント・トランスの負荷抵抗を大きくします．

* *

次は実際に屋内配電盤に電流センサを取り付け，リアルタイムに家庭内で消費されている電力を表示する電力メータCを作ります．

一般に，配電盤の位置と，モニタがおかれている場所(リビングなど)は大きく離れているでしょうから，計測したデータは無線により伝送します．また，パソコンでデータを処理することにより，家庭内で消費されている電力の時間経過をリアルタイムに見ることができます．

(初出：「トランジスタ技術」2010年11月号)

Supplement 電力メータAのMSP430のソフトウェア

図A-1に示すのは，前節で製作した電力メータAに組み込んだMSP430マイコンのフローチャートです．リストA-1にプログラムの内容を示します．

MSP430F2013のプログラム用フラッシュROMは2Kバイト，RAMは128バイトと少なく，今回の機能をぎりぎり入れることができました．

電力の計算などは後述する液晶ディスプレイ付き電力計と同じなので，詳しくはそちらを参考にしてください．

● メイン・ルーチン

システム・クロックは1 MHzです．この1 MHzか

無駄減らし効果が目に見える三つの消費電力メータ

ら，内蔵A-D変換モジュールSD16_Aのサンプリング・クロックを作ります．水晶(32.768 kHz)は実装しなかったので，ACLKは内蔵のVLO(12 kHz)を使いました．

SD16_Aのクロック(SMCLK)を1 MHzに，OSRを1024に設定したので，サンプリング周期(SMCLK/OSR)は約1 msです．トリガ信号により，P1.4の立ち下がりでエッジ割り込みが入ります．タイマ割り込みはLEDの点滅に使います．

電力は，SD16_A割り込み処理の部分で計算します．mainの無限ループでは，ひたすら測定された電力の値に基づいて，LEDを点滅させたり，ブザー(BZ)を鳴らしたりします．

LEDの色設定は変数LEDにGR，RED，GR+REDを設定します．点滅周期はTACCR0/VLO×2で，TACCR0 = 1200のとき0.2 sになります．

電力が1300 Wを超えたら，P2.6 = 1としてブザー(BZ)を鳴らします．

MSP430の開発ソフトウェアIAR Embedded Workbench KickStartによるプログラム・サイズの制限から，ブザー(BZ)をOFFするプログラムは，無限ループ内に入れることができませんでした．そこで，SD16_A割り込み処理ルーチンでブザー(BZ)をOFFにしています．

● SD16_A割り込み処理ルーチン

今回のサンプリング方式はトリガ方式です．まず，現在の測定モードが電圧なのか電流なのかを判断します．

測定モードが電圧の場合，A-D変換データをad_dat配列変数に入れるだけです．A-Dサンプリング周期は約1 msなので，サンプリング数が20個を超えたら(50 Hzの場合)，A-D変換を停止し，測定モードを電流とします．

測定モードが電流の場合，A-D変換データとad_dat配列変数(瞬時電圧が入っている)を乗算して瞬時電力を求め，変数sumに積算していきます．サンプリング数が20個を超えたら，A-D変換を停止し，測定モードを電圧とします．sumに係数をかけ，測定した電力値を求めます．この係数は実際に校正する必要がありますが，特に精度は要求されないので，このまま使っても問題ありません．

● P1.4立ち下がりエッジ割り込み処理ルーチン

P1.4はトリガ信号なので，SD16_Aがサンプリング中でなければ(idx!＝0で判断)，A-D変換を開始します．

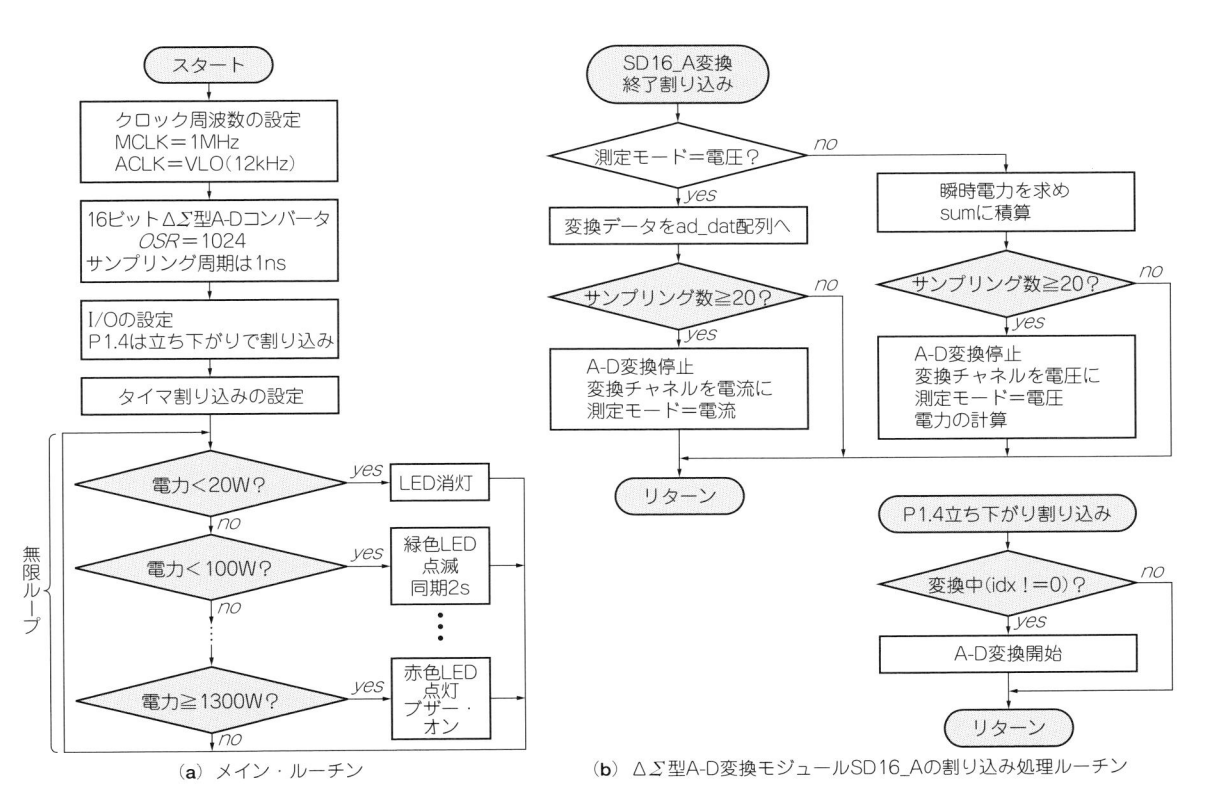

図A-1 前回製作した電力メータAに組み込んだマイコンの処理

(a) メイン・ルーチン
(b) ΔΣ型A-D変換モジュールSD16_Aの割り込み処理ルーチン

リストA-1　前節で製作した電力メータAに組み込んだマイコンのプログラム（一部分）

```c
void main(void)
{
  WDTCTL = WDTPW + WDTHOLD;   // Stop watchdog timer

  BCSCTL1 = CALBC1_1MHZ;      // Set DCO to 1MHz
  DCOCTL = CALDCO_1MHZ;
  BCSCTL3 = LFXT1S_2;         // ACLK = VLOCLK

  SD16CTL = SD16VMIDON + SD16REFON + SD16SSEL_1;
                              // VMID ON, 1.2V ref on, SMCLK
  SD16INCTL0 = SD16INCH_4;    // Diff inputs A4- & A4+ =
                                                      ACV
  SD16CCTL0 = SD16IE + SD16DF + SD16OSR_1024;
                              // 割込可, バイポーラ, OSR=1024
  SD16CTL &= ~SD16VMIDON;     // VMID off: used to settle
                                                      ref cap
  SD16AE = SD16AE0 + SD16AE1 + SD16AE2;
                              // SD16AE A0 - A2 外部入力端子

  P1IE  |= 0x10;              // P1.4 割込可 AC Trigger
  P1IES |= 0x10;              // P1.4 Hi/lo edge
  P1IFG &= ~0x10;             // P1.4 IFG cleared
  P1SEL |= 0x8;               // P1.3 = Vref
  P1DIR |= 0xc0;                  // P1.6, 7 for Output, GR
                                                      RED LED
  P2SEL = 0;                  // P2.6, 7 GPIO
  P2DIR |= 0xc0;                  // P2.6, 7 for Output, P2.6
                                                      = BZ

  TACCTL0 = CCIE;             // TACCR0 interrupt enabled
  TACCR0 = 3600;              // 周期 0.2s
  TACTL = TASSEL_1 + MC_1;    // ACLK, upmode

  _BIS_SR(GIE);               // 割込み可

  while(1)

  {
    if (pow < 20) LED = 0;    // 20W未満 LED 消灯
    else if (pow < 100)       // 20W以上 100W未満 GR 2s周期点滅
    {
      LED = GR;
      TACCR0 = 12000;
    }
    else if (pow < 200)
                  // 100W以上 200W未満 GR 0.6s周期点滅
    {
      LED = GR;
      TACCR0 = 3600;
    }
    else if (pow < 300)
                  // 200W以上 300W未満 GR 0.2s周期点滅
    {
      LED = GR;
      TACCR0 = 1200;
    }
    else if (pow < 400)
                  // 300W以上 400W未満 ORANGE 2s周期点滅
    {
      LED = GR + RED;
      TACCR0 = 12000;
    }
    else if (pow < 500)
                  // 400W以上 500W未満 ORANGE 0.6s周期点滅
    {
      LED = GR + RED;
      TACCR0 = 3600;
    }
    else if (pow < 700)
                  // 500W以上 700W未満 ORANGE 0.2s周期点滅
    {
      LED = GR + RED;
      TACCR0 = 1200;
    }
    else if (pow < 900)
                  // 700W以上 900W未満 RED 2s周期点滅
    {
      LED = RED;
      TACCR0 = 12000;
    }
    else if (pow < 1100)
                  // 900W以上 1100W未満 RED 0.6s周期点滅
    {
      LED = RED;
      TACCR0 = 3600;
    }
    else if (pow < 1300)
                  // 1100W以上 1300W未満 GR 0.2s周期点滅
    {
      LED = RED;
      TACCR0 = 1200;
    }
    else                      // 1300W以上 RED 点灯
    {
      LED = RED;
      TACCR0 = 12;
      P2OUT |= 0x40;          // BZ ON
    }
  }
}

#pragma vector=SD16_VECTOR
__interrupt void SD16ISR(void)
{

if (f_iv == 0)
  {
    ad_dat[idx++] = SD16MEM0;// ad_dat 変数へAD変換値を入れる
    if (idx >= 20)           // idx が20以上ならACVサンプリング
                                                      終了
    {
      SD16CCTL0 &= ~SD16SC;  // AD変換停止
      SD16INCTL0 = SD16INCH_0;
             // Diff inputs A0- & A0+  ACI
      idx = 0;               // idx クリア
      f_iv = 1;              // 測定モードはACI
      sum = 0;               // sum クリア
    }
  }
  else
  {
    tmp = SD16MEM0;          // ACI の取得
    sum += (float)ad_dat[idx++] * tmp;    // 電力値の積算
    if (idx >= 20)
             // idx が20以上ならACIサンプリング終了
    {
      SD16CCTL0 &= ~SD16SC;  // AD変換停止
      SD16INCTL0 = SD16INCH_4;
             // Diff inputs A4- & A4+ ACV
      idx = 0;               // idx クリア
      f_iv = 0;              // 測定モードはACV
      pow = sum / 3.3e6;     // 電力値の計算(要校正)
      P2OUT &= ~0x40;        // BZ OFF
    }
  }
}
```

無線で飛ばしてロギングする大電力測定型

　電子機器がスタンバイしている間の微小な消費電力（待機電力）を0.1 W単位で測れる電力メータを作りました．ここでは，家庭内全体で消費されている瞬間瞬間の電力を測定して無線で飛ばす電力メータを製作します．

　これまで出かけるときは，屋外にある電力量計（アラゴーの円盤）の回転速度を見て，何か切り忘れの電気製品がないか確認していましたが，ON/OFFタイプの電気製品の場合，たまたまOFFの瞬間を見ている可能性があり，不安に感じることがありました．この電力計を作ってからは，16分間の電力消費量の時間変化が一瞬でわかるので，電気製品の切り忘れをすぐに把握でき，安心して外出することができるようになりました．

全体の構成と使い方

● 配電盤から電力値を電波で飛ばして2枚の基板で受信・表示する

　本器は，次の四つのブロックで構成されています．図15にブロック図を示します．
　(1) 電流検出部　[写真12(a)]
　(2) 電力計算＆無線データ送信器　[写真12(b)]
　(3) 無線データ受信＆液晶表示器　[写真12(c)]
　(4) 無線データ受信＆パソコン・インターフェース　[写真12(d)]

　(2)の電力計算＆無線データ送信器は，配電盤で測定した電流値と，壁コンセントの電圧値から電力値を算出し，電波で送信します．

　(3)の無線データ受信＆表示器は，電力計算＆無線データ送信器から送られてくる電力データを無線モジュールで受信し，その結果を16文字×2行の液晶ディスプレイに表示（写真13）してSDカードに保存します．

　(4)の無線データ受信＆パソコン・インターフェースは，(2)の電力計算＆無線データ送信器から送られてくる電力データを無線モジュールで受信して，USB経由でパソコンに送信します．

● 使い方

▶ 無線データ受信＆液晶表示器で見る

　写真13に示すように，無線データ受信＆液晶表示器の液晶ディスプレイには，
　・消費電力
　・消費電流
　・電圧
が表示されます．消費電流と消費電力は，配電盤の系統1と系統2を加えた値です．

　液晶ディスプレイの左下には，消費電力の時間変化が表示されます．一つのバーが1分間で消費された電力を示しており，計16分までの電力消費推移がすぐにわかります．

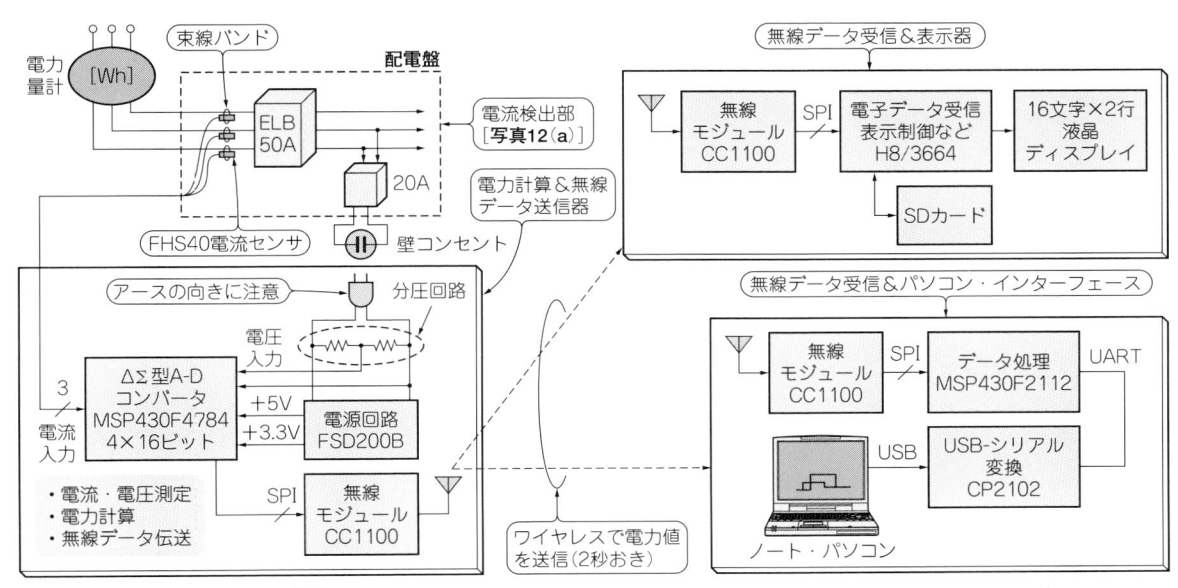

図15　製作した電力メータCの構成
家庭内全体で消費されている瞬間瞬間の電力を測定して無線で飛ばし，液晶ディスプレイやパソコンに表示する

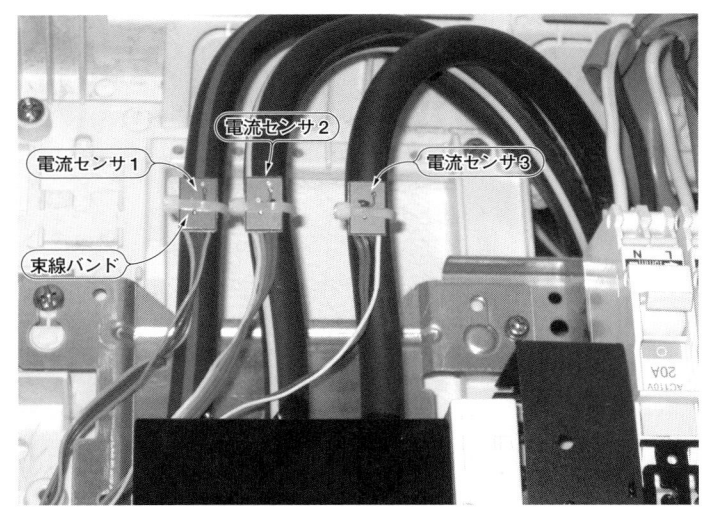

(a) 電流検出部（配電盤内部）

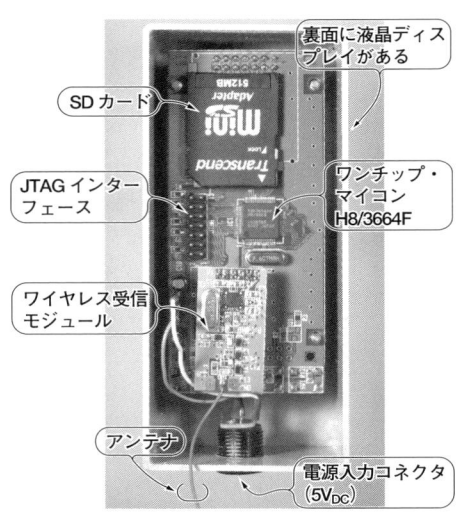

電流センサ1
電流センサ2
電流センサ3
束線バンド

(c) 無線データ受信＆液晶表示器

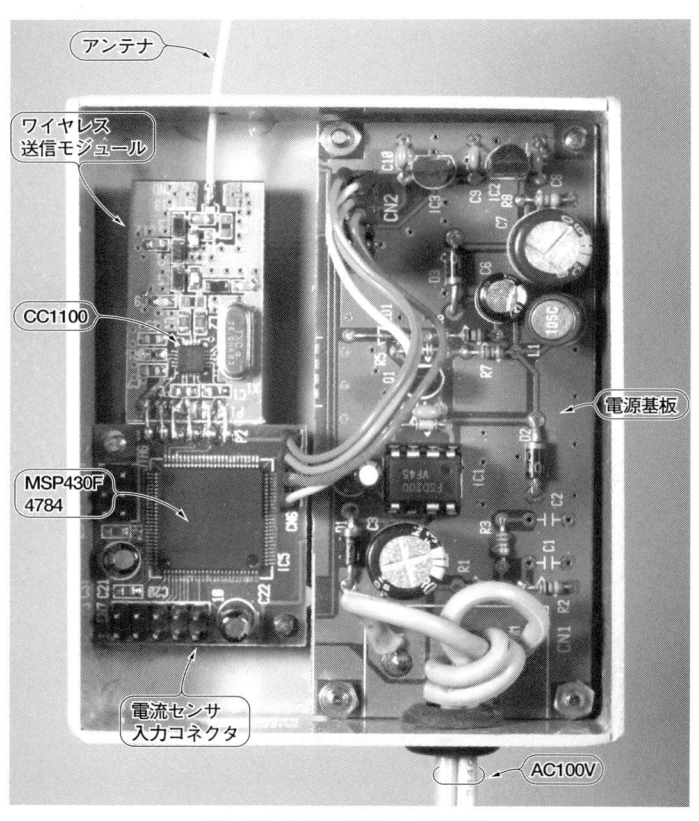

裏面に液晶ディスプレイがある
SDカード
JTAGインターフェース
ワンチップ・マイコン H8/3664F
ワイヤレス受信モジュール
アンテナ
電源入力コネクタ（5V_DC）

(b) 電力計算＆無線データ送信器

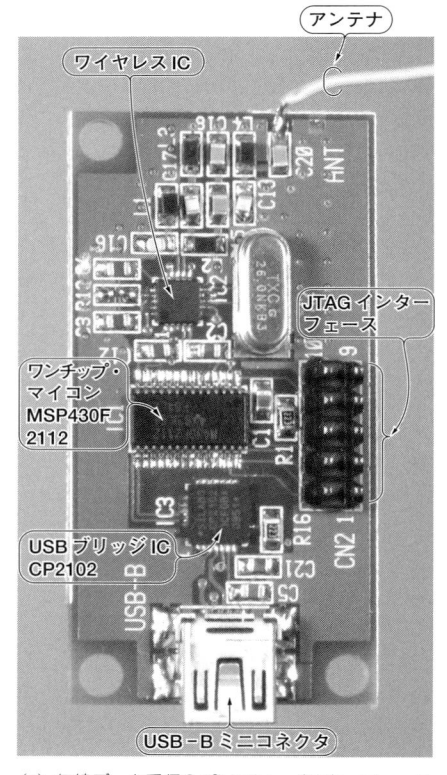

アンテナ
ワイヤレス送信モジュール
CC1100
MSP430F4784
電源基板
電流センサ入力コネクタ
AC100V

(d) 無線データ受信＆パソコン・インターフェース

ワイヤレスIC
アンテナ
ワンチップ・マイコン MSP430F2112
JTAGインターフェース
USBブリッジIC CP2102
USB-Bミニコネクタ

写真12 製作した電力メータCの外観
電流センサと3枚の基板から構成されている

前面パネルの［UP］ボタンを押すと，1日，1時間で消費された電力量と現在の消費電力を表示します．さらに［UP］ボタンを押すと，系統1と系統2の消費電力が表示されます．

▶パソコンで見る

図16に示すように，パソコンでも消費電力を見ることができます．1日または1時間の全電力消費量が表示されます．

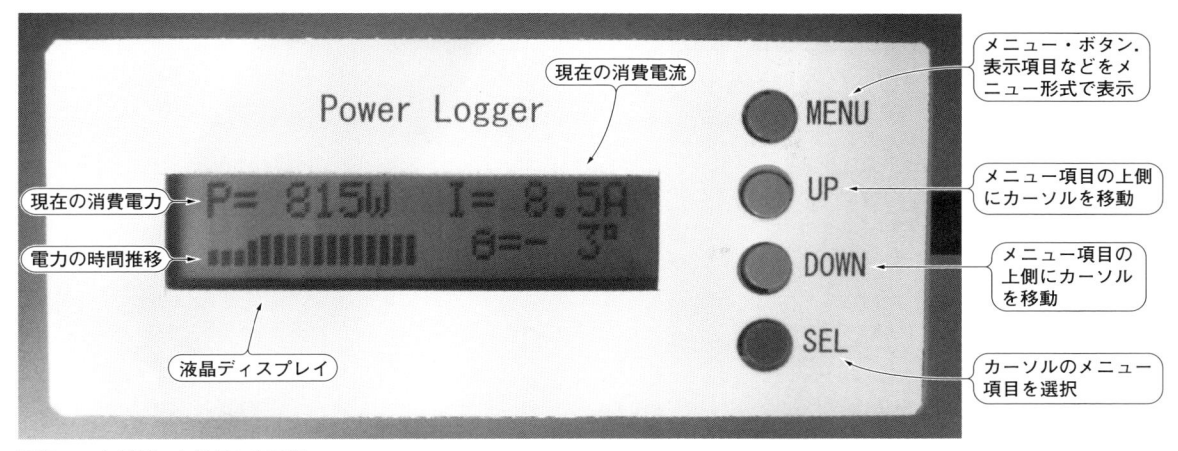

無駄減らし効果が目に見える三つの消費電力メータ

写真13 無線データ受信＆表示器
無線モジュールを搭載している．電力計算＆無線データ送信器［写真12(b)］から送られてくる電力データを受信して，その結果を16文字×2行の液晶ディスプレイに表示する．SDカードにデータを保存することもできる

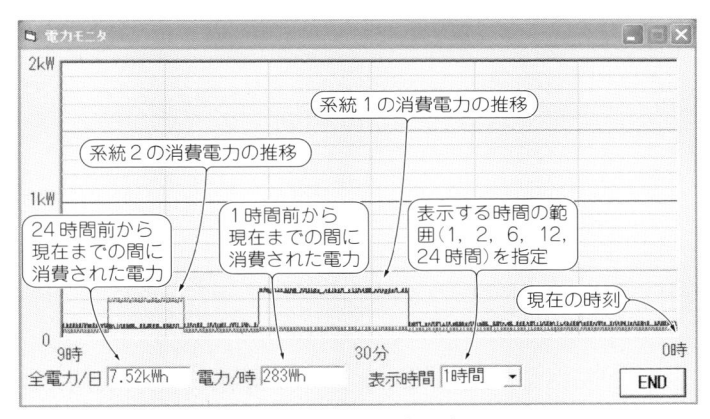

図16 パソコンで消費電力をモニタしているところ

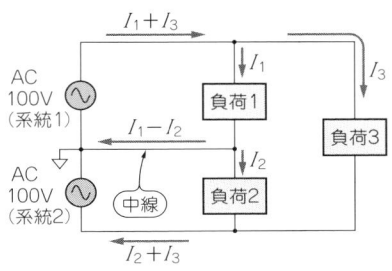

図17 我が家の配電系統（単相3線式）と電流の流れ

　起動直後はデータがないので，起動開始からの消費電力量が表示されます．
　時刻の一番右端が現在の時刻で，表示時間はコンボ・ボックスで指定でき，1，2，6，12，24時間のデータを表示できます．
　ソフトウェアを実行している間，電力量のデータが"日付.csv"というファイル名で保存されます．終了したい場合は，［END］ボタンをクリックします．

構　成

■ 電流検出部（配電盤内）

● センサの取り付け
　写真12(a)に示す電流測定部では，電流センサ（FHS 40）を電灯線に束線バンドで取り付け，家庭内で消費されている電流を計測します．

実際に取り付けるときは，コラム1(p.100)を読んだうえで，必ず電気工事士に依頼してください．
　図17に示すのは，我が家の配電系統（単相3線式）と電流の流れです．中線（アース線）には，両系統に流れる電流の差が流れるので，特に測定する必要はありません．本器では，念のため取り付けました．

● ホール・センサ内蔵のアタッチメント型電流センサを使う
　電力メータAとBで電流センサとして利用した挿入式カレント・トランスは，配電盤に取り付ける場合，電灯線を切断する必要があるので現実的ではありません．いっぽう，クランプ式カレント・トランスは高価です．
　そこで，ホール素子を使ったアタッチメント方式の電流センサIC FHS40（LEM社）を使いました．
　図18にFHS40のブロック図を，使い方を図19に

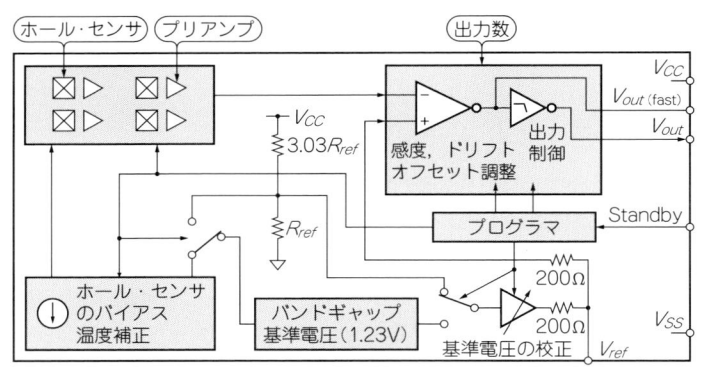

図18 電流センサ(FHS 40)のブロック図

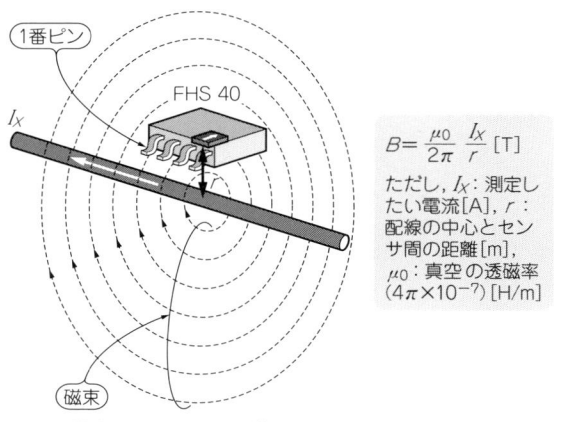

図19 電流センサICは，配線を流れる電流が発生させる磁界の大きさを内部のホール素子によって捉える

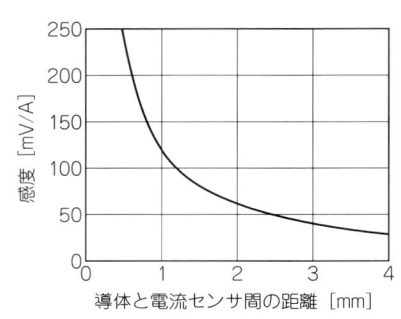

$B = \dfrac{\mu_0}{2\pi} \dfrac{I_X}{r}$ [T]

ただし，I_X：測定したい電流[A]，r：配線の中心とセンサ間の距離[m]，μ_0：真空の透磁率($4\pi \times 10^{-7}$) [H/m]

図20 電流を検出する感度は配線内部の導体と電流センサとの距離に反比例

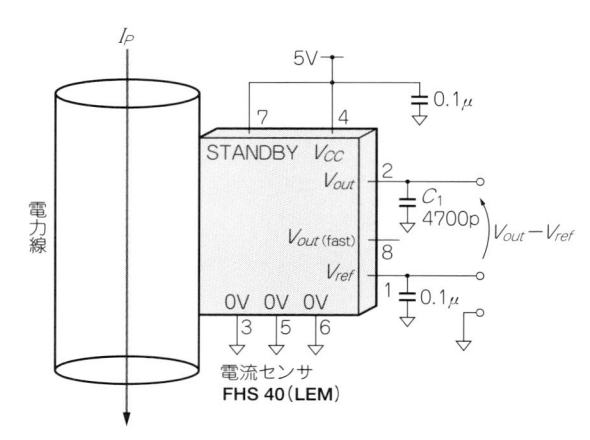

図21 電流センサFSH 40(LEM)の周辺回路

示します．

ICの中央部に磁束を捕らえるホール素子があり，配線に近づけると，配線を流れる電流から発生する磁界を捕らえます．

磁界の強さは**図19**中の式で表され，次の二つの関係があります．

- 配線を流れる電流の大きさに比例する
- 配線中央-ホール・センサ間の距離に反比例する(**図20**)

ホール・センサは配線中央に近づけるほど，測定感度が上がりますが，配線には被覆があるので，近づけられる距離には限界があります．電灯線はϕ11なので，導体までの距離は約6 mmです．感度は約20 mV/Aで，10 A_{RMS}の電流が流れた場合のFHS 40の出力電圧は約0.2 V_{RMS}です．

▶応用回路

図21に使用した電流センサICの応用回路を示します．直流から測定でき，出力はV_{out}とV_{ref}の差分で得ることができますが，今回は交流電流しか測定しないので，V_{ref}端子を使わず，V_{out}端子から出力を取り出し，カップリング・コンデンサで直流電圧成分を除去しました．C_1はノイズ除去用で，推奨値の4700 pFとしました．最大値は18 nFです．

■ 電力計算＆無線データ送信器

電力計算＆無線データ送信基板の回路を**図22**に示します．

● 機能

電力計算＆無線データ送信基板では，壁コンセントから電灯線の電圧を測定し，電流測定部との積を取って瞬時電力を求めます．

瞬時電力を2秒間積分すると，2秒間で消費された電力が求まります．計算で得られた電力値は，無線IC CC1100を搭載した無線モジュールで電波に乗せます．

単相3線式の場合，コンセントは2系統に分かれており，1系統のコンセントからでは，別系統のコンセントの電圧を測定することはできません．同様にAC200 Vの電圧を測定することもできません．2系統の電圧を同時に測るには，配電盤内で両系統から電圧を取り出す必要がありますが，**電気工事士の資格が必要でメンテナンスも困難です．**そこで電圧はコンセン

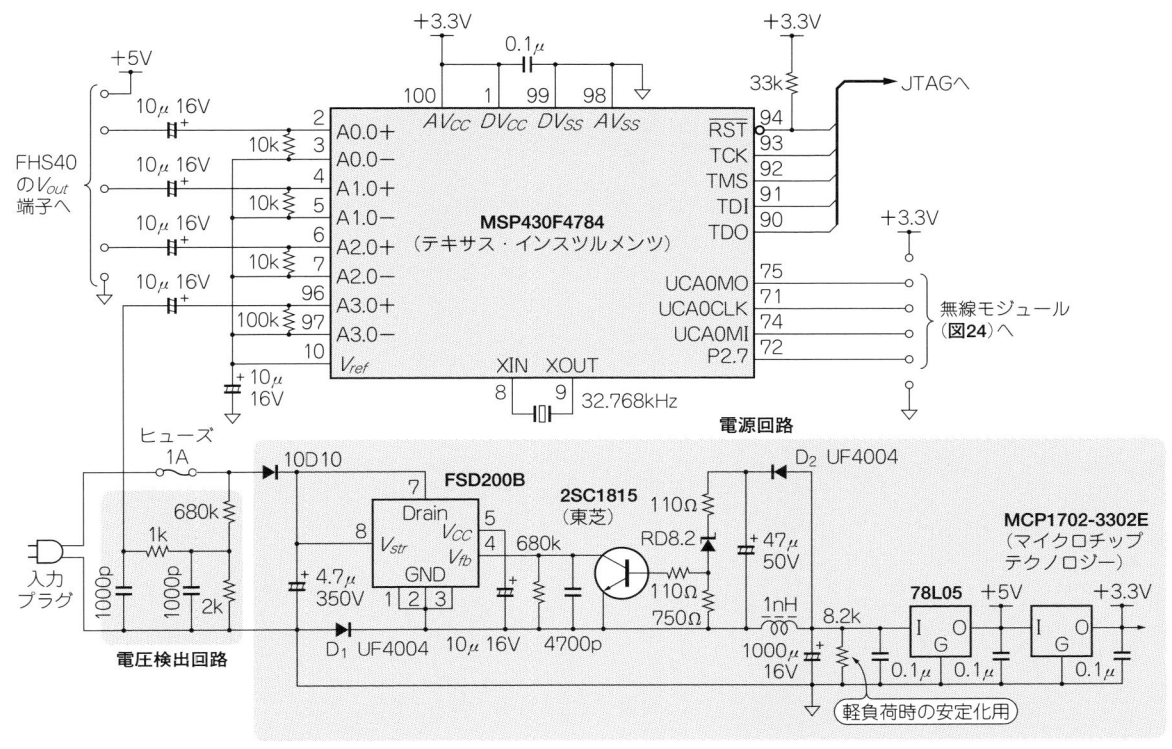

図22 電力計算＆無線データ送信基板の回路

トから測り，1系統からだけとしました．電流の消費状態で両系統の電圧は異なりますが，大きな誤差にはならないと思います．

● **マイコン周辺**

▶ 電流測定部

電力を正確に求められるように，分解能が16ビットのΔΣ型A-Dコンバータを4個内蔵しているワンチップ・マイコン MSP430F4784 を使いました．

入力端子は差動で，A_0～A_3までの4チャネルあり，A_0～A_2を電流測定用としました．

電流センサの出力は約20 mV/Aなので，60 A_{P-P}（約21 A_{RMS}）まで測定できます．メイン・ブレーカの容量は50 Aなので，最悪A-D変換値はオーバーフローする可能性がありますが，今まで一度もオーバーフローしたことはないので現状で使っています．

▶ 電圧測定部

電灯線の電圧信号は，前回同様に電灯線からの分圧回路から得て，出力をA_3チャネルに接続しました．各差動入力の負側をV_{ref}に接続して，±両端子間に抵抗10 kΩ（電流側）と100 kΩ（電圧側）を接続しています．

各チャネルとも±0.6 V（1.2 V_{P-P}）の交流電圧を測定できます．

▶ 電源

電源部は，電力メータAと電力メータBで使ったトランスレス電源用IC FSD200Bを使って構成しました．この電源からは電流センサFHS 40用の+5Vと，マイコンやRFモジュール用の+3.3Vを供給します．

▶ 無線部

無線モジュールとのインターフェースはSPIなので，シリアル・インターフェースであるUSCI_A0内蔵モジュールを使いました．P2.7はRFトランシーバIC CC1100のCS端子用です．

● **RFトランシーバIC CC1100**

一般に配電盤と消費電力値を知りたい場所（リビングなど）は離れているので，測定した電力値の無線データ転送は必須だと思います．今回はRFトランシーバとしてテキサス・インスツルメンツ社の1GHz弱まで使えるCC1100を使いました．

CC1100は低消費電力のRFトランシーバで，315/433/868/915 MHzのISM（Industry-Science-Medical）とSRD（Short Range Devices）バンドで使えます．**図23**に内部ブロック図を，**図24**に回路を示します．

送信周波数は，微弱電波で許される電界強度が500 μV/mの315 MHzに設定しました（**図25**）．近くにこの周波数を使っている装置がないかをスペクトラム・

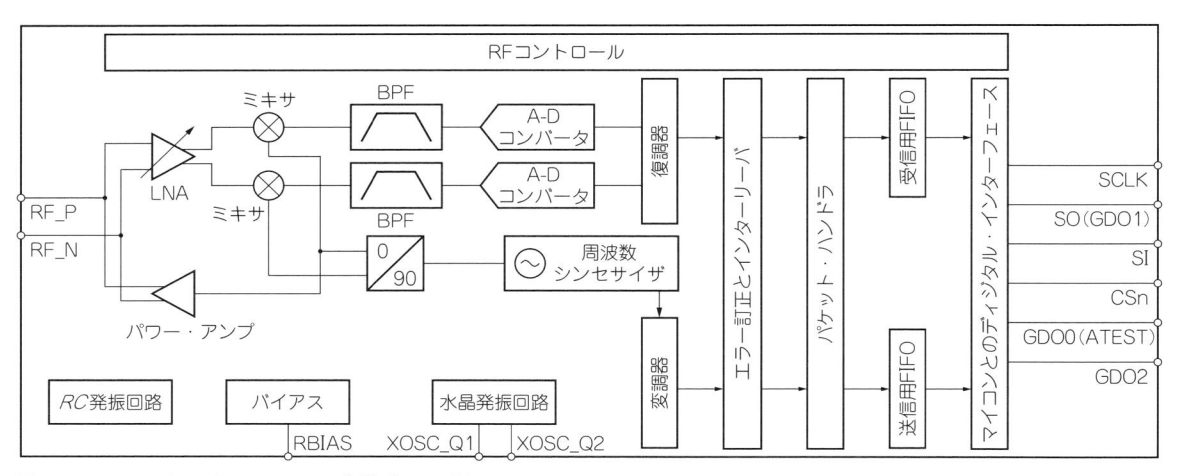

図23 RFトランシーバIC CC1100の内部ブロック図

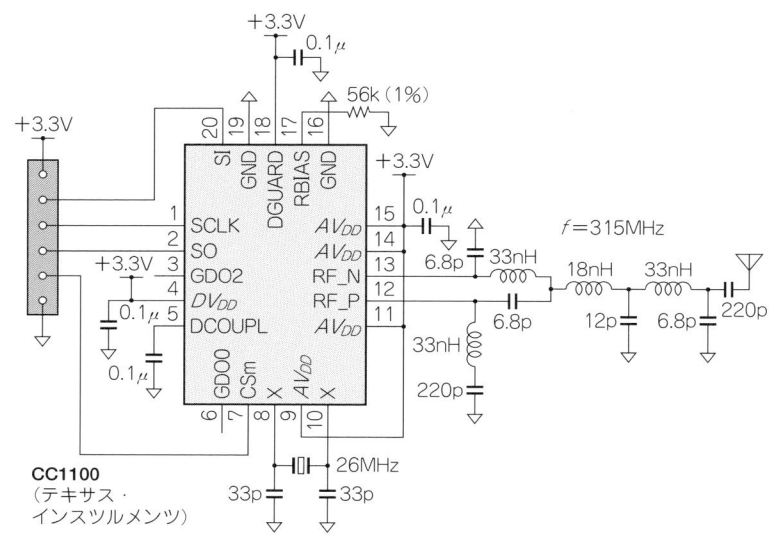

図24 電力計算＆無線データ送信基板に搭載したRFトランシーバ・モジュールの回路

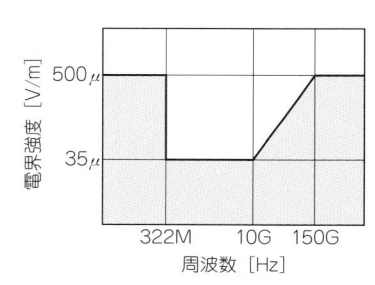

図25 微弱無線局の3m距離における電界強度の限度値
電力計算＆無線データ送信基板の送信周波数を315 MHzに設定した．電界強度は500 μV/mまで許される

アナライザを使って確認しました．

製作した回路は，データシートにある回路そのものとし，部品定数は315 MHz用としました．送受信周波数を315 MHz以外に設定する場合は，RFフィルタの回路と定数を変更します．

CC1100の汎用出力端子GDO_0とGDO_2からは，さまざまな内部状態を読み出せますが，実際の動作ではソフトウェアによるポーリングを使用したので，利用しませんでした．

CC1100の主な仕様を次にまとめます．
- 高感度：－111 dBm@1200ボー，868 MHz
- 低消費電流：14.4 mA@受信モード，1200ボー，868 MHz
- 出力：最大＋10 dBmでプログラム可能
- データ転送レート：1200～500 Kボー
- 周波数バンド：300 M～348 MHz，400 M～464 MHz，800 M～928 MHz
- 変調方式：2-FSK，GFSK，MSK，OOK，ASK
- インターフェース：SPI

■ 無線データ受信＆液晶表示器

無線データ受信＆表示基板の回路を**図26**に示します．H8/3664マイコンを動作電圧3.3 Vで動作させます．

同期式シリアル通信インターフェース（SPI）は，RFモジュールとSDカード用に二つ必要ですが，H8/3664はSPIを一つしか内蔵していません．

そこで，RFモジュールの各信号をP_{14}～P_{17}の汎用ポートに接続し，RFモジュール側のSPIインターフ

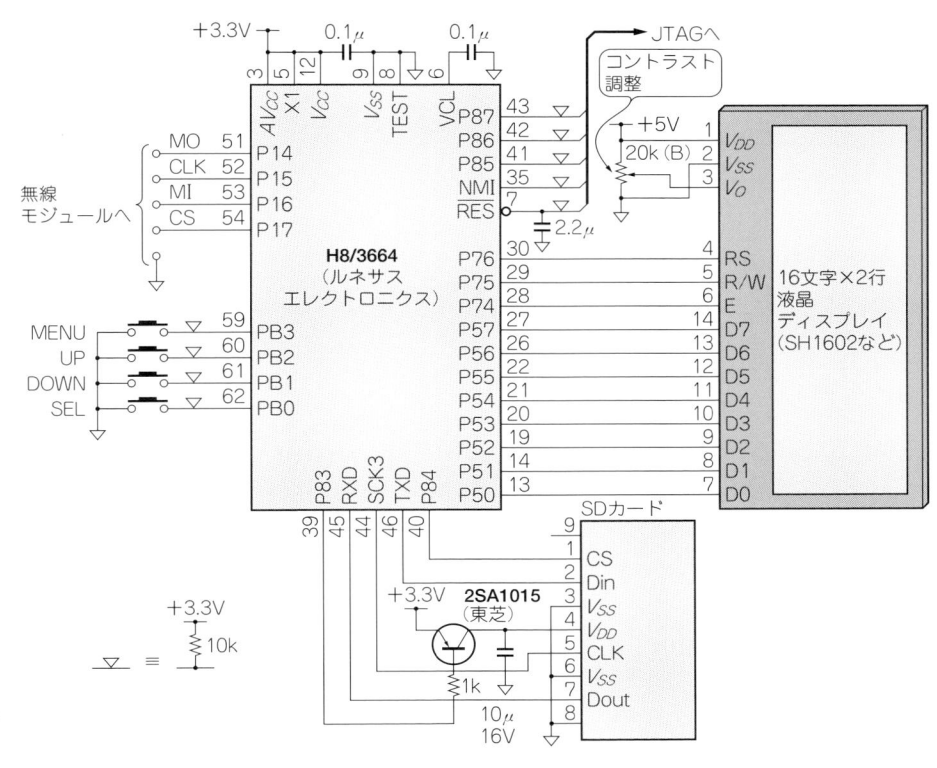

無駄減らし効果が目に見える三つの消費電力メータ

図26 無線データ受信＆液晶表示器の回路

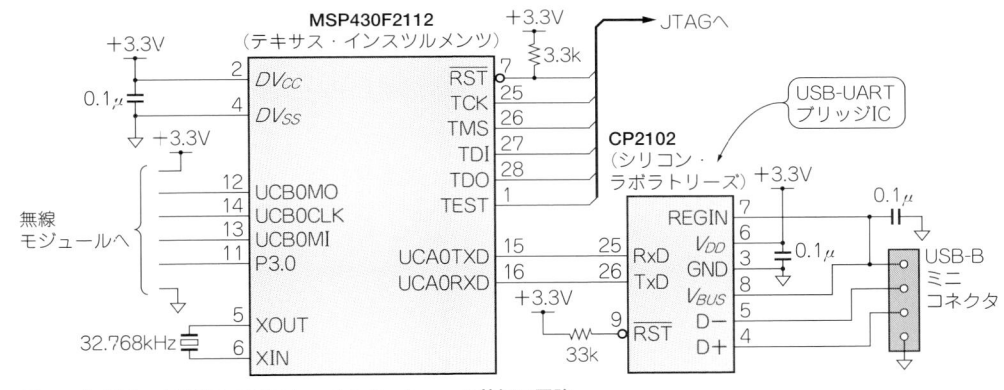

図27 無線データ受信＆パソコン・インターフェース基板の回路

ェースをソフトウェアで実現しました．

SDカード側は，SCK3周辺モジュールの各端子を接続します．また，SDカードにアクセスしていない場合，極力消費電流を下げる目的で，SDカードの電源用に2SA1015による電源スイッチ回路を設けました．

各操作を行うタクト・スイッチは，MENU，UP，DOWN，SELの4個です．液晶ディスプレイは16文字2行表示のSC1602です．また，デバッガ（ルネサスエレクトロニクスのE8a）用のJTAG線を外部に取り出しています．

■ 無線データ受信＆パソコン・インターフェース

無線データ受信＆パソコン・インターフェースの回路を**図27**に示します．

データの処理と無線モジュール制御にMSP430F2112を使いました．無線モジュールとのシリアル・インターフェースは，USCI_B0周辺モジュールを利用しました．

USB-UARTブリッジIC CP2102を使って，この基板とパソコンをUSB経由でインターフェースしました．マイコンとRFモジュールの電源（+3.3V）は，

```
インターフェース     CC_SPISetup()
SPIの初期化
      ↓
CC1100のリセット     CC_PowerReset()
      ↓
各レジスタの設定     write RF Settings()
                    Smart RF Studio
                    サンプルなどを参考に
      ↓
CC1100を受信         CC_SPIStrobe(_SRX)
モードで初期化
```

(a) CC1100の初期設定

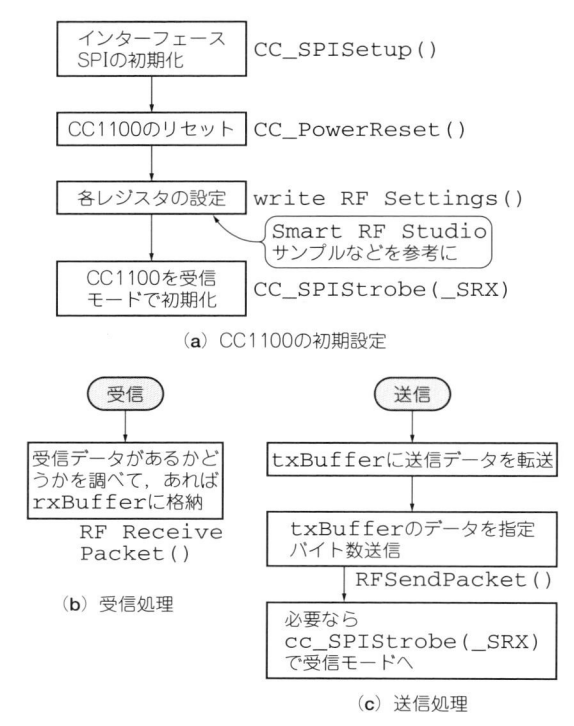

```
受信                      送信
 ↓                         ↓
受信データがあるかど      txBufferに送信データを転送
うかを調べて，あれば       ↓
rxBufferに格納           txBufferのデータを指定
 RF Receive              バイト数送信
  Packet()               RFSendPacket()
                          ↓
(b) 受信処理              必要なら
                         cc_SPIStrobe(_SRX)
                         で受信モードへ
                        (c) 送信処理
```

図28 RFトランシーバIC CC1100の動かし方

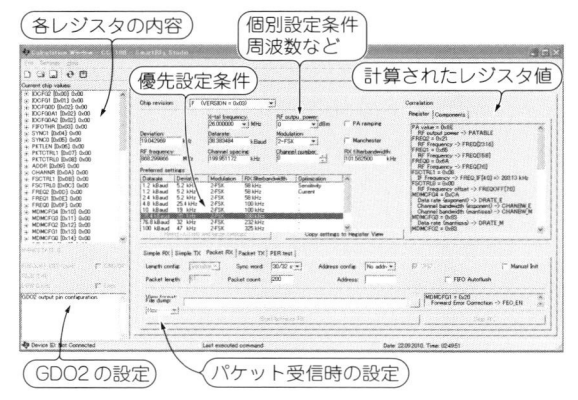

図29 CC1100の動作条件を入れると設定すべきレジスタ値が表示されるSmartRF Studioの起動画面

表4 無線IC CC1100から送信するデータの内訳

送信データ配列の先頭アドレスからのオフセット値	データの内容	送信データ配列の先頭アドレスからのオフセット値	データの内容
+0(オフセット)	消費電力1	+12	予約
+2	消費電力2	+14	予約
+4	電圧	+16	予約
+6	電流1	+18	予約
+8	電流2	+20	予約
+10	電流3	+22	チェックサム

CP2102に内蔵されているレギュレータから供給できるので，パソコンにUSBケーブルを接続するだけで本基板は動作します．

ソフトウェア

今回，データ通信を無線化したので制御部分が分散してしまったので，次の四つのソフトウェアを開発する必要があります．

（1）電力計算＆無線データ送信処理
（2）無線データ受信＆表示処理
（3）無線データ受信＆パソコン・インターフェース処理
（4）消費電力表示用Windowsアプリケーション

● RFトランシーバCC1100を動かす方法

図28に，RFトランシーバCC1100を動かすための処理を示します．

http://focus.ti.com/docs/prod/folders/print/cc1100.html#samples

からダウンロードできるサンプルに各関数は用意されています．

図28(a)に示すように，まずシリアル・インターフェースのSPIを初期設定します．最大クロック周波数は10MHzです．なお，新規設計する場合はCC1100よりCC1101を使うことが推奨されています．

CC1100をリセットしたら各レジスタを設定します．レジスタの値は送受信周波数，変調速度などで異なり，その値を求める作業量は膨大です．そこで，テキサス・インスツルメンツが上記サイトで提供しているツール SmartRF Studio（図29）を利用します．これで，基本的なデータ転送速度，送受信周波数を設定すれば，C言語のテーブル・データとして，各レジスタの値を求めることができます．

CC_SPIStrobe(_SRX)により，受信モードで動作を開始します．RFRecievePacketで受信データがあるかどうかを調べます．受信データがある場合は，0以外が返ってきます．送信するときは，txBufferに送信データをセットし，RFSendPacketでコールするだけです．

送受信用バッファFIFOのサイズは64バイトなので，64バイトまでのデータを一度に転送できます．今回必要なデータ・サイズは14バイトですが，余裕を見て24バイトとしました．表4に送信データの内容を示します．最後にチェックサムを付加し，一致しない場合は，伝送エラーがあったと判断してその内容を破棄し，一つ前のデータを利用します．

無駄減らし効果が目に見える三つの消費電力メータ

● 電力計算＆無線データ送信器
▶ main ルーチン

図30に示すのは，電力計算＆無線データ送信器のマイコンで処理するプログラムのフローチャートです．ソース・コードをリスト2に示します．

まず，システム・クロックやI/Oなどを設定します．クロック周波数は，1周期の波形を64サンプリングできるように，4.9152 MHz（50 Hzの場合）としました．60 Hzのときは5.898 MHzとします．

▶ ソース・リストの説明

①：A-Dコンバータ（SD16モジュール）の初期設定を行います．SD16モジュールの最高クロック周波数は1 MHzなので，システム・クロックを1/6にし，819.2 kHzとします．OSRを256としたので，A-Dコンバータのサンプリング周期は0.3125 msとなり，50 Hzの1波形のサンプリング数は64になります．

②：CC1100の初期設定を行います．まず，CC1100のインターフェースはSPIなので，SPIモジュールの初期設定を行います．今回はMSP430に内蔵されたSPIモジュールを使ったので，CC1100制御用関数の前にTI_をつけます．CC1100をリセットしたのち，CC1100の各レジスタを設定します．各レジスタ値は，

http://focus.ti.com/docs/prod/folders/print/cc1100.html#samples

からダウンロードしたサンプルを使いました．設定内容は次のとおりです．

- 送受信周波数：315 MHz
- 送信出力：0 dBm
- 転送速度：250 kbps

送信出力はアンテナによっては，電波法違反になる可能性があるので，あまり出力を高くしないようにします．

③〜⑥：SD16のA-D変換を開始したら無限ループ④に入ります．

無限ループでは，⑤で2秒間のサンプリングの終了を待ちます．サンプリングが終了すると，I1dat，I2dat，I3dat，V1datに実効値を求めるための2乗値の積算が入っています．⑥でその積算値の平方根を取り，係数をかけ，実際の実効値を求めます．電力は，瞬時値の積算となっているので，単に係数を掛け実際の電力値を求めるだけです．

⑦と⑧：求めた各値を送信用データ配列txDatに格納し，最後にチェックサムを求めて設定します．txDatは，RFSendPacket((char*)txDat,24)で24バイト送信し，再びサンプリングが終了するまで，ループを繰り返します．

⑨：SD16変換が終了すると，#pragma vector=SD16A_VECTORに飛んでくるので，そこで割り込みの種類をSD16IVから判断します．

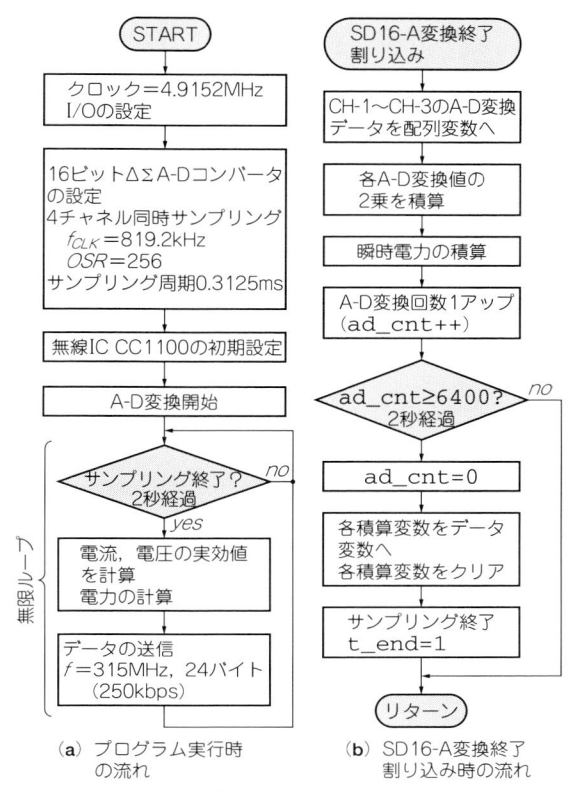

(a) プログラム実行時の流れ
(b) SD16-A変換終了割り込み時の流れ

図30 CC1100の送信データの内容

今回は，CH_0〜CH_3をグループ化しているので，最終チャネルのCH_3のSD16MEM3IFG割り込みで10になります．

⑩：A-D変換はバイポーラ・モードとしたので，変換データは-32768〜32767になります．int変換してadndat(n = 0〜3)に保存します．

⑪：電流，電圧の実効値を求めるために，2乗値を積算します．

⑫と⑬：電力の積算値を求めます．

⑭：A-D変換回数用カウンタが2秒分の6400（50 Hzの場合）を超えたら，各積算値をI1datからp2datに保存して各積算値をクリアします．

⑮：最後にf_end=1として，mainルーチンにサンプリング終了を知らせます．

● 無線データ受信＆液晶表示器

図31に，無線データ受信＆液晶表示器に搭載したH8マイコンの処理を示します．液晶ディスプレイ，CC1100，SDカードの初期化などを行い，各機能が使えるようにします．そして，無限ループに入ります．

▶ 無限ループでの処理

受信データがあるかをRFReceivePacket(rxBuffer,&len)で調べます．送信部からは2秒周

リスト2　電力計算＆無線データ送信基板に搭載したMSP430マイコンのプログラム（一部分）

```c
void main(void)
{
    前略

    // SD16モジュールの初期設定 … ①
    SD16CTL = SD16REFON + SD16SSEL0;      // 1.2V ref, SMCLK
    SD16CTL = SD16VMIDON + SD16REFON + SD16SSEL_1 + SD16DIV_1
        + SD16XDIV_1;
            // VMID オン, 1.2V refオン, SMCLK, /2, /3  fM = 4.9152
            //                             MHz / 2 / 3 = 819.2 kHz
    SD16CCTL0 |= SD16DF + SD16OSR_256 + SD16GRP;
                                          // Group with CH1
    SD16CCTL1 |= SD16DF + SD16OSR_256 + SD16GRP;
                                          // Group with CH2
    SD16CCTL2 |= SD16DF + SD16OSR_256 + SD16GRP;
                                          // Group with CH3
    SD16CCTL3 |= SD16DF + SD16OSR_256 + SD16IE;
                                          // Enable interrupt
    t1ms(10);                             // 1.2V ref 安定化のための時間

    // CC1100の初期設定 … ②
    TI_CC_SPISetup();                     // SPI モジュールの初期設定
    TI_CC_PowerupResetCCxxxx();           // CC1100をリセット
    writeRFSettings();                    // RF settingsを各レジスタに設定

    SD16CCTL3 |= SD16SC;                  // SD16 変換開始 … ③
    __bis_SR_register(GIE);               //割込み可

    while(1)                              // 無限ループ … ④
    {
        if (f_end == 1)                   // 2秒間のサンプリング終了 … ⑤
        {
            I1 = sqrt(I1dat) * k_i1;      // I1の実効値 … ⑥
            I2 = sqrt(I2dat) * k_i2;      // I2の実効値
            I3 = sqrt(I3dat) * k_i3;      // I3の実効値
            V1 = sqrt(V1dat) * k_v1;      // V1の実効値
            p1 = p1dat * k_p1;            // 電力1
            p2 = p2dat * k_p2;            // 電力2

            txDat[0] = p1;                // 電力1 … ⑦
            txDat[1] = p2;                // 電力2
            中略
            ChkSum = 0;
            for (i = 0; i < 11; i++)      // チェックサムを求める
            {
                ChkSum += txDat[i];
            }
            txDat[11] = ChkSum;           // チェックサム
            f_end = 0;

            RFSendPacket((char *)txDat, 24);  // データの送信 … ⑧
        }
    }
}

#pragma vector=SD16A_VECTOR
__interrupt void SD16AISR(void)
{
    static unsigned int index = 0;

    switch (SD16IV)
    {
    case 10:                              // SD16MEM3 IFG … ⑨
        ad0dat = (int)SD16MEM0;           // CH0の変換データをad0datに保存 … ⑩
        ad1dat = (int)SD16MEM1;           // CH1の変換データをad1datに保存
        ad2dat = (int)SD16MEM2;           // CH2の変換データをad2datに保存
        ad3dat = (int)SD16MEM3;           // CH3の変換データをad3datに保存

        ch0sum += ad0dat * ad0dat;        // ad0datの2乗値の積算(I1) … ⑪
        ch1sum += ad1dat * ad1dat;        // ad1datの2乗値の積算(I2)
        ch2sum += ad2dat * ad2dat;        // ad2datの2乗値の積算(I3)
        ch3sum += ad3dat * ad3dat;        // ad3datの2乗値の積算(V1)
        p1sum += -ad0dat * ad3dat;        // P1の積算 … ⑫
        p2sum += ad2dat * ad3dat;         // P2の積算

        ad_cnt++;                         // カウンタアップ

        if (ad_cnt >= 6400)               // 2秒間のサンプリング終了 … ⑬
        {
            ad_cnt = 0;                   // カウンタクリア
            index = 0;
            I1dat = ch0sum;               // I1の積算値をI1datに … ⑭
            I2dat = ch1sum;               // I2の積算値をI2datに
            I3dat = ch2sum;               // I3の積算値をI3datに
            V1dat = ch3sum;               // V1の積算値をV1datに
            p1dat = p1sum;                // P1の積算値をp1datに
            p2dat = p2sum;                // P2の積算値をp2datに
            ch0sum = 0;
            ch1sum = 0;
            ch2sum = 0;
            ch3sum = 0;
            p1sum = 0;
            p2sum = 0;
            f_end = 1;                    // サンプリング終了 … ⑮
        }
        break;
    }
}
```

期でデータが送信されるので，受信の周期は2秒です．受信データがあると，そのデータはrxBufferに格納されリターンされるので，CC1100のRXFIFOをクリアして，次の受信に備えます．

次に，受信データと過去のデータ（SDカードに保存されている）から，後述のように全消費電力を計算し，液晶ディスプレイに表示します．

最後に，受信データが512バイト（1セクタ分）になったら，SDカードにデータを保存します．知りたいのは消費している電力量なので，2バイト/サンプル（2秒）になります．したがって保存データ量は約86Kバイト/日，31.5Mバイト/年になります．今回使ったSDカードの容量は256Mバイトなので，8年分くらい保存できます．超える場合は，SDカードのセクタ・インデックスを初期値に戻し，過去のデータに上書きします．ちょうどリング・メモリを使うのと同じ要領です．

FATには対応していませんが，保存データをパソコンで読み出したい場合は，パソコンであらかじめファイルを作っておき，そのファイルのデータ領域にデータを書き込めば問題ありません．

▶全消費電力の計算

全消費電力の単位はkWhとし，1日，1時間，1分当たりの全消費電力を計算します．そのためには，2秒間ごとにサンプリングしたデータを1日分保存しておく必要があります．

求めたいのは電力値だけです．1サンプリング当たり2バイトとすると，必要なメモリ量は次のとおりです．

2（バイト/2秒）× 30（分あたり）× 60（時間あたり）× 24（日あたり）= 86400バイト

ところが，H8/3664F4のRAM容量は2Kバイトなので，メモリが足りません．そこで，過去のデータはSDカードから取り出します．といっても86400バイトをすべて読み出す必要はなく，ちょうど1日前の同じ時刻にサンプリングしたデータを1日の消費電力の積算値から差し引き，新たにサンプリング・データを

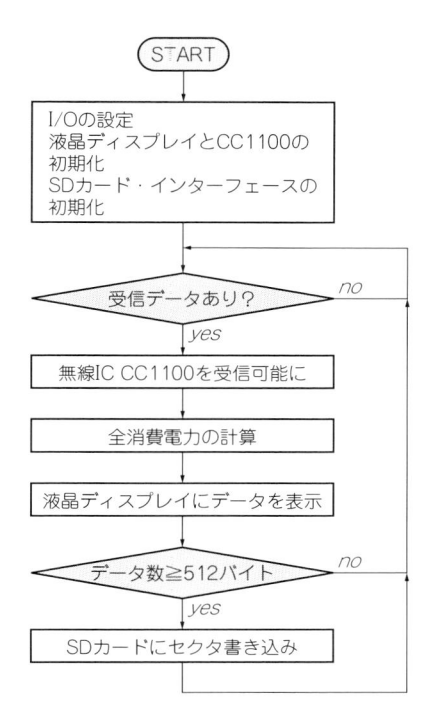

無駄減らし効果が目に見える三つの消費電力メータ

図31 電力計算＆無線データ送信基板に搭載したMSP430マイコンの処理

足せば，1日分の積算値を求めることができます．

同様にして1時間分を求めます．1分ぶんのデータは，60バイトあれば足りるので，リング・メモリとして，最新サンプリング・データに書き換え，60バイト分を積算します．

■ 無線データ受信＆パソコン・インターフェース

● 電力計算＆無線データ送信器

無線データ受信＆パソコン・インターフェース基板は，電力計算＆無線データ送信器が送信した電力値データを無線モジュールで受信して，UARTでパソコンにデータを転送します．転送速度は115200 bpsです．USB‐UARTブリッジIC CP2102（シリコン・ラボラトリーズ）を使って，パソコンとUSB経由でインターフェースします．

ソフトウェアの説明は省略しますが，無線モジュールの受信部分は，データ受信，表示部とほぼ同じです．

● 使い方

https://www.silabs.com/products/mcu/Pages/USBtoUARTBridgeVCPDrivers.aspx
から，CP2104用のドライバ・ソフトウェアをダウンロードして実行します．
　CP210x_VCP_Win_XP_S2K3_Vista_7.exe
すると，
　C：¥Program Files¥Silabs¥MCU¥CP210x フォルダ
にドライバなどがコピーされます．

パソコンと無線データ受信＆パソコン・インターフェース基板をつなぐと，PORTデバイスとして認識されて組み込まれます．自動的に組み込まれない場合は，
　C：¥Program Files¥Silabs¥MCU¥CP210x
　でINFファイル
を指定して組み込んでください．

実行画面を**図16**に示しました．

実行すると，送信部から送られてくる電力などが表示され，データのロギングが始まります．そして，日付.csvファイルにデータが保存されます．

校　正

● 電圧

テスタで電圧を測って校正すれば十分です．校正係数は**リスト2**のk_v1です．

● 電流

センサを取り付けけない状態のA‐D変換データでオフセット値を求め，chn_offset(n=0,1,2)に設定します．

次に，実際に線に取り付けて校正します．線の太さと取り付け位置によって感度が変わるので，必ず配電盤内の線に取り付けてから校正します．

通常，家庭内で消費電流がゼロということはないと思います．例えば，電熱器などの10 Aくらい消費する電力器具の電源をON/OFFして，その差が消費電流と同じになるように校正します．校正係数はk_In（**リスト2**）です．

● 電力

電圧と電流が正確に校正できていれば，自動的に電力も校正できているはずです．しかし実際には，校正に使った電流を正確に把握できない，単相3線式の片側の電圧を測定できないなどの誤差が入ります．

例えば，1日単位で電力消費量を測定し，それを屋外の電力量計の指示値に合うように校正します．最終的に課金の対象になるのは，屋外の電力計の指示値ですから，それに合うように設定しておけば実用上十分です．校正係数はk_p1とk_p2（**リスト2**）です．

（初出：「トランジスタ技術」2010年12月号）

- ●本書記載の社名，製品名について —— 本書に記載されている社名および製品名は，一般に開発メーカーの登録商標です．なお，本文中では ™，®，© の各表示を明記していません．
- ●本書掲載記事の利用についてのご注意 —— 本書掲載記事は著作権法により保護され，また産業財産権が確立されている場合があります．したがって，記事として掲載された技術情報をもとに製品化をするには，著作権者および産業財産権者の許可が必要です．また，掲載された技術情報を利用することにより発生した損害などに関して，CQ出版社および著作権者ならびに産業財産権者は責任を負いかねますのでご了承ください．
- ●本書に関するご質問について —— 文章，数式などの記述上の不明点についてのご質問は，必ず往復はがきか返信用封筒を同封した封書でお願いいたします．勝手ながら，電話での質問にはお答えできません．ご質問は著者に回送し直接回答していただきますので，多少時間がかかります．また，本書の記載範囲を越えるご質問には応じられませんので，ご了承ください．
- ●本書の複製等について —— 本書のコピー，スキャン，デジタル化等の無断複製は著作権法上での例外を除き禁じられています．本書を代行業者等の第三者に依頼してスキャンやデジタル化することは，たとえ個人や家庭内の利用でも認められておりません．

[R]〈日本複製権センター委託出版物〉
本書の全部または一部を無断で複写複製（コピー）することは，著作権法上での例外を除き，禁じられています．本書からの複製を希望される場合は，日本複製権センター（TEL：03-3401-2382）にご連絡ください．

グリーン・エレクトロニクス No.9（トランジスタ技術 SPECIAL 増刊）

ワイドギャップ半導体の研究

2012 年 8 月 1 日　発行　　　　　　　　　　　　　　　　　　　　　　　　　　　©CQ出版㈱　2012
（無断転載を禁じます）

編　　集　トランジスタ技術SPECIAL編集部
発 行 人　寺　前　裕　司
発 行 所　Ｃ Ｑ 出 版 株 式 会 社
（〒170-8461）東京都豊島区巣鴨 1-14-2
電話　編集　03-5395-2123
　　　広告　03-5395-2131
　　　営業　03-5395-2141
　　　振替　00100-7-10665

定価は表四に表示してあります
乱丁，落丁本はお取り替えします

編集担当　清水　当
DTP　三晃印刷株式会社 / 有限会社 新生社
DTP・印刷・製本　三晃印刷株式会社
Printed in Japan